CALCUL DES PERFORMANCES DES SOCIÉTÉS D'EAU ET D'ASSAINISSEMENT

Comment passer de la complexité à la facilité

Préface de Cheikh Tidiane DIÈYE
Ministre de l'Hydraulique et de l'Assainissement

Papa Samba DIOP

CALCUL DES PERFORMANCES DES SOCIÉTÉS D'EAU ET D'ASSAINISSEMENT

Comment passer de la complexité à la facilité

Préface de Cheikh Tidiane DIÈYE
Ministre de l'Hydraulique et de l'Assainissement

L'Harmattan Sénégal

10 VDN, Sicap Amitié 3, Lotissement Cité Police, DAKAR

http://www.harmattansenegal.com
senharmattan@gmail.com
senlibrairie@gmail.com

ISBN : 978-2-336-55121-0
EAN : 9782336551210

DÉDICACE

À mon **père, feu Moustapha DIOP**, pour m'avoir offert une éducation de qualité et m'avoir dirigé vers le domaine technique en tant que cartographe. Sa passion pour les cartes et la géographie a toujours suscité ma fascination et a été une source d'inspiration constante dans ma carrière.

À ma **mère, Marème Yoko CISSÉ**, pour son soutien indéfectible et ses prières protectrices. Elle a toujours su trouver les mots nécessaires pour me réconforter dans les moments difficiles et m'a transmis des valeurs de persévérance et de foi.

À mon **épouse, Néné BA**, pour son amour inconditionnel et sa générosité infinie. Sa gentillesse sans limites et son sens du sacrifice m'ont conduit à lui attribuer le titre de chef d'état-major général des armées de mon cœur. Elle a géré notre foyer avec sagesse tout en me soutenant dans tous mes projets.

Je tiens à exprimer ma gratitude envers tous les membres de ma **famille biologique**, depuis le Walo au nord du Sénégal jusqu'à Mbour, ma terre natale, en passant par la région de Thiès où j'ai grandi. Je n'oublie pas non plus mes amis d'enfance, notamment **Alioune SIDIBÉ** et **Abdoul Aziz DIALLO**, ainsi que tous les membres de leur famille.

Ce livre est également dédié à **mes enfants** afin de les encourager dans leurs études et leurs projets futurs. J'espère qu'ils poursuivront leurs ambitions avec assiduité, grâce au soutien de leurs parents.

Cette dédicace s'adresse aussi à ma **famille professionnelle** : ceux qui œuvrent dans le secteur de l'eau au Sénégal, qui ont partagé avec moi leur savoir-faire et leur expertise ; aux membres de l'Association africaine de l'eau et de l'assainissement (**AAEA**) sur le continent africain et son **Président Dr. Blaise MOUSSA**, dont la collaboration m'a permis d'aborder des débats importants concernant les problématiques actuelles; ainsi qu'au **Président Loïc FAUCHON** du Conseil mondial de l'eau (**CME**) et de l'ensemble des gouverneurs à travers le monde, qui travaillent sans relâche pour améliorer l'accès à l'eau et aux services d'assainissement.

Enfin, je dédie ce livre aux **jeunes professionnels** du secteur eau et assainissement qui s'efforcent d'améliorer les performances du secteur. Leur engagement et leur innovation sont une source d'inspiration et un motif de fierté pour l'avenir essentiel de cette profession.

REMERCIEMENTS

Je tiens à exprimer ma profonde gratitude à toutes les personnes qui ont participé à la création de cet ouvrage. Tout d'abord, un grand merci à mes collègues et amis pour leur soutien indéfectible et leurs précieux conseils tout au long de ce projet. Leur expertise a été essentielle à chaque étape de la rédaction. Je souhaite également remercier chaleureusement Ousmane CAMARA, Cheikh Tidiane FALL et mon frère Papa Amadou SIDIBÉ dit Vieux Sow pour avoir pris le temps de corriger toutes les sections de ce livre.

Un immense merci aussi aux professionnels du secteur de l'eau et de l'assainissement, dont les témoignages et expériences ont véritablement enrichi cet ouvrage. Leur dévouement pour améliorer les services publics est vraiment inspirant.

Je n'oublie pas mes mentors et enseignants des universités et de la « chaire Eau pour Tous » à travers mon cher ami Jean Antoine FABY, qui ont su éveiller ma passion pour ce domaine et m'ont guidé avec tant de sérieux. Leur influence a été cruciale dans mon parcours académique et professionnel.

Je ne peux oublier de remercier aussi l'agence de régulation du secteur de l'eau au Kenya (WASREB), l'association africaine de l'eau et de l'assainissement (AAEA) et le conseil mondial de l'eau (CME).

Un clin d'œil spécial à ma famille pour leur patience, leur soutien inconditionnel et leurs prières si importantes à mon endroit. Grâce à leur compréhension, j'ai pu surmonter les obstacles qui se sont dressés sur mon chemin et rester concentré sur mes objectifs.

Enfin, un grand merci à vous, chers lecteurs !

J'espère sincèrement que ce livre vous apportera des connaissances précieuses et vous motivera dans vos efforts pour améliorer la gestion de l'eau et l'assainissement au Sénégal ainsi qu'à travers toute l'Afrique.

SOMMAIRE

PRÉFACE

L'ouvrage qui suit se penche sur les défis et les opportunités du secteur de l'eau et de l'assainissement en Afrique. Le Dr Ing Papa Samba Diop met en lumière les transformations significatives que ce secteur a subies au cours des trois dernières décennies, soulignant l'importance cruciale des données et de leur analyse statistique pour optimiser les performances des services publics.

Ce texte constitue une étude approfondie sur les enjeux majeurs liés à la gestion de l'eau et de l'assainissement, particulièrement dans les pays du Sud où les infrastructures sont souvent vétustes et où le niveau d'investissement reste insuffisant. Il propose ainsi des solutions concrètes et innovantes pour faire face à ces défis, s'appuyant sur son expérience professionnelle enrichie par des recherches rigoureuses.

L'auteur aborde également la nécessité d'encourager la créativité afin d'opérer une transformation positive du secteur, insistant sur la pertinence de la créativité, de l'innovation et d'une pensée novatrice pour améliorer la gouvernance technique, humaine et financière. Il exhorte les professionnels à explorer des solutions audacieuses.

À terme, une approche réaliste peut être envisagée pour le secteur de l'eau et de l'assainissement, fondée sur des recherches approfondies ainsi qu'une compréhension claire des défis contemporains et des opportunités futures.

Bien que cet ouvrage repose sur des bases mathématiques profondes, il demeure accessible et engageant pour un large éventail de lecteurs, notamment ceux investis dans le benchmarking dans le domaine de l'eau et de l'assainissement. Il suscite un intérêt accru pour cette thématique tout en favorisant des échanges constructifs autour d'initiatives innovantes entre professionnels du secteur, y compris des experts en éducation passionnés par l'ingénierie et les statistiques analytiques.

Les lecteurs seront incités à explorer ce paradoxe à travers divers chapitres traitant tant des structures d'eau et d'assainissement (SEA) qu'à une échelle continentale.

Les différentes sections abordent notamment les principes fondamentaux relatifs au benchmarking ou aux approches comparatives ainsi que la théorie entourant la conception d'outils destinés à évaluer les performances des SEA par régression. Cela facilite une transition vers une compréhension plus accessible tout en garantissant une harmonisation évitant toute distorsion manifeste dans le classement selon leur performance.

De plus, nous devons reconnaître les contributions significatives apportées par certaines figures emblématiques ayant œuvré dans le secteur au Sénégal et en Afrique ; celles-ci ont joué un rôle déterminant dans l'accompagnement de nombreux jeunes entrants dans ce domaine. Cet encadrement quotidien assure une mise en pratique efficace des connaissances acquises dans les établissements académiques spécialisés. Ces enseignements devraient favoriser innovation, rigueur analytique ainsi que partage du savoir.

Cette contribution présente une analyse statistique détaillée tout en proposant des solutions pratiques visant à renforcer la gouvernance technique, humaine et financière du secteur, mettant particulièrement en avant créativité, innovation ainsi que pensée critique.

Envisageons alors la richesse inestimable qui pourrait émerger si tous ces professionnels qualifiés orientaient leurs efforts vers la production scientifique ; un engagement envers le partage d'idées via la littérature pourrait engendrer un foisonnement d'idées novatrices.

À défaut d'un tel partage, ces concepts risquent fort de rester théoriques ou confinés aux laboratoires sans obtenir un impact élargi au sein d'applications concrètes. Une collection richement documentée pourrait émerger incluant divers titres relatifs aux meilleures pratiques tout en explorant les trajectoires futures du développement sectoriel tant au niveau national qu'international.

Les jeunes générations ainsi que futurs professionnels pourraient considérer ce travail comme un précieux raccourci pour enrichir leur expertise. La nécessité d'une production intellectuelle dans ce domaine est non seulement cruciale mais impérative dans le contexte actuel.

Les jeunes professionnels s'engagent progressivement vers le maintien d'une culture axée sur le partage d'expériences, connaissances et idées propices au progrès sectoriel ; toutefois si cet engagement venait à faiblir nous risquerions de reléguer nos experts à un statut négligé semblable aux ressources laissées par une mine abandonnée entraînant inévitablement une perte tragique significative au sein de cette industrie.

En effet, l'expertise individuelle représente une ressource précieuse capable substantiellement d'améliorer l'efficacité des services d'eau et assainissement si elle était exploitée puis diffusée appropriement via des canaux adéquats contribuant ainsi au bien-être communautaire.

De multiples opportunités se présentent aux agents actifs dans ce domaine indépendamment de leur niveau ou formation spécifique : grâce aux initiatives visant le renforcement de capacités ils peuvent perfectionner leurs compétences tout en influençant efficacement politiques institutionnelles façonnant leur environnement opérationnel.

Cette connexion entre acteurs sectoriels et usagers constitue donc un pont essentiel facilitant communication ainsi que compréhension mutuelle entre ces deux entités.

Il est impératif de renforcer les synergies entre le secteur concerné et les institutions éducatives afin d'assurer la pertinence et le caractère pragmatique de l'éducation dispensée. Les collaborations avec les établissements scolaires, les centres spécialisés ainsi que les universités doivent être considérées comme des priorités fondamentales ; un partenariat efficace pourrait agir en tant que levier essentiel pour optimiser la performance opérationnelle dans le domaine de l'eau et de l'assainissement.

De surcroît, il reste fondamental d'inciter ceux qui possèdent des aptitudes pédagogiques à assumer des rôles éducatifs ou formatifs, qu'ils soient bénévoles ou exerçant cette fonction partiellement, car cela peut exercer un impact significatif sur le développement professionnel futur dans ce secteur grâce à une culture forte autour du mentorat et de l'apprentissage continu.

Il convient également de reconnaître qu'il n'est pas toujours nécessaire de posséder un talent exceptionnel pour entamer son parcours professionnel ; parfois, un moment inspirant peut catalyser cet engagement initialement timide.

Dans cette optique, nous pouvons affirmer avec conviction que bien qu'il soit extrêmement bénéfique d'avoir une base solide de connaissances, un élan inspiratoire peut constituer un levier déterminant permettant aux individus de sortir d'une stagnation progressive croissante.

Cet ouvrage du Dr Ing Papa Samba Diop repose sur une riche mosaïque d'expériences issues de divers domaines, intégrant des cadres théoriques appliqués conjugués à des analyses statistiques rigoureuses. Il reflète plusieurs savoirs accumulés grâce aux contributions généreuses de mentors expérimentés dont l'expertise engagée a considérablement enrichi le parcours et l'apprentissage de l'auteur.

Le Dr Diop présente en effet un parcours académique remarquable ayant largement contribué à sa spécialisation dans le domaine « eau-assainissement », avec des diplômes successifs tels que :

- Technicien Supérieur en Hydraulique et Génie Rural obtenu à l'ex ETSHER intégrée à l'actuel Institut International Ingénierie Eau (2iE) à Ouagadougou
- Diplôme d'Ingénieur en Génie Civil délivré par l'École Supérieure Polytechnique de Dakar
- MBA en Management des Entreprises obtenu à Paris Dauphine - IAE Paris 1 Panthéon Sorbonne à Paris
- Doctorat en Sciences Économiques Gestion décerné par FASEG/UCAD à Dakar

Avec plus de trois (3) décennies d'expérience cumulées dans les secteurs liés à l'eau et à l'assainissement en Afrique, son parcours professionnel a été marqué par plusieurs responsabilités clés au sein de l'Office National de l'Assainissement du Sénégal (ONAS).

En dehors de ses engagements nationaux, il a enrichi son expertise par sa participation à des instances internationales où il a exercé des fonctions telles que Président du Conseil Scientifique et Technique (CST) de l'Association Africaine Eau Assainissement (AAEA), ainsi qu'actuellement Gouverneur au Conseil Mondial de l'Eau (CME).

Cette trajectoire lui a permis d'observer attentivement les évolutions récentes du secteur eau-assainissement, notamment en Afrique, tout en proposant des solutions pratiques visant à préserver la dignité des bénéficiaires des services publics.

Son œuvre mérite une reconnaissance non seulement pour la pertinence significative de son impact mais aussi pour son traitement statistique rigoureux des données comparatives.

En conclusion, compte tenu de sa carrière riche en expériences significatives et ses contributions notables à la recherche appliquée, nous lui reconnaissons une expertise confirmée dans le secteur eau-assainissement.

Bien que le contenu présente certaines notions mathématiques, cet ouvrage demeure accessible et captivant pour un large éventail de lecteurs, notamment ceux impliqués activement dans le benchmarking dans les domaines relatifs à l'eau et au service d'assainissement.

Il est conçu pour susciter un intérêt accru envers ce sujet tout en favorisant des échanges constructifs autour d'initiatives innovantes partagées entre professionnels du secteur, y compris ceux passionnés par les domaines éducatifs associés aux ingénieries et aux statistiques analytiques.

Les lecteurs seront invités à explorer ce paradoxe au travers des chapitres traitant tant des thématiques générales relatives aux structures eau-assainissement (SEA) qu'à celles abordant la situation continentale africaine.

Les différentes sections examinent notamment les principes fondamentaux liés au benchmarking ou encore aux approches comparatives ainsi que la théorie entourant la conception d'outils permettant d'évaluer les performances des SEA via régression.

Elles facilitent ainsi une transition vers une compréhension plus accessible tout en garantissant une harmonisation évitant toute distorsion manifeste dans le classement selon leurs performances respectives.

Le lecteur pourra apprécier les contributions des figures emblématiques et des anciens professionnels du secteur au Sénégal et en Afrique, qui ont aidé les nouveaux entrants à mettre en pratique leurs connaissances acquises lors de leur formation spécialisée.

Quant à son accessibilité, elle ne souffre aucun doute puisque la compréhension du contenu s'avère aisée grâce à une approche adoptée qui privilégie un style académique tout autant qu'analytique tout en demeurant engageante.

Une fois encore, le style employé allie rigueur académique et accessibilité intégrant éléments théoriques ainsi que réflexions personnelles afin d'offrir une lecture informative approfondie fondée sur données traitées statistiquement résultant d'une réflexion méthodologique minutieuse.

Cheikh Tidiane DIÈYE
Ministre de l'Hydraulique
et de l'Assainissement

AVANT-PROPOS

Cet ouvrage explore les défis et les opportunités du secteur de l'eau et de l'assainissement en Afrique. À travers une analyse approfondie et des recherches rigoureuses, il met en lumière les transformations significatives que ce secteur a connues au cours des trois dernières décennies.

L'importance des données et de leur analyse statistique est soulignée pour optimiser les performances des services publics. Sur la base d'une expérience professionnelle et de recherches, des solutions concrètes et innovantes sont proposées pour relever les défis auxquels sont confrontés les pays du Sud, où les infrastructures sont souvent vétustes et les investissements insuffisants.

Ce livre encourage également la créativité et l'innovation comme moteurs de transformation positive du secteur. Les professionnels sont invités à explorer des solutions audacieuses et à adopter une approche réaliste, fondée sur une compréhension claire des défis contemporains et des opportunités futures.

Bien que cet ouvrage repose sur des bases mathématiques profondes, il reste accessible et engageant pour un large éventail de lecteurs, notamment ceux investis dans le benchmarking dans le domaine de l'eau et de l'assainissement. Il vise à susciter un intérêt accru pour cette thématique tout en favorisant des échanges constructifs autour d'initiatives innovantes entre professionnels du secteur.

En espérant que ce livre inspire et guide dans les efforts pour améliorer la gestion de l'eau et de l'assainissement, je vous souhaite une lecture enrichissante et stimulante.

PRÉAMBULE

Le secteur de l'eau et de l'assainissement est vaste et diversifié, englobant une multitude d'emplois et de spécialités. Par conséquent, l'élaboration d'un contenu exhaustif reflétant notre patrimoine commun nécessite des efforts concertés de la part d'un groupe étendu et varié de contributeurs.

Notre objectif est de susciter l'intérêt et de faciliter l'échange de connaissances et d'initiatives créatives mais aussi de stimuler la curiosité et la réflexion critique chez les professionnels de l'industrie, les experts en éducation et les passionnés d'ingénierie et d'analyse de données. Cet engagement envers le partage des savoirs a abouti à la rédaction de ce premier ouvrage, une étape essentielle qui influencera tant le paysage actuel que l'évolution future des pratiques en matière d'eau et d'assainissement.

De plus, les thèmes et le contenu explorés dans ce livre exigent une documentation et sont particulièrement pertinents pour les praticiens dévoués et les observateurs engagés.

En abordant le thème de la performance des entreprises d'eau et d'assainissement, plusieurs défis urgents et cruciaux se posent dans le contexte actuel. Un des problèmes importants concerne les biais d'analyse comparative ou de benchmarking, qui peuvent affecter de manière significative l'évaluation de la performance d'une entreprise ainsi que la fiabilité des classements parmi les pairs. Ces biais peuvent entraîner des prises de décisions incorrectes, compromettant ainsi la prestation des services et l'efficacité opérationnelle du fait d'ajustements inappropriés.

La structure de cet ouvrage commence par les principes fondamentaux de l'analyse comparative et progresse graduellement vers des discussions plus complexes, avant de se concentrer en profondeur sur les aspects techniques. Il propose une revue exhaustive des méthodes statistiques appliquées dans le secteur.

Les travaux présentés soulignent l'importance de l'innovation, de la créativité et de la collecte et analysent des données pour améliorer les performances dans le secteur public de l'eau et de l'assainissement. Le partage des connaissances favorise la collaboration entre secteurs et institutions éducatives, tout en reconnaissant les pionniers pour motiver les futurs professionnels.

Une approche holistique, combinant théorie et pratique et se concentrant sur l'analyse statistique des défis du secteur, est nécessaire pour promouvoir l'innovation, la rigueur des données et le partage des connaissances.

Le texte adopte un style académique et analytique pour améliorer la lisibilité et la compréhension des concepts liés à l'eau et à l'assainissement, utilisant un langage clair avec des citations et références pour renforcer sa crédibilité. Il maintient une tonalité didactique pour éduquer sur les enjeux sectoriels à travers des exemples concrets, tandis que des réflexions personnelles apportent une dimension humaine. La structure logique permet une progression cohérente des idées, combinant rigueur académique et accessibilité pour offrir une lecture instructive intégrant théorie et expériences personnelles.

La communauté peut apprendre des réflexions pour promouvoir l'innovation dans le secteur public de l'eau et de l'assainissement, souligner l'importance des données afin d'optimiser les services, insister sur la documentation et le partage des connaissances, et rendre hommage aux pionniers du secteur. Une approche intégrative combinant théorie et pratique est suggérée pour analyser les défis actuels du secteur.

En somme, ces enseignements visent à encourager l'innovation, la rigueur dans la collecte/analyse des données ainsi qu'un partage éclairé des connaissances.

Le contenu est accessible et compréhensible grâce à un style académique, analytique et engageant. Ce style se distingue par la clarté et précision du langage pour expliquer des concepts complexes sur l'eau et l'assainissement, l'utilisation de citations et références renforçant la crédibilité scientifique, une tonalité didactique avec des exemples concrets et illustrations, ainsi que des réflexions personnelles ajoutant une dimension humaine. Une structure logique qui facilite aussi la progression cohérente des idées.

Une fois de plus, le style adopté combine rigueur académique et accessibilité, intégrant des éléments théoriques et des réflexions personnelles pour offrir une lecture informative.

Les précisions faites à travers tous ces éléments renvoient à cette approche holistique qui met non seulement en valeur un parcours professionnel, mais met également en valeur une compréhension approfondie du génie civil, des sciences de l'eau et de la gestion, des domaines qui sont essentiels à l'infrastructure qui permet à nos communautés de prospérer.

Le secteur de l'eau et de l'assainissement est crucial dans la vie quotidienne et doit être une priorité pour toutes les formes de gouvernance, publiques ou privées. Plaider pour sa transformation positive est essentiel, et nombreux sont ceux qui soutiennent cette cause.

Ce projet inspire un fort sentiment de responsabilité.

Les conseils d'experts ont enrichi la compréhension et ravivé notre passion pour la gestion de l'eau et l'assainissement.

Soyons convaincus que cet ouvrage sera une ressource inestimable pour les professionnels d'aujourd'hui et de demain, car il encouragera des discussions éclairées susceptibles de conduire à des améliorations significatives dans le secteur.

CHAPITRE 1

GÉNÉRALITÉS

Il est évident, d'après nos expériences quotidiennes, que le secteur de l'eau et de l'assainissement progresse à un rythme qui ne répond pas aux attentes des communautés et des parties prenantes. Cette situation s'explique par des handicaps importants qui entravent la capacité des entités intervenants dans le secteur à s'adapter à l'évolution rapide de la demande, motivée par les changements des politiques d'aménagement du territoire, les évolutions démographiques et le besoin urgent d'améliorer les conditions de vie et la santé publique.

Les disparités dans la prestation de services entre différentes régions mettent en évidence les inégalités, semblables aux motifs observés sur la peau d'un léopard. Certaines régions bénéficient d'infrastructures robustes et d'un accès constant aux services d'eau et d'assainissement, tandis que d'autres font face à des dispositions réglementaires insuffisantes. Cela souligne les contrastes importants entre la répartition des ressources et la qualité des services, perpétuant les inégalités sociales et économiques.

L'accès aux services essentiels, notamment l'eau et l'assainissement, demeure une préoccupation urgente dans de nombreuses régions. Ce problème persistant est largement dû à des insuffisances budgétaires pour l'expansion, l'entretien et la modernisation des réseaux d'eau potable et d'assainissement. L'insuffisance des financements affecte directement la capacité des prestataires de services à fournir de l'eau fiable et salubre, compromettant ainsi la santé publique et la qualité de vie.

De plus, la complexité de la gouvernance technique et financière au sein du secteur intensifie le défi de répondre à la demande croissante en services fondamentaux. Les entités gouvernementales doivent naviguer dans un paysage complexe comprenant l'allocation des ressources, l'application efficace des politiques publiques et un engagement communautaire significatif. Chaque élément joue un rôle crucial pour garantir que les services répondent aux besoins de tous les citoyens, particulièrement ceux des zones mal desservies.

La lutte pour répondre aux besoins fondamentaux de la population souligne la nécessité urgente d'investir de manière coordonnée et globale dans l'eau et l'assainissement. Atteindre un accès équitable à l'eau potable et aux infrastructures d'assainissement est non seulement un objectif mais aussi un droit humain fondamental que tous les niveaux de gouvernement et les parties prenantes doivent prioriser.

Les sociétés du secteur de l'eau et de l'assainissement jouent un rôle central dans cette entreprise. Elles sont responsables de la prestation de ces services essentiels tout en cherchant continuellement à améliorer leur performance à travers diverses méthodologies.

Les approches adoptées peuvent varier considérablement, guidées par des indicateurs clés de performance (KPI) tels que la qualité de l'eau, la couverture du service, la réactivité aux réclamations des clients et la satisfaction globale des utilisateurs.

Cette diversité de méthodologies conduit souvent à des résultats variés et parfois contradictoires, compliquant ainsi les efforts pour effectuer une évaluation comparative du rendement au sein du secteur.

Il devient donc crucial d'adopter des méthodes adaptées au contexte spécifique de chaque pays tout en veillant à ce que les données recueillies soient fiables et représentatives des activités réalisées suivant la population desservie.

Peu de pays africains ont établi un protocole unifié comparable à celui du Kenya, souvent cité comme modèle pour son système efficace d'évaluation des performances des entreprises d'eau et d'assainissement. L'agence de réglementation des services d'eau (WASREB) utilise, en effet, un protocole rigoureux à travers son outil « water regulatory information » (WARI) pour créer un modèle représentant, avec précision, divers ensembles de données, permettant une analyse et une amélioration systématiques.

Bien que la pluralité méthodologique puisse mener à la confusion et à des interprétations erronées, il demeure est heureusement constaté que les intervenants abordent ces défis pour améliorer la prestation des services. Le dilemme posé par l'incohérence des méthodologies justifie le besoin d'utilisation généralisée de la régression linéaire comme outil clé d'évaluation de la performance.

Cette approche permet une compréhension cohérente des tendances de performance en établissant des interconnexions entre divers points de données dans un cadre quasi linéaire. Elle facilite la prise de décision basée sur les données pour améliorer les services dans l'ensemble du secteur.

En intégrant la régression linéaire dans nos processus analytiques, nous pouvons examiner des centaines de références de benchmarking associées à des indicateurs clés dans le domaine de l'eau et de l'assainissement. Cette intégration fournit un moyen complet de traitement qualitatif et quantitatif, essentiel pour relever les défis inhérents à la collecte de données et à la réalisation d'analyses pertinentes au sein du secteur.

Diverses approches existent, utilisant des techniques de régression linéaire ou non linéaire pour établir des connexions entre plusieurs sources de données. Certaines méthodes adoptent des techniques statistiques sophistiquées en conjonction avec des pratiques d'analyse comparative pour améliorer la fiabilité et la pertinence des résultats.

Cette approche entraîne aussi plusieurs considérations autour du traitement statistique des données tout en facilitant des développements significatifs et établissant un cadre solide pour la recherche et la proposition de solutions pratiques à des problèmes urgents.

Elle favorise une transition vers des méthodologies innovantes plutôt que de se contenter de perpétuer des pratiques traditionnelles qui ne suffisent peut-être plus à relever les défis contemporains.

Essentiellement, la régression linéaire agit comme un outil puissant et objectif permettant une évaluation précise des données et ouvrant de nouvelles perspectives pour des initiatives de recherche et des avancées opérationnelles au niveau public.

Au-delà des dimensions statistiques, plusieurs thèmes clés émergent concernant l'évolution du secteur de l'eau et de l'assainissement en Afrique :

- **L'importance des données : souligner le rôle crucial des données et de leur analyse statistique pour améliorer la performance et l'efficacité des services publics dans le domaine de l'eau et de l'assainissement. Les décisions basées sur les données tendent à produire de meilleurs résultats.**

- **Les défis historiques : explorer les multiples défis et transformations auxquels le secteur a été confronté au cours des trois dernières décennies, incluant la nécessité d'adopter des solutions innovantes et créatives pour répondre efficacement aux demandes actuelles.**

- **La reconstruction des infrastructures : répondre aux défis couramment rencontrés dans les territoires du Sud, souvent dus à des infrastructures vieillissantes et aux pressions exercées par le**

développement urbain rapide, nécessitant des investissements immédiats et soutenus.

- **Gouvernance et solutions pratiques : améliorer la gouvernance technique, humaine et financière du secteur de l'eau, favoriser la créativité et l'innovation pour résoudre des problèmes complexes.**

- **Partage des connaissances : assurer la documentation et la diffusion des connaissances pour inspirer la prochaine génération de professionnels dans le domaine de l'eau et de l'assainissement, cultivant un environnement riche en connaissances.**

Ces idées reposent sur des expériences et des recherches approfondies, contribuant à une communauté de professionnels engagés à améliorer les services d'eau et d'assainissement.

CHAPITRE 2

LA CHANCE D'ÊTRE BIEN ENCADRÉ

L'écriture est un outil essentiel de formalisation et de préservation des connaissances, permettant d'utiliser l'information de manière structurée et efficace.

Cette nécessité contraste fortement avec le caractère souvent transitoire des traditions orales qui, malgré leur importance culturelle, peuvent entraîner la déformation de faits essentiels au fil du temps. De telles distorsions résultent fréquemment d'une utilisation inappropriée d'un langage imprécis ou d'une manipulation involontaire, obscurcissant ainsi le sens et l'intention originels derrière des informations cruciales transmises de génération en génération.

Cette complexité nous impose la responsabilité de documenter nos expériences et de préparer la prochaine génération.

Si j'ai réussi à faire carrière dans le secteur de l'eau et de l'assainissement, ce n'est pas seulement grâce à mes connaissances et à mes compétences académiques, mais aussi de manière significative grâce à la supervision dévouée que j'ai reçue de divers gestionnaires et dirigeants au cours de mes années de formation. Ces personnes ont consciemment décidé d'investir leur temps, leurs ressources et leur foi dans plusieurs jeunes professionnels, y compris moi-même, sans attendre de réciprocité. Leur engagement est allé au-delà du mentorat typique en milieu de travail. Il s'agissait d'un acte de générosité sincère enraciné dans leur conviction de nourrir la prochaine génération.

Ces superviseurs remarquables incarnaient l'humilité, qui est souvent la marque des grands leaders. Leur dévouement à leur travail était évident, démontrant un sens des responsabilités et une attention exceptionnelle et admirable dans le monde professionnel. Ils n'ont jamais eu recours à la manipulation ou à des moyens indirects pour nous demander des comptes. Au lieu de cela, ils ont fourni des conseils, des encouragements et du soutien uniquement par passion pour assurer le succès du secteur et développer de jeunes professionnels comme moi.

Malgré leur nature humble, certains diront que ce soutien professionnel faisait simplement partie de leur description de poste ; Cependant, il était clair qu'ils avaient agi par engagement personnel, sans obligation inhérente de le faire.

Ces superviseurs « au grand cœur » – une caractérisation appropriée qui reflète la profondeur de leurs contributions – occuperont à jamais une place spéciale dans nos cœurs et nos souvenirs, semblable à une médaille qui symbolise notre gratitude. Parmi ceux que je tiens à saluer, il y a plusieurs personnes distinguées, telles que le regretté Père Abdoulaye Bouna FALL, dont la sagesse et les conseils ont façonné de nombreuses carrières ; Babacar DIENG, Mamadou Dia et Ablaye SENE, qui ont inspiré leurs équipes par leur leadership exemplaire ; Aladji DIENG et feu Nango SECK qui ont fait l'objet d'une admiration indéfectible ; Baba COULIBALY, Babacar Ndiaye, Cheikhna SOUMARE et feu El Hadji Cheikh GUEYE, dont les contributions ont été inestimables sur les aspects pratiques et, qui ont constamment plaidé pour l'avancement du secteur.

Ces pionniers ont fait preuve d'un dévouement incroyable dans le domaine de l'eau et de l'assainissement, cultivant un environnement positif qui a profondément impacté les trajectoires de carrière de nombreux collègues de notre génération. Animés par un engagement indéfectible et un intérêt sincère à façonner l'avenir de l'eau et de l'assainissement, ils ont agi avec une incroyable générosité, souvent inconscients de leur effet profond sur notre développement professionnel. Travailler sous leur direction a permis à une communauté de professionnels de se développer et de prospérer, formant une lignée d'icônes au sein du secteur.

J'espère me considérer comme faisant partie de cette lignée estimée de successeurs, habilités par l'héritage de ces prédécesseurs influents à porter le flambeau du progrès et du service au nom du peuple sénégalais et du continent africain dans son ensemble. Leurs efforts sont en effet monumentaux.

Ces personnes sont les véritables bâtisseurs du secteur, des transmetteurs désintéressés de vocations qui ont ouvert la voie aux générations futures. Ils n'ont jamais recherché les éloges personnels ou la célébrité pour leurs contributions significatives à la mise en place d'un secteur de l'eau et de l'assainissement durable et adéquat. Au lieu de cela, ils sont restés résolument concentrés sur le bien commun. On peut se demander s'ils seraient surpris ou humiliés par la reconnaissance qu'ils méritent à juste titre, qu'ils soient ouvertement déclarés ou discrètement reconnus. Comme l'exprimait l'instructif Sosthène de La Rochefoucauld-Doudeauville dans Le Livre des Pensées (1861) : « Se vanter d'un service rendu, c'est perdre son droit à la reconnaissance. » En l'honneur de ceux qui ont jeté les bases de ce secteur en inculquant un profond sens de l'intégrité professionnelle et de l'engagement à chaque génération subséquente, je dédie cette reconnaissance – la médaille métaphorique de l'immense reconnaissance – à mes pensées et à mes actions.

Bien qu'il puisse sembler que l'investissement d'un enseignant ou d'un formateur dans ses élèves soit purement désintéressé, la satisfaction émotionnelle de voir un ancien élève réussir au milieu de défis professionnels est profondément gratifiante. Ce sentiment devient encore plus prégnant lorsque ce succès est reconnu par les pairs de l'étudiant, car il reflète l'efficacité de la formation dispensée. Au contraire, un sentiment de regret peut faire surface chez l'enseignant si les réalisations d'un élève ne sont pas visibles ou reconnues. Ils peuvent réfléchir au potentiel non réalisé de l'élève qu'ils ont aidé à développer, en ayant le sentiment qu'ils n'ont pas pleinement réussi à débloquer les capacités qu'ils ont cultivées pendant leur formation.

Alors que nous concluons ce voyage réciproque de « donner et recevoir », nous sommes remplis d'un sens des responsabilités. Ce sentiment est incroyablement puissant lorsque nous sommes très fiers de notre association avec la communauté des professionnels de l'eau qui nous ont adoptés après avoir terminé nos études supérieures. Ce réseau a facilité notre développement professionnel, nous offrant un cadre solide qui nous permet de prospérer. Ce cadre doit sa force aux nombreuses contributions de personnes qui, vivantes ou décédées, n'ont peut-être pas réalisé l'impact durable de leurs contributions au fil du temps. Leurs actions ont souvent été spontanées et altruistes, motivées par un véritable désir de favoriser la croissance chez les autres.

L'héritage qu'ils ont créé est non seulement durable, mais sert également d'antidote à la menace d'être oubliés. Il est essentiel de documenter et de reconnaître les personnalités clés qui ont joué un rôle important dans le développement et la mise en valeur de cette expertise remarquable dans le secteur de l'eau et de l'assainissement. L'un des moyens les plus efficaces de diffuser ce patrimoine est la publication de livres. De tels travaux écrits peuvent constituer des ressources précieuses pour les nombreux experts du secteur de l'Eau et de l'Assainissement au Sénégal et sur l'ensemble du continent africain. Ces professionnels occupent différents postes de responsabilité dans de nombreux domaines de la gestion de l'eau et de l'assainissement.

En réfléchissant à mes expériences personnelles, je me souviens d'un moment particulièrement marquant lors de la préparation du 9e Forum mondial de l'eau à Dakar, où j'ai eu le privilège de travailler aux côtés du Président Abdoulaye Sène. Il a illustré l'importance de la précision dans l'exécution et l'attente que la méticulosité devrait constituer la pierre angulaire des contributions intellectuelles de tout gestionnaire, quelle que soit sa position hiérarchique. On pourrait raconter de nombreuses indiscrétions sur cet homme remarquable, qui possède une expertise en ingénierie et un riche patrimoine culturel.

Un exemple mémorable s'est produit lors d'une réunion à Marseille, où nous nous sommes concentrés sur les préparatifs du forum à venir. Nous avons fait une pause entre nos discussions pour faire une virée dans une librairie de la FNAC, car je voulais acheter un ordinateur pour mes enfants. À un moment donné, j'ai temporairement perdu de vue M. Sène, pour le trouver près de la caisse, portant une impressionnante pile de gros livres. Je me souviens m'être demandé s'il pouvait vraiment les lire tous, ce qui n'a fait que souligner ma sous-estimation initiale de lui. Depuis ce jour, j'ai cherché à imiter son appétit vorace pour la connaissance, en m'efforçant de reproduire son exemple dans ma propre vie, croyant qu'un engagement envers l'apprentissage est essentiel à la croissance et au développement.

Une autre expérience marquante qui m'a marqué est ma rencontre avec le regretté Père Bouna Fall. Ses encouragements ont résonné en moi longtemps après notre rencontre, principalement après que j'ai présenté ma première communication lors de la conférence de l'Union africaine des distributeurs d'eau (UADE) en 2002, qui s'est tenue à Libreville, au Gabon. Ma présentation a porté sur le sujet crucial de la gestion des eaux de pluie urbaines. Alors que nous sortions du lieu de la conférence et attendions sur le trottoir notre transport, cette personnalité humble mais influente m'a pris la main et m'a demandé discrètement : « ... rappelle-moi ton nom... Après m'être présenté en tant que représentant de l'ONAS, il a ajouté : « ... Nous devons continuer dans cette direction pour porter le flambeau de l'unité que nous vous léguons... Ses paroles étaient à la fois un défi et un encouragement, me poussant à rester dévoué à notre mission collective.

Par ailleurs, je rappelle les paroles inspirantes de feu Marcel Zadi Kessy, l'estimé PDG de la SODECI et de la CIE en Côte d'Ivoire. Lors d'une réunion qui s'est tenue au restaurant haut de gamme ABOUSSOUAN à Abidjan, nous nous sommes réunis en marge d'une mission recommandée par la Banque mondiale pour affiner la stratégie de mise en œuvre du projet de dépollution de la baie de Hann. En tant que co-fondateur de l'UADE aux côtés du défunt Père Bouna, il a exprimé son admiration pour voir la jeune génération se mobiliser pour perpétuer l'héritage vital qui avait été établi. Ses encouragements et sa vision pour des progrès continus ont souligné l'importance d'encourager les jeunes talents pour assurer la durabilité et l'avancement de nos objectifs communs dans le secteur de l'eau et de l'assainissement.

Il s'agissait peut-être d'une prémonition de la part de deux personnalités éminentes du secteur de l'eau en Afrique, car quelques années plus tard, j'ai eu l'honneur d'assumer la présidence du Conseil scientifique et technique (CST) de l'Association africaine de l'eau et de l'assainissement (AAEA), qui représente une évolution par rapport à l'organisation précédente, l'UADE.

Une source d'inspiration importante est née d'une réunion charnière en marge de la réunion du CST à Rabat en 2014. Au cours de cet événement, j'ai eu le privilège de rencontrer M. Jan G. Janssens, un ancien membre distingué de la Banque mondiale. À la suite de ma présentation, qui portait sur les modèles financiers et la performance des entreprises dans le secteur de l'eau, M. Janssens m'a invité à le rejoindre à sa table de déjeuner. C'est M. Florentin du bureau NODALIS qui a également participé à l'exploration de modèles financiers similaires aux côtés du professeur Saïd de l'Université Mohamed V. Ce rassemblement a créé un environnement propice à la poursuite des discussions perspicaces que nous avions entamées dans l'amphithéâtre plus tôt dans la journée.

Bien que nos discussions n'aient pas débouché sur un point de vue commun sur plusieurs aspects essentiels de l'élaboration de modèles, l'engagement s'est avéré précieux. J'ai maintenu le contact avec M. Janssens, qui a exprimé un vif intérêt pour le perfectionnement d'un nouvel outil d'analyse qu'il avait mis au point, appelé « modèle d'équilibre des flux de trésorerie ». Lors d'une réunion de mon comité de thèse à l'École des Mines de Paris, qui fait partie du prestigieux Institut ParisTech, M. Janssens est venu de Stockholm pour présenter les aspects fondamentaux de sa démarche à notre public. Son dévouement a souligné la pertinence de son outil, que de nombreux participants ont trouvé convaincant, compte tenu de sa vaste expérience dans la conception de modèles financiers efficaces.

Au cours de notre conversation, M. Janssens, dont les connaissances découlaient d'années d'expérience dans le domaine, m'a offert de précieux conseils. Il m'a recommandé de modérer mes ambitions, suggérant que, compte tenu de mon cadre actuel, j'aurais probablement besoin d'une « écurie de doctorants dédiés au projet pendant une dizaine d'années pour en réaliser véritablement le potentiel ». Sa reconnaissance de la clarté des objectifs de mon projet contrastait fortement avec les défis pratiques auxquels j'étais confronté. Néanmoins, il tempéra sa prudence par des encouragements, déclarant : « Si votre théorie prend forme, vous aurez un champ de carottes devant vous », indiquant un potentiel de récompenses substantielles si le travail était couronné de succès.

D'ailleurs, un moment marquant s'est produit lorsque j'ai eu l'occasion de rencontrer Son Excellence Mahamat Idriss Déby, Président de la République du Tchad. Lors d'une réunion privée lors de la réunion du CST, il m'a demandé mon avis sur la manière d'assurer la durabilité de l'approvisionnement en eau de N'Djamena, la capitale. Cette enquête était particulièrement prémonitoire, car elle anticipait les nombreuses solutions explorées lors des débats approfondis qui se sont déroulés pendant près de cinq jours au Tchad sur les défis de la gestion et de l'approvisionnement en eau.

Ces rencontres et conversations pendant deux ans ont profondément influencé ma compréhension et mon engagement sur le terrain, renforçant ma détermination à éviter tout semblant d'échec. Comme le disait si bien l'abbé Pierre, « le plus grand échec, c'est de ne pas avoir le courage d'oser ». Ce sentiment fait écho à l'audace dont nous avons fait preuve face au défi parfois redoutable d'être transparents et responsables envers le public et nos pairs professionnels.

Malgré cette audace, nous restons parfaitement conscients de l'ampleur du travail qui nous attend pour résoudre les problèmes urgents du secteur de l'eau et de l'assainissement.

CHAPITRE 3

LE SECTEUR DE L'EAU ET DE L'ASSAINISSEMENT

1. l'eau dans le monde : les usages à l'épreuve du défi climatique

1.1 Les usages délivrent leurs enseignements

Au révélateur de l'usage, l'analyse des parts des quantités d'eau douce ou salée produit des enseignements très instructifs. En effet, en termes de potentiel, l'eau dans le monde est constituée de 2,4 % d'eau douce contre les 97,6 % qui sont salées ou non-douces. L'ensemble de cette eau, « eau douce » et « eau salée » confondus, occupe 70 % de la planète Terre (soit 13 000 kilomètres carrés) tel que l'indiquent les différents schémas ci-après :

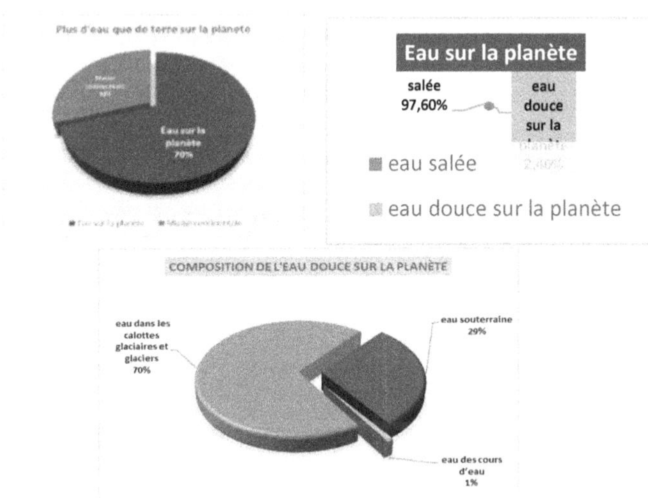

Graphique 1 : Eaux sur la planète Terre

Source : Auteur, à partir de données de diverses organisations

Sur ce point, il faut noter que les « consommations », définissant le volume effectivement utilisé à ne pas confondre avec les « prélèvements » qui désignent les volumes initialement mobilisés enregistrés sur cette portion d'eau douce, sont composées ainsi qu'indiquer dans le graphique ci-après :

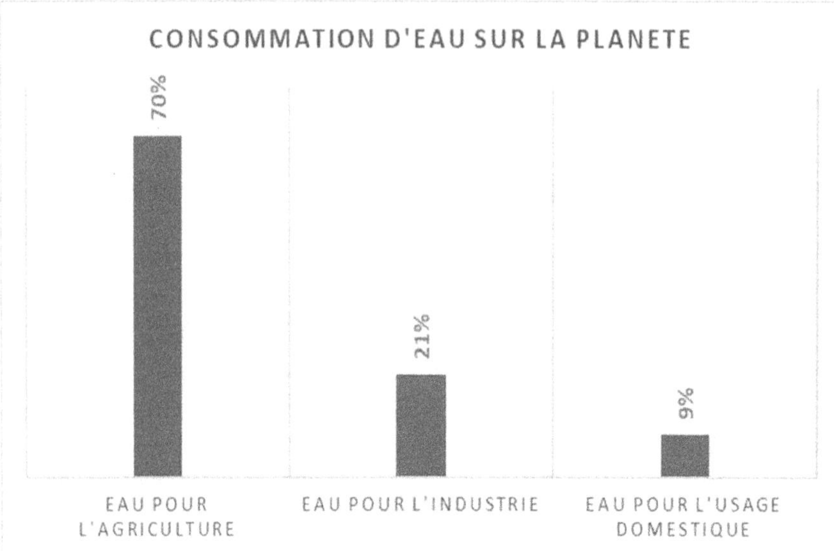

Graphique 2 : Répartition par type d'usage d'eau

Cette répartition tendancielle, au-delà du déséquilibre relatif aux types d'usage, précise la part congrue de 9 % de consommation domestique. Il s'agit d'une consommation de « quantité d'eau » qui suit un processus complet de « production/traitement/distribution ». Ce fil de l'eau est différent du type d'usage propre à la consommation dite intermédiaire ou productive observée dans l'agriculture et dans l'industrie. Devrions-nous également préciser que cet usage fait fi de l'eau puisée à partir de sources supposées non durables ou, encore, de sources révélant un niveau de disponibilité moyen des ressources en eau. En clair, cet usage dont il est question ne concernerait que les ressources dont la disponibilité est fiable. L'évaluation des ressources en termes de quantité et les comptes de l'eau dans le temps ne sont pas assez connus. Ce fait recèle en lui-même des manques de fiabilité à moyens et longs termes. Au demeurant, nous pourrons retenir le propos de Laurent Baechler : « Le cycle de l'eau assure un niveau de précipitation terrestre d'environ 113 000 km3 par an, dont il faut soustraire 72 000 km3 d'évaporation pour obtenir le flux net disponible de 32 900 km3 qui sont considérés comme géographiquement accessibles, mais il faut également tenir compte du moment auquel ont lieu ces précipitations. La plupart sont concentrées sur des périodes réduites et occasionnent des inondations ; restent 9 000 km3 effectivement accessibles ; si l'on ajoute les eaux de précipitation retenues en barrages, on compte finalement 12 500 km3 d'eau douce disponibles chaque année pour les usages humains, ce qui représente plus de 5 000 litres/pers/jour sur le plan mondial, les plus gros utilisateurs (les Américains) n'en prélevant « que » 1 800 litres/personne quotidiennement. »

La raréfaction des ressources en eau annonce un impact négatif sur la prise en charge des besoins des populations.

1.2 Dérèglement du cycle de l'eau, un tribut au changement climatique

Dans cette dynamique traduisant une grande attention pour les ressources en eau et les différents usages, il est avéré que l'avènement des changements climatiques n'a pas arrangé les choses. Ceux-ci font que ces comptes de l'eau sont loin d'être éprouvés avec des stress hydriques en certains endroits ou des surabondances dans d'autres. Cela s'appelle tout simplement des disparités.

En l'état actuel des connaissances de ce phénomène dépeint sous le sobriquet de changement climatique, il est entrepris une théorie sur le dérèglement, telle une montre, du cycle de l'eau schématisé ci-après.

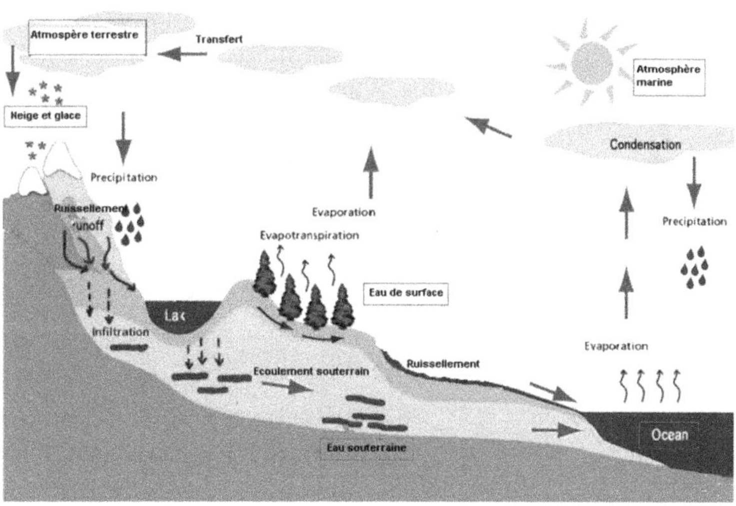

Schéma 1 : Cycle de l'eau, http://eduterre.ens-lyon.fr/thematiques/hydro/cycleau/images_cycle_global/cycle.gif

Ce dérèglement se manifeste à plusieurs niveaux. Il interroge la conscience des chercheurs à travers plusieurs questionnements sur le devenir de la Terre. Cette planète va-t-elle demeurer bleue à la faveur de l'occupation de 70 % de sa surface par de l'eau ? Les quantités d'eau douce ne vont-elles pas s'amenuiser, de plus en plus, au profit de l'eau salée ? Les besoins en usage d'eau sont-ils mieux maîtrisés pour faire fléchir la courbe des prélèvements déjà impactés par un taux d'augmentation de la consommation qui est le triple du taux de croissance démographique ?

De grands points d'interrogation qui ne cachent pas le déséquilibre qui devrait avoir entre l'eau bleue et l'eau verte ; la seconde considérée comme un surplus est issu de la première augmente, par moment, à travers les rivières et autres cours d'eau. Ce serait un paradoxe s'il n'y avait pas l'impact des changements climatiques qui entraîne un assèchement des sols et empêche une infiltration normale des eaux de pluie qui sont excédentaires dans certaines zones.

Il s'y ajoute que l'on bute sur des problèmes d'allocations aléatoires de ce peu d'eau pour couvrir le besoin potentiel en prélèvements. L'alerte avait été donnée depuis plusieurs décennies.

En effet, à propos de ces allocations à différents secteurs, sur la base de considérations économiques qui les justifieraient, et dans une vision prospective bien élaborée en 1967 déjà, le Docteur D. F. Kokot de l'Afrique du Sud avait essayé de recadrer l'allocation des ressources en eau au profit des villes en ces termes : « Nous pouvons sans aucune difficulté faire de l'eau le facteur limitant de notre croissance en allouant pratiquement toutes les ressources disponibles au secteur agricole pour faire pousser des plantes grâce à l'irrigation, mais il faudrait alors fermement interdire la construction de mines et d'usines (...). Mais cela serait un suicide national » (https://doi.org/10.4000/developpementdurable.1735, paragraphe 38). Une assertion qui n'en finit pas d'être d'actualité puisque les conséquences sont nombreuses, en ce sens que l'ODD 6 impacterait 53 % des cent soixante-neuf (169) cibles répertoriées à travers les dix-sept (17) ODD.

1.3 Des choix stratégiques face aux énigmes

Les déséquilibres non exhaustifs constatés affectent d'autres secteurs avec un impact réel sur le plan économique. Pour preuve, en parcourant quatre (4) études de cas concernant la Chine, l'Inde, l'Afrique du Sud et le Brésil, il s'avère que ces pays sont de grands pôles de demande et de besoin en eau agricole avec 42 % du total mondial espéré alors qu'ils ne pèsent que 30 % du PIB dans le monde.

Le règlement de ces nombreuses énigmes se révèle difficile au point que toute tentative reste confrontée à des contraintes de choix stratégiques laborieux dans la mission de mise en œuvre des politiques appropriées. Certains de ces arcanes énigmatiques dépassent le cadre de la gestion d'une société d'eau ou d'assainissement même s'il y a des tentatives de solutions qui passent, le plus souvent, par l'usage d'outils connus en sciences de gestion. C'est avec ces outils que les managers essayent de vaincre plusieurs difficultés avec l'ambition de jouer leur partition dans l'amélioration de ces tendances menaçantes.

La source de ces maux est diverse et de nombreux déterminants se font jour. Ils vont de la rareté accrue des ressources en eau aux techniques et technologies souvent inadaptées en passant par la non-capitalisation des bonnes pratiques. Ces défaillances, à la fois techniques et managériales, induisent, inévitablement, des performances relativement basses, si ce n'est la grande difficulté d'avoir des méthodes harmonisées de calcul des performances des opérateurs qui entraîne des écarts de classement. Il y a là un champ que les experts du domaine doivent investir en vue de féconder la réflexion destinée à réaliser de bonnes comparaisons et de rendre plus efficients les efforts en matière de prise en charge des enjeux du secteur. C'est de cette manière que sera obtenue une bouée de sauvetage dans le sens de la formulation et la mise en œuvre d'opérations de terrain avec l'espoir de capitaliser des politiques efficientes et anticipatives sur les défis présents et futurs.

- **Le benchmarking a la cote mais les données font défaut…**

C'est dans cette optique que cette présente contribution vise à proposer, sous certains angles, un outil de science de gestion qui pourra aider à résoudre la problématique ainsi déclinée. Plus précisément, il s'agit d'un outil dans le domaine du Benchmarking dont l'appellation nous est familière durant ces quarante (40) dernières années, notamment en industrie. Depuis la Seconde Guerre mondiale, il faut le rappeler, le concept aurait devancé sur plusieurs générations depuis la révolution industrielle ; nul ne saurait donc parler d'une réelle nouveauté puisque son usage est plus vieux qu'on ne le pense. N'est-ce pas ce qu'a tenté de faire ressortir Alain Desrosières, en étudiant le cas du General Register Office (DRO) ?

Comment ? En « publiant et en comparant les taux de mortalité infantile dans les grandes villes industrielles ». À cet effet, il a unifié les données statistiques relatives à la morbidité et à la misère sociale, et ce faisant, il a créé « un espace de comparabilité et de concurrence entre les villes ». Le GRO a même attisé cette « compétition nationale sur les taux de mortalité » : dans les années 1850, il a calculé le taux moyen des districts les plus sains pour l'assigner comme objectif à tous les autres. À la moyenne nationale traditionnellement prise comme référence, le GRO a ainsi substitué « un optimum plus ambitieux » comme cible à atteindre. Ce faisant, on pourrait considérer qu'il a construit un benchmark.

Extrait 1 : General Register Officer

Néanmoins, le concept de benchmarking refait toujours surface dans notre secteur. En vérité, il est parfois utilisé avec maladresse, avec une prescription non maîtrisée. Il confirme toutefois la place privilégiée qui lui est donnée dans le maniement des outils de management en général. Cette position avait été affirmée par un sondage mené auprès de 6323 entreprises de 40 pays par le cabinet de conseil en stratégie « Bain & Company ». Le benchmarking était classé au deuxième rang du « palmarès des outils les plus utilisés » durant les années 2002 et 2003. Hélas, il serait imprudent d'annoncer qu'il en est autant dans le secteur de l'eau et de l'assainissement tant la fiabilité des données fait défaut, surtout dans les pays du Sud, depuis plusieurs décennies.

La relativité des données acquises et la dynamique de comparaisons entre les « dérivées premières ou même secondes » des indicateurs de benchmarking posent ainsi des problèmes, au sens de l'algèbre mathématique et par rapport au temps.

1.4 Bench-dépendance : atouts, limites et perspectives

Les actes posés inlassablement autour de ce concept montrent que nous sommes dépendants d'un système qui repose sur des indicateurs et il ne saurait être autrement pour améliorer la gestion dans le secteur de l'eau et de l'assainissement. Cette assertion serait confirmée par les propos de Dr Laetitia Guérin Schneider : « L'introduction d'indicateurs de performance mesurant les résultats du service apporte de nombreuses perspectives, en termes de définition du contenu du service, de pilotage par la collectivité, d'incitation à l'amélioration et enfin de communication vers les usagers ».

À côté de cette nécessité d'application des outils de management comme le benchmarking, les déficits sont d'acuité et la communauté essaie d'y remédier sans relâche. En effet, le cas de la disponibilité des ressources (de la distribution également) constitue un vrai casse-tête au sein de nombreux cadres de réflexion dont l'Association internationale de l'Eau (IWA) ou le Conseil mondial de l'Eau (CME) ou encore le « WATER RESOURCES GROUP 2030 ». Créée en 2008, cette dernière organisation a produit un rapport intitulé « Charting Our Water Future » (Tracer notre avenir dans le domaine de l'eau). Cette production est une alerte d'éventuelles pénuries. Elle met en exergue la problématique de la disponibilité des ressources en eau dans le monde pour servir de cadre de référence économique pour l'aide à la décision. Il s'agit d'un rapport synthétique dont l'objectif vise à faire ressortir les impacts, les coûts et la faisabilité de mesures techniques pour la création d'un cadre économique commun afin de faciliter le dialogue entre toutes les parties prenantes de la lutte et, pour finir, infléchir la tendance à la raréfaction des ressources en eau.

Sur la question, le Prince d'Orange déclarait à travers son avant-propos de ce document, que les indications contenues dans ce rapport constituent un premier pas dans la compréhension du potentiel de solutions disponibles, les coûts associés à leur mise en œuvre et les arbitrages à faire pour, éventuellement, prendre de bonnes décisions.

Aussi pense-t-il qu'il faut un effort concerté et accompagné par :

- **Une bonne efficacité des leviers techniques disponibles et de la chaîne des processus attenants ;**
- **Une bonne maîtrise des coûts de ces techniques.**

Plusieurs questionnements se sont invités, à cette occasion, dans ce groupe de réflexion tels que :

- **À quel niveau s'établira la demande globale en eau dans les prochaines décennies ?**
- **Quel niveau d'application des textes relatifs aux cadres institutionnels et règlements en vigueur dans le secteur pour permettre l'émergence des compromis les plus rentables ?**
- **De quels moyens techniques disposons-nous pour augmenter l'offre et la productivité ?**

- **Quelles mesures incitatives pour amener les consommateurs à modifier leurs comportements et investir dans les équipements les plus économiques ?**

- **Comment rattraper le déficit d'investissements par l'implication du secteur privé tout en donnant plus de force au secteur public pour accompagner le processus d'éradication des déficits sur les économies et des impacts négatifs sur l'environnement ?**

Quoi qu'il en soit, les attentions portées à la raréfaction des ressources en eau sur le plan mondial ont permis de constater certaines carences dans ce domaine. On peut en retenir :

- **Un nombre modeste de données économiques dans l'écrasante majorité des pays en développement, surtout en Afrique ;**

- **Une timidité dans l'élaboration de modèles d'analyse rigoureux dans le domaine de l'efficience et de la productivité hydrique pour permettre d'enclencher les meilleures orientations ;**

- **Une absence de coopération suffisante entre les différentes parties prenantes des systèmes de gouvernance (carences dans la gestion des données, parfois pas de données, pas de management approprié, pas de prédiction et défaut de planification) ;**

- **Une répartition inéquitable des ressources, accentuée par le niveau de déséquilibre occasionné par les dérèglements dus aux changements climatiques ;**

- **Un déficit d'investissements relativement au non-respect des engagements des politiques ;**

- **Une hausse constante de la demande liée à la croissance démographique dont l'impact économique transcende avec de vérifiables déficits, sur le plan industriel et agricole ;**

- **Un impact négatif des changements climatiques mal maîtrisés ;**

- **Etc.**

Toutes ces insuffisances, qui sont loin d'être exhaustives, entraînent des conséquences sur l'alimentation avec une amplification du nombre de villages assoiffés, sur la santé et l'environnement à travers une dégradation des écosystèmes et sur le développement économique qui est ainsi menacé.

1.5 Interrogations, résolutions et projections face au spectre du stress hydrique

Par ailleurs, il faut noter la nécessité de cerner la problématique sur les quantités car les projections de la demande en eau d'alors faisaient état, sur les vingt (20) ans à venir (horizon 2030), d'un besoin d'augmentation de 4500 milliards à 6900 milliards de m3 d'eau soit, dans l'ordre, de 40 % au niveau mondial et de 50 % dans les pays émergents en particulier.

À cela, s'ajoute le fait que, selon les projections et perspectives de l'OCDE, plus de 40 % de la population mondiale se retrouverait, à l'horizon 2050, dans des zones à stress hydrique, parmi lesquels des pays et régions moteurs de la croissance économique mondiale.

Les réponses à ces nombreuses interrogations et incertitudes, selon une frange d'experts du domaine, passent par la mise en place prépondérante de politiques adaptées et de mécanismes efficaces pour préserver les ressources en eau. Elles constituent un jalon important pour faire face aux déficits d'eau allant jusqu'à la réutilisation des eaux usées traitées ou la désalinisation (une économie circulaire qui prend forme et, également, une sorte de nouveau cycle industriel).

En outre, et au-delà des gros investissements à consentir, il sera donc question d'envisager :

- **Une augmentation de la productivité ;**
- **Une diminution ou modération de la demande ;**
- **Une augmentation de l'offre ;**
- **Une efficience dans la programmation de la réalisation et de la gestion des infrastructures basée sur un raisonnement par coût marginal.**

Pour la quatrième mesure, il est nécessaire de réévaluer certaines stratégies qui mettent l'accent sur l'amélioration de la productivité hydrique, comme la programmation de l'irrigation agricole, moins coûteuse que les infrastructures d'approvisionnement en eau et encore plus que la désalinisation. En parallèle, il existe des opportunités dans la production et la distribution, car les techniques de maîtrise des fuites ne sont pas suffisamment exploitées. La course à la désalinisation est prématurée ; il faudrait d'abord renforcer la maintenance des réseaux et limiter les fuites, puis envisager la désalinisation et maximiser le recyclage des eaux usées traitées dans une optique d'économie circulaire.

1.6 La communauté de l'Eau aux bons soins des experts internationaux

Heureusement, le secteur regorge de compétences humaines remarquables. Plusieurs organisations intègrent ces problématiques dans leurs réflexions stratégiques et apportent leurs contributions aux politiques publiques grâce à des conseils d'orientation. Le Conseil Mondial de l'Eau (CME), reconnu pour sa notoriété et son expertise, constitue l'une des principales institutions dans ce domaine. Le CME est également responsable de l'organisation du Forum Mondial de l'Eau (FME), qui se distingue comme le plus grand rassemblement mondial d'experts en eau et assainissement.

Cette organisation internationale multipartite existe depuis plus de vingt-cinq ans et a été fondée par des spécialistes renommés de l'eau, en réponse aux préoccupations croissantes de la communauté mondiale concernant les questions liées à l'eau. Sa mission, telle que décrite dans les textes qui la régissent, est de sensibiliser sur les enjeux de l'eau, de renforcer l'engagement politique et d'initier des actions sur les problèmes critiques de l'eau à tous les niveaux, y compris au plus haut niveau décisionnel. L'objectif est de faciliter la conservation, la protection, le développement, la planification, la gestion et l'utilisation efficaces de l'eau dans toutes ses dimensions de manière écologiquement durable pour le bénéfice de toute vie sur terre.

En fournissant une plateforme destinée à encourager les débats et les échanges d'expériences, le Conseil vise à développer une vision stratégique partagée concernant les ressources en eau ainsi que la gestion des services d'eau pour l'ensemble des parties prenantes de la communauté de l'eau. Dans ce cadre, il catalyse également diverses initiatives et activités, dont les résultats convergent vers son événement principal, le Forum Mondial de l'Eau.

Par ailleurs, certains considèrent que le Conseil Mondial de l'Eau (CME) dispose de la crédibilité nécessaire pour influencer positivement l'Organisation des Nations Unies (ONU) dans sa reconnaissance de l'accès à l'eau comme un droit fondamental.

Cette reconnaissance devra être actée et préservée par une charte, qui reposerait sur les principes suivants :

- **L'accès à l'eau comme un droit fondamental, les gouvernements endossant la responsabilité d'en assurer l'accès à tous ;**

- **La gestion de l'eau relevant d'une responsabilité publique prépondérante, ses modalités de gestion et de financement doivent aller dans le sens d'un droit d'accès à tous avec une obligation de conserver la ressource ;**

- **La gestion de l'eau, par les pouvoirs publics, doit reconnaître aux collectivités le pouvoir de gérer leur patrimoine aquatique, ce qui commande, aussi, des responsabilités fiduciaires de la ressource commune d'abord et avant tout ;**

- **Les corps publics ne doivent pas hésiter à structurer les transferts de richesses au sein des sociétés en faisant payer plus cher l'eau aux riches pour garantir le droit d'accès à tous ;**

- **La gestion de l'eau ne doit pas se limiter aux problèmes de disponibilité de la ressource aqueuse ; elle doit aussi tenir compte de la nécessité de maintenir en vie les écosystèmes qui en dépendent et toute ponction, y compris celle des voisins assoiffés, ne saurait se justifier si elle procède d'une logique de gaspillage. Les ponctions supplémentaires aux besoins de base ne devraient être autorisées qu'à titre de solution ultime, par une application stricte du principe de précaution.**

1.7 Le management des réponses à la raréfaction des ressources en eau

Cette référenciation au Conseil Mondial de l'Eau vise à entrevoir d'autres aspects ou déterminants sur lesquels les managers des SEA n'ont aucune maîtrise et il n'est pas exagéré de dire qu'ils les subissent, à la limite, surtout en Afrique où ils sont choisis par les politiques. C'est pourquoi la chose semble se jouer, en grande partie, à un niveau politique.

Cependant, tout ne saurait être perdu car il est loisible aux managers d'engager les structures dont ils ont la charge à participer au débat démocratique et politique à travers une adhésion à des instances comme le CME. Un de leurs objectifs pourrait être d'influencer les grandes orientations et le développement du business autour de l'Eau et de l'Assainissement.

Sur le volet des décisions au niveau politique, l'organisation institutionnelle en est une des résultantes ; les modèles d'organisation sont très différents entre pays francophones et anglophones.

Les modèles d'organisation du secteur sont souvent éclatés dans les pays anglophones et concentrés dans les pays francophones d'Afrique.

Cette différence entre les types d'organisation devient fondamentale. Elle rend complexe la comparaison des performances de deux sociétés issues des deux espaces linguistiques différents sans avoir recours à la contextualisation.

À titre d'information, les tableaux récapitulatifs, ci-dessous, relevant le nombre de SEA pour quelques pays, donnent une idée sur le nombre d'opérateurs dans ces deux modèles d'organisation selon que le pays est anglophone, francophone ou autres :

Source : Rapport WSP, 2009

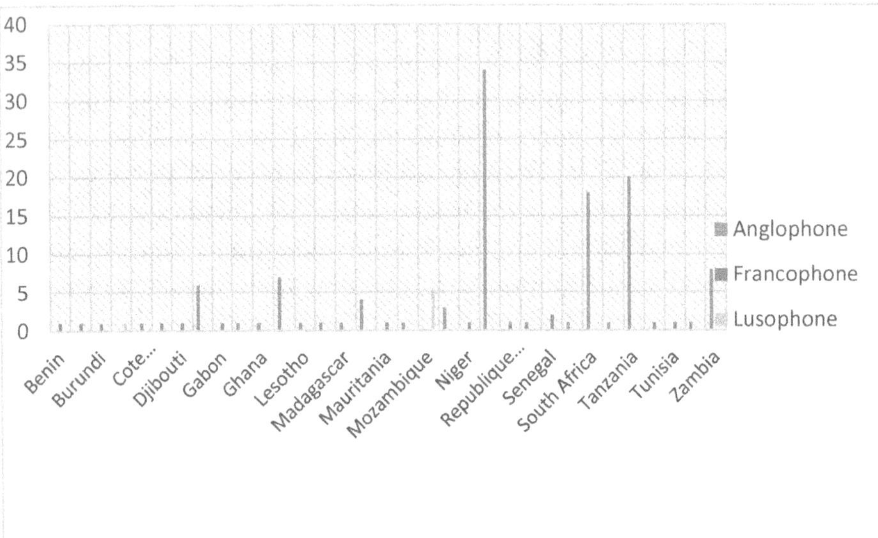

Graphique 3 : Nombre de sociétés par pays associé à la « langue » parlée

Le plus grand nombre de SEA, par pays, se retrouve au Nigéria, en Tanzanie, en Afrique du Sud, en Zambie et au Kenya. Pour ce dernier pays, seules les agences de régulation par zone sont répertoriées. Cependant, ces agences comptent plus d'une centaine d'opérateurs.

À côté de cette multitude de SEA dans les pays anglophones, il apparaît généralement la présence d'un maximum de deux (2) SEA dans les pays francophones comme le Sénégal, la Côte d'Ivoire, le Bénin, le Burkina Faso.

Ces deux modèles d'organisation pour la gestion du secteur de l'eau influencent la juste valeur des performances des opérateurs et expliqueraient les potentielles divergences sur les informations malgré un léger mieux constaté dans les pays anglophones où il est noté l'existence d'agences de régulation. Ces dernières constituent un garant de la disponibilité des informations dans les pays anglophones alors que le plus souvent la régulation n'est assurée dans les pays francophones, qu'à travers le contrat.

2. Actions – politiques/management

2.1 Background

La situation est alarmante et c'est le moins qu'on puisse dire depuis plusieurs décennies, avec :

- **80 pays (1,1 milliard de personnes) souffrent de pénuries ponctuelles ;**
- **28 pays souffrent de pénuries régulières ;**
- **1,5 milliard d'habitants n'ont pas accès à l'eau potable ;**
- **2 milliards d'habitants sont privés d'installations sanitaires ;**

1,6 million d'enfants meurent chaque année de diarrhée, due principalement à la mauvaise qualité de l'eau ou au manque d'assainissement.

Comment infléchir cette tendance qui ne cesse de s'aggraver malgré des efforts dont la soutenabilité est plombée par les ressources financières insuffisantes.

L'enjeu autour des questions de l'eau est énorme car une bonne gestion de ces eaux partagées serait d'une grande contribution pour l'avenir de l'humanité et voire sa survie. Il est rappelé que présentement il y a encore une disponibilité des ressources douces[1] en eau mais hélas, la répartition présente plusieurs disparités. En effet, il est constaté que neuf **(9) pays** (Brésil, Fédération Russe, Indonésie, Chine, Canada, États-Unis, Colombie, Pérou et Inde) **se partagent 60 % des réserves mondiales d'eau (cf.** Quelle est la répartition de l'eau dans le monde ? (Activeau.fr) avec un fait inédit qui renseigne que trois (3) parmi eux sont des membres permanents du conseil de sécurité des NU).

La maîtrise des disponibilités de ressources d'eau douce ne constituerait-elle pas un troisième pilier de suprématie des pays dans le monde en s'ajoutant au volet diplomatique et à la puissance militaire ?

---

[1] Le lac Baïkal, situé dans le sud de la Sibérie, représente le plus grand réservoir naturel d'eau douce liquide au monde avec 23 000 milliards de mètres cubes d'eau ! Il est inscrit au Patrimoine mondial de l'Unesco pour sa richesse écologique et sa faune exceptionnelle qui figure parmi les plus riches et originales de la planète
Tout savoir sur l'eau douce | Centre d'information sur l'eau (cieau.com)

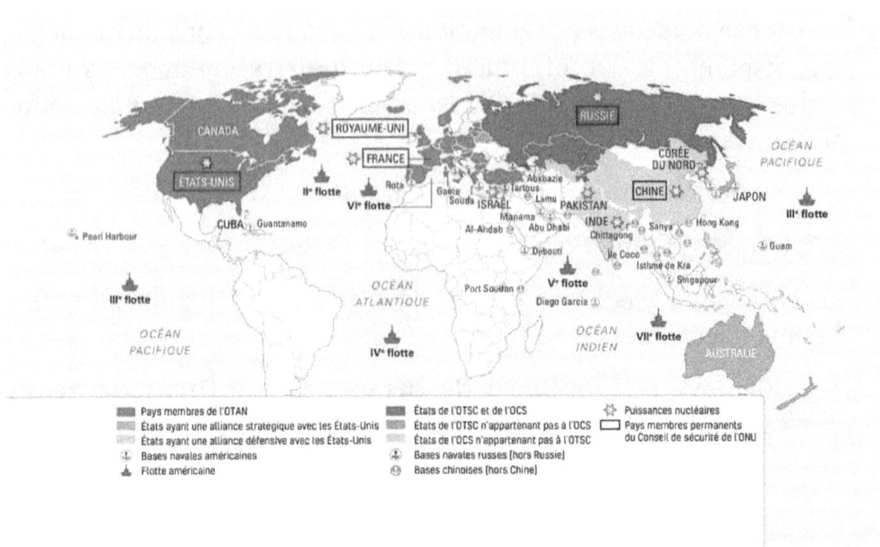

Carte 1 : Puissance diplomatique et militaire, https://resources.manuelnumeriquemax.belin.education/03580503_hggsp/03580503_hggsp_th2_intro/Images/03580503_hggsp_th2_intro-093-i0002

Disponibilité en eau douce[2]

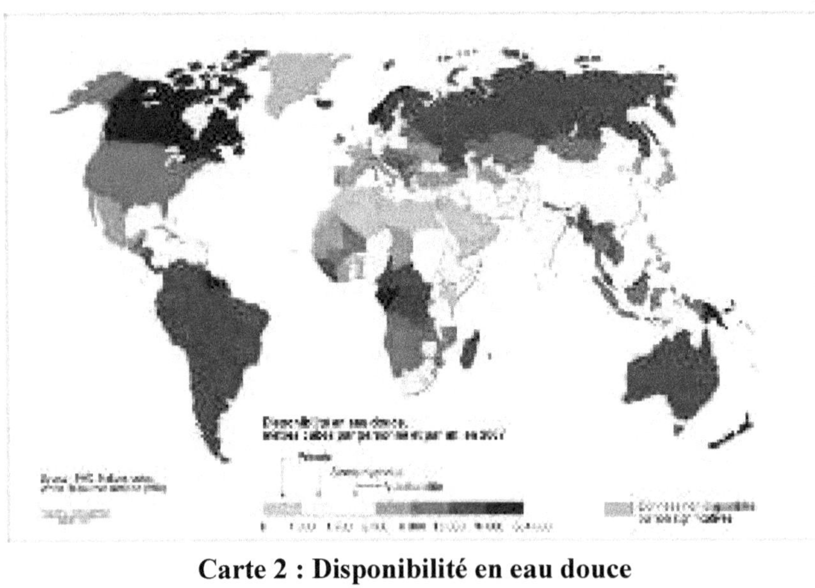

Carte 2 : Disponibilité en eau douce

[2] https://www.monde-diplomatique.fr/local/cache-vignettes/L890xH560/artoff15762-f4021.jpg?1659815843

Accès à l'eau potable[3]

Carte 3 : Accès à l'eau potable

Principaux conflits liés à l'eau[4]

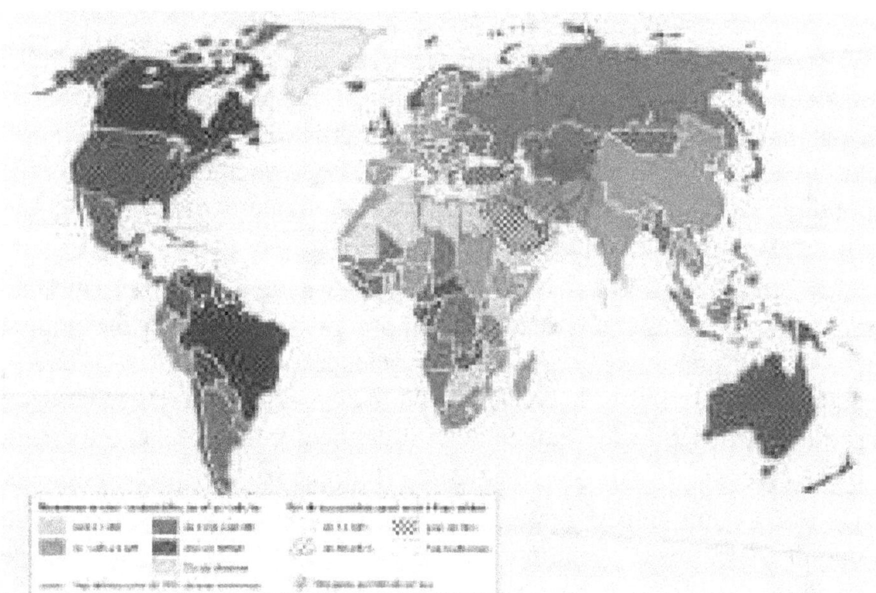

Carte 4 : Principaux conflits liés à l'eau

---

[3]https://atlasocio.com/cartes/economie/infrastructures/carte-monde-acces-eau-potable-pourcentage-population-details-en-2010_atlasocio.png
[4] https://www.monde-diplomatique.fr/IMG/jpg/artoff553-2.jpg

Disponibilités et prélèvements d'eau douce dans le monde[5]

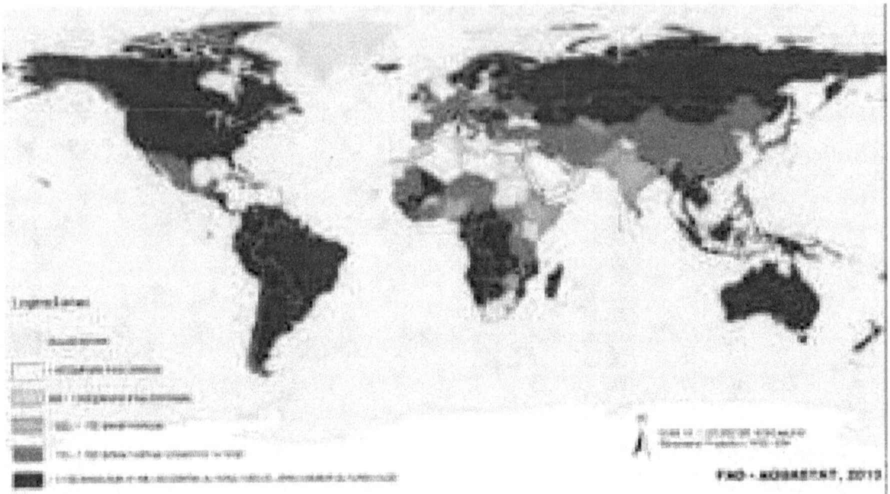

Carte 5 : Disponibilités et prélèvements d'eau douce dans le monde

La coopération dans le domaine de l'eau a toujours été au cœur des préoccupations des Nations Unies comme en atteste une de leurs grandes décisions déclarant l'année 2013, année Internationale de la coopération dans le domaine de l'eau. Conformément à cette déclaration, la Journée mondiale de l'eau du 22 mars 2013 avait été également consacrée à la **coopération dans le domaine de l'eau**.

L'UNESCO avait été désigné pour diriger cette année internationale de 2013 en particulier, en raison de l'approche multidisciplinaire unique de l'Organisation qui combine les sciences naturelles et sociales, l'éducation, la culture et la communication et compte tenu, en général, de la nature intrinsèque de l'eau en tant qu'élément transversal et universel.

À ce propos, la Directrice générale d'alors, Mme Irina Bokova, de l'UNESCO, une année avant la tenue de la journée internationale de l'eau de 2013, disait : « *l'objectif de cette Année internationale est de sensibiliser à la fois au potentiel d'une coopération accrue et aux défis auxquels est confrontée la gestion de l'eau à la lumière de l'augmentation de la demande d'accès, d'allocation et de services d'eau. L'Année mettra en lumière l'histoire* ***des initiatives réussies de coopération dans le domaine de l'eau*** *et identifiera les questions brûlantes relatives à l'éducation dans le domaine de l'eau,* ***à la diplomatie de l'eau****, à la*

[5] https://eduterre.ens-lyon.fr/ressources/scenario1/planetebleue/Images/ressources-eau/image_preview

gestion des eaux transfrontières, au ***financement de la coopération****, aux* ***cadres juridiques nationaux et internationaux*** *et aux liens avec les objectifs du Millénaire pour le développement* ».

Une promotion qui devrait être portée davantage pour une plus grande expansion et ce en **amorçant une phase de matérialisation** afin de fournir un potentiel de décisions allant dans le sens des vingt-deux (22) points faisant objet d'appel de déclaration du « Bleu deal », parmi lesquels : Garantir le droit à l'eau et à l'assainissement pour tous – Garantir la disponibilité de la ressource et la résilience – Assurer les financements adéquats – Assurer une gouvernance inclusive de l'eau – Renforcer la coopération.

Pour cela, il faut arriver à maintenir la cadence en intégrant, dans le processus, un programme d'actions pour le « Blue deal » qui devrait permettre, entre autres :

➢ De maintenir la dynamique de promotion du Blue deal ;

➢ De mieux fédérer les engagements des États et institutions autour de la coopération ;

➢ De disposer d'éléments de corrections d'accords déjà engagés mais d'application difficile ;

➢ De mettre à la disposition de la communauté et aux différents pays partageant des ressources en eau communes des outils (chartes) de base d'élaboration d'accords ;

➢ De définir des mécanismes juridiques de coopération scientifique pour ne pas continuer à perdre des ressources par le fait d'un défaut d'échanges (Selon Dr Tracy Hart[6], si les pays n'échangent pas, en toute transparence, leurs données sur l'utilisation de l'eau, et notamment leurs prélèvements dans les aquifères, comment pouvoir vérifier ces résultats ?)

➢ D'asseoir des résolutions pour le règlement de différends entre pays ;

➢ De fournir des modèles d'allocation ou d'exploitation des ressources entre pays et voire au sein d'un pays avec la territorialisation ;

Cette volonté est réaffirmée, en alignement aux ODD et à l'agenda 2063, à travers la déclaration de Dakar à l'issue du 9e forum mondial de l'eau de mars 2022 qui consacre l'appel pour un **« Blue deal pour**

---

[6] Tracy Hart est spécialiste senior de l'environnement au sein de la Région Moyen-Orient et Afrique du Nord (MENA) a rejoint la Banque mondiale voici 15 ans.

la sécurité de l'eau et de l'assainissement, pour la paix et le développement ».

On ne saurait évidemment oublier les réflexions portant sur des problèmes environnementaux corrélés aux changements climatiques à l'égard du profond débat sur la sécurité de l'eau comme en atteste la déclaration de Dakar.

Cette proposition anticipative pose, à un niveau éminemment politique, le débat sur la préservation des ressources, leur partage et usage efficient. Il en est ressorti des engagements forts visant à :

- Garantir le droit à l'eau et à l'assainissement pour tous ;
- Garantir la sécurité de la ressource et la résilience ;
- Renforcer la coopération entre tous les acteurs ;
- Assurer les financements à la hauteur des enjeux pour l'eau et l'assainissement ;
- Assurer une gouvernance inclusive.

Cette initiative salutaire du « Blue deal » est portée de manière très dynamique par le ministère en charge de l'eau et de l'assainissement du Sénégal avec une reconnaissance et engagement de plusieurs instances mondiales dont les « Nations Unies ».

Une reconnaissance qui a valu au Sénégal d'être désigné comme coprésident, avec la Suisse, du dialogue interactif 4, intitulé : « L'eau pour la coopération transfrontalière et internationale dans le domaine de l'eau, coopération intersectorielle y compris la coopération scientifique, et place de l'eau dans le Programme 2030 (cibles 6.5 et 6.b associés aux objectifs de développement durable 16 et 17) », durant la dernière conférence des Nations Unies sur l'eau de mars 2023.

En sus de cette coopération vue sous l'angle de l'hydrodiplomatie, il est noté plusieurs actions pour régler la problématique de l'eau et il n'est pas rare d'inclure d'autres qui sont relatives au maintien de la biodiversité d'une part, et intégrer les impacts des changements climatiques d'autre part.

En effet, incontestablement, l'eau sous toutes ses formes, constitue un élément ancré dans un grand ensemble que symbolise la biodiversité, depuis plusieurs décennies ; l'humanité, à travers les communautés et par l'intervention d'éminents experts, a entrepris plusieurs actions de règlement des aléas liés à la nature et de prévention d'autres à venir qui peuvent nuire à l'existence partout sur la planète Terre.

Les sensibilités des plus avertis ont conduit à envisager des actions sectorielles ou orientées sur des éléments focus comme l'eau d'une part ou la biodiversité d'autre part, en passant par une résilience aux changements climatiques.

Fort heureusement que cette manière de faire ne constitue nullement une source de divergence de points de vue et, mieux encore, les résultats glanés suivant ces deux axes d'intervention concordent le plus souvent et sont complémentaires parfois.

La question de l'eau ne peut être traitée ex nihilo à la biodiversité et à l'inverse, on ne pourrait parler de biodiversité à l'absence de l'eau. Le « BLUE » qui symbolise l'Eau est un corollaire du « GREEN » qui pourrait valablement désigner la biodiversité, sommes-nous tentés de dire.

Certes, le BLUE a une notoriété spontanée au point que toutes les communautés y voient l'Eau dans son ensemble, tant en ressources qu'en usage, et qu'elle soit douce ou autre. Pendant ce temps, la biodiversité renferme, au-delà des aspects directement liés à l'environnement ou aux écosystèmes diversement appréciés, les espèces et individus, etc.

Quoi qu'il en soit, l'espèce végétale, dans sa majorité, serait la plus visible sous sa verdure et constitue le refuge naturel des autres composantes de cette biodiversité. C'est de ce GREEN qui semble être fédérateur pour éviter que d'aucuns tirent la couverture de leur côté qu'il s'agit. Il faudrait même en faire un postulat de départ accepté de tous pour mieux partager ce nouveau concept et espérer accélérer la cadence vers l'émergence d'actions plus concrètes.

Sous cet angle, il apparaît clair que l'eau demeure un élément intrinsèque de cette biodiversité, elle est incluse au cœur de ce grand ensemble et de se convaincre que le Bleu est dans le Vert, sous le vocable anglo-saxon « BLUE IN GREEN » ou BIG.

Pour autant, les changements climatiques devraient avoir une place de choix pour mieux asseoir cette symbiose entre l'eau et la biodiversité pour s'assurer de l'efficacité des réflexions et des actions concertées.

2.2 Contexte actuel

Aujourd'hui, nombreux sont les défis qui se posent au monde de manière persistante malgré la mise en œuvre de différentes politiques ou stratégies. Et le secteur de l'eau et de l'assainissement n'y échappe pas !

Ces nombreux problèmes ont amené les décideurs à faire de ce secteur une des priorités dans la presque totalité des pays en développement (PED) et des pays moins avancés (PMA) économiquement parlant, particulièrement ceux d'Afrique. La survenue ou la résurgence de tels défis n'est pas imputable à un défaut de réflexion. Celle-ci est entamée depuis plusieurs années.

De ce point de vue, avec la collaboration d'organisations et d'institutions établies aux quatre coins du monde, plusieurs études ont porté sur la problématique de la gestion des ressources en eau, l'accès aux services d'assainissement ou encore les technologies innovantes les mieux adaptées pour assurer la distribution de l'eau.

Ces initiatives politiques constituent certainement le fer de lance pour gagner le combat en posant les jalons du futur. Cependant, les opérateurs ou SEA ne sauraient ne pas participer à l'effort en fonction des moyens dont ils disposent. Pour cela, une connaissance de soi est fondamentale, avec l'objectif d'être le plus efficient possible et de toujours augmenter ses propres performances. L'évaluation et la comparaison de SEA, de profils hétéroclites, demeurent une voie salutaire, bien qu'étant parfois très laborieuse.

L'exercice de comparaison des performances des SEA afin de booster le secteur en Afrique peut sembler ardu. Ce fait relève d'un manque de cohérence et d'un défaut de gestion des données et de capitalisation des résultats de ces différentes études ou réflexions. Également, il s'avère nécessaire de définir des orientations visant la satisfaction des usagers (clients) ou une meilleure gestion proprement dite des SEA.

En l'état actuel des choses, l'expérience dans l'évaluation des performances des SEA, dans de nombreux pays, n'a pas généré la meilleure approche pour régler les problèmes rencontrés, bien que des exceptions soient enregistrées dans certains pays développés. Subséquemment, les managers sont confrontés à des revirements incessants dans les approches ; comportements s'expliquant par une recherche effrénée de profit. Il y a, en effet, un business avéré dans le secteur de l'eau (recherche galopante de profits, réduction des coûts de production) d'une part et, d'autre part, un besoin d'assurer aux populations l'accès aux services et la préservation des ressources dans le cadre d'une bonne protection de l'environnement.

Cette situation oblige les décideurs à faire glisser le curseur, de gauche à droite, sur un support écartelé entre la gestion privée et la gestion publique qui semblent accrochées aux deux extrémités. Il va sans dire que la position parfaite du curseur n'existerait pas a priori puisqu'il y a d'innombrables possibilités imaginaires dont chacune reflète un contenu d'organisation, de stratégie de développement, d'équilibre financier et autres. Les arguments et justifications ne manqueront jamais pour expliquer les choix d'emplacement de curseurs retenus et qui sont tributaires, une fois de plus, des contextes d'évolution…

Il reste à définir la position la plus judicieuse pour fixer le curseur et permettre d'avoir les meilleures performances, au sens le plus large du terme. De la sorte, l'énigme reposerait plus sur la relativité qui entoure ces performances tant du point de vue de la méthode de calcul de ces performances que de l'efficience globale du service rendu aux usagers par la SEA.

Pour autant, il ne s'agira pas de se laisser emporter vers d'autres réflexions aux conclusions peu certaines comme pour chercher une aiguille dans une botte de foin.

CHAPITRE 4

APPROCHES ET OUTILS DE BENCHMARKING

1. Concept de benchmarking

Dans le secteur de l'Eau et de l'Assainissement, le benchmarking pourrait être défini comme un processus par lequel il est recherché un repère dans la mise en œuvre des meilleures pratiques et autres besoins d'amélioration de l'organisation pour réaliser de meilleures performances. C'est le même son de cloche selon l'usage de certains mots-clés dans la définition du benchmarking. Pendant que certains le traduisent le plus souvent par « étalonnage des performances » ou « évaluation comparative », d'autres préfèrent parler de « parangonnage ». Quelle que soit l'appellation retenue, il s'agit de repérer un étalon ou un parangon, c'est-à-dire un modèle avec lequel se comparer, dans le but de combler d'éventuels écarts de performance.

Aussi serait-il prétentieux de vouloir investir le champ du benchmarking avec la certitude d'arriver à cerner convenablement toutes les formes et approches que revêt le concept du fait de la grande complexité qui l'entoure. Toutefois, il est possible, et sans courir le risque de s'y tromper, de le définir comme étant une « relative comparaison » avec l'évidence de buter sur des cas très complexes.

Le concept mérite d'être revisité pour amener à mieux comprendre le contenu, selon les circonstances d'usage, pour espérer faire de meilleures analyses des résultats. L'évaluation des performances des sociétés peut constituer un excellent moyen de travail pour faire ressortir quelques aspects de l'adaptation ou la contextualisation avant de faire de bonnes comparaisons.

Pour y arriver et surtout pour passer de la théorie à la pratique, une méthodologie devrait être déclinée ; ce qui permettrait de canaliser la manière de faire et d'écarter une divergence de points de vue des participants à une évaluation. Mieux encore, la procédure de mise en œuvre de ce benchmarking pour l'évaluation des performances ne laisserait pas de marge ; ce qui aboutirait à des biais potentiels dont l'impact va fausser considérablement les classements des sociétés.

D'ailleurs, c'est ce qui motive le partage d'un exemple à partir de données provenant de sociétés du Kenya. L'objectif est de réaliser des régressions mathématiques, proposer des formules de calcul des performances communément appelées modèles et prédire d'autres performances pour d'autres entreprises. Il s'agit d'un exercice de manipulation de Xlstat avec plusieurs points de vérification et de validation suivant une chronologie pas forcément linéaire car nécessitant des itérations.

Ce module du logiciel Excel génère tous les résultats obtenus et les interprétations sur le long du processus d'élaboration des différents tests.

L'analyse porte sur les résultats essentiels qui émergent des rubriques suivantes :

- Complément des données manquantes ;
- Significativité de l'échantillon retenu ;
- Composantes principales du modèle ;
- Normalité ;
- Équation de régression linéaire ;
- Hétéroscédasticité ou homoscédasticité ;
- Test de comparaison de modèles par AIC, Cp de Mallow ;
- Etc.

La simplification annoncée plaide pour l'usage d'un nombre restreint de variables pourvu que ces dernières expliquent au maximum la performance ; ce maximum d'explicativité est plus atteignable avec une augmentation progressive du nombre de variables dans le modèle.

Cependant, la multitude de variables pourrait tronquer (surajustement) les modèles qui seront proposés d'où le passage par l'analyse en Composantes Principales (ACP) qui est une méthode d'exploration de données car permet d'extraire facilement des informations de grands ensembles de données en procédant par étude d'ensembles de données multidimensionnelles.

Plusieurs modèles proposés, en général, à l'aide de logiciels sous leur meilleure forme pourraient se présenter à nous et il faudrait faire le bon choix de modèle. Cependant, la validation du modèle à retenir est tributaire du nombre de variables les plus explicatives et des résultats de tests de robustesse ou de significativité.

Malgré les appréhensions que d'aucuns pourraient percevoir à travers cet exercice, l'usage du benchmarking demeure une voie privilégiée pour faire progresser le secteur. Robert CAMP n'en dit pas moins, en ces mots : « Qui veut s'améliorer doit se mesurer… Qui veut être le meilleur doit se comparer ».

Les parties prenantes du secteur de l'Eau et de l'Assainissement, en effet, ne se privent pas de l'usage de cet outil tant prisé pour faire les meilleures comparaisons possibles. Ce recours à sa mise en œuvre est tellement fréquent que le benchmarking est devenu un outil essentiel de management et constitue un soubassement pertinent pour l'élaboration des contrats de performance.

Cependant, cette définition empirique fournie en termes de comparaison ne devrait pas laisser les praticiens se recroqueviller derrière une facilité et se réfugier dans les généralités. Traiter ce concept de benchmarking en profondeur dans ce secteur nous oblige donc à partager cette complexité annoncée en étant convaincue de la nécessité de se prémunir des biais potentiels. Sous cet angle, et pour plus d'efficacité, le domaine de cette présente contribution sera volontairement restreint, pour l'orienter vers la performance des SEA.

1.1 Benchmarking et biais potentiels

Pour procéder à une comparaison directe entre SEA, le premier biais de benchmarking apparaît dès l'instant que les contextes d'évolution des sociétés diffèrent les uns des autres ; dans ce cas, les comparaisons sont relativement moins solides comparées au cas où les SEA sont dans le même contexte (dans un même pays, par exemple à l'image de la SEN'EAU et de l'ONAS au Sénégal ou de la SODECI et l'ONAD en Côte d'Ivoire).

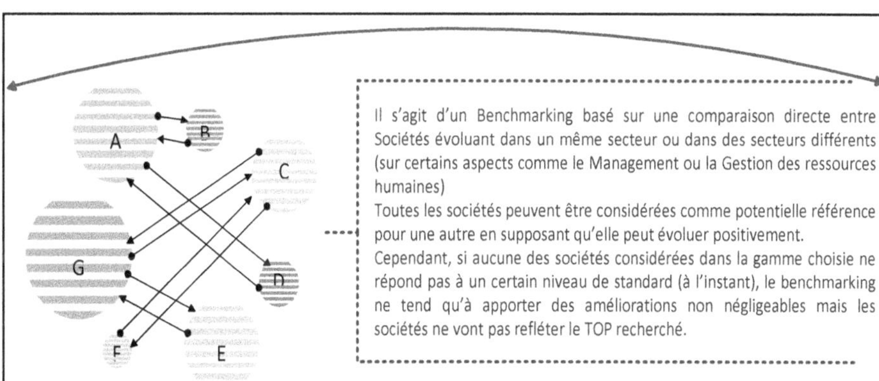

Schéma 2 : Principe de Benchmarking directe entre SEA

Source : Auteur, à partir d'une expérience dans le programme WOP-Africa

Cette présomption trouve son justificatif dans l'influence que pourraient avoir l'organisation institutionnelle, la gestion publique ou privée du secteur, la disponibilité des ressources ou leur raréfaction, le niveau technique et technologique, l'expérience et la qualification des ressources humaines, entre autres facteurs, sur les performances des entreprises.

En effet, tous ces déterminants ont un impact sur la gouvernance des SEA en considération des aspects qui suivent :

- **Organisation institutionnelle**

Les formes d'organisation institutionnelle ont leur impact sur l'atteinte de l'équilibre financier des SEA. Mais à quel degré ! Assurément, ces organisations demandent plus ou moins l'injection de capitaux privés qui laisse entrevoir une augmentation des coûts à cause d'une certaine prise de risque dans l'investissement. Cependant, ne sommes-nous pas devant un système de vases communicants pour relativiser sur ces coûts en démontrant que les impacts ne sont pas seulement financiers mais aussi peuvent être positifs dans d'autres secteurs comme la santé ou l'environnement.

- **Conditions socio-économiques – cultures – croyances**

L'étude ne porterait pas sur l'évidence de leurs impacts mais sur leur importance ou leur ampleur sur l'équilibre financier. Un benchmarking entre pays ayant des différences fondamentales du point de vue des conditions socio-économiques devrait aider à avoir une idée plus précise sur cette question. La culture et les croyances envers l'eau, entre autres, pourraient être considérées dans l'étude.

- **Technique/technologie**

Au-delà de leur influence sur l'atteinte de l'équilibre financier, il y a lieu de s'interroger sur l'adéquation des techniques et technologies utilisées vis-à-vis du niveau économique, par exemple, du pays considéré. Cet équilibre recherché ne devrait-il pas commencer par cette adéquation car, dès qu'il y a déséquilibre ou manque de cohérence, les efforts peuvent être vains ? Exemple : construire des STEP à boues activées avec système membranaire pour une réutilisation des eaux dans un pays qui lutte, constamment, contre la famine ne serait pas conseillé.

- **Compétence/Expérience**

La question ne pourrait être tranchée facilement si on ne parvient pas à donner un contenu de base pouvant aider à faire une caractérisation ou classement avant d'opter pour un benchmarking. Il faut aussi faire la différence, en parlant de structure, entre les expériences et compétences individuelles et celles de ces structures. La qualité des ressources humaines pourrait être plus déterminante à ce sujet.

- **Disponibilité et mobilisation des ressources en eau**

Que saurait être la résolution des problèmes du secteur si les différents leviers très dépendants les uns aux autres ne sont pas maîtrisés ? L'équilibre financier doit forcément tenir compte de tous les segments dont celui, en amont, de l'adduction d'eau jusqu'au traitement des eaux usées, voire leur réutilisation ; ce segment concerne les ressources naturelles. Ces dernières, en fonction de leur disponibilité (provenance ou origine), exigent des investissements relativement importants pour leur mobilisation. De ce fait, les modèles doivent intégrer les ressources financières (investissement et charges) pour être plus efficients. Cette donne pourrait influencer le choix de la politique de tarification qui pourrait varier d'une région à l'autre, entraînant ainsi un biais d'équité entre usagers.

Autant d'éléments qui constituent des déterminants que nous avons préféré isoler dans le cadre de cette présente réflexion en sachant, malgré tout, qu'ils devraient être étudiés avec une autre dimension. D'autres écuries d'experts devraient se pencher sur toutes les résultantes de ces déterminants pour cerner au mieux la gouvernance et toute la problématique du benchmarking dans le secteur de l'Eau et de l'Assainissement.

Le deuxième cas de figure est un « pseudo-benchmarking » qui tend à comparer les SEA entre elles par une voie indirecte ; il est établi à partir d'un référentiel central comme schématisé ci-après :

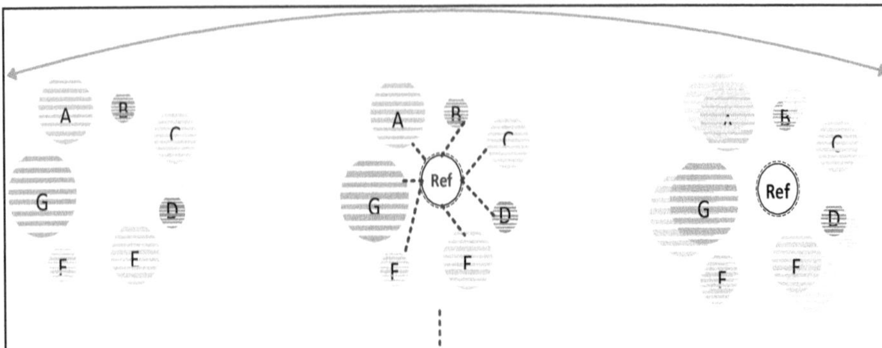

Ce Benchmarking repose sur une comparaison des sociétés considérées par rapport à une autre société de référence qui répond aux cararctéristique TOP.Dans le cas ou cette référence évolue dans le même secteur, il constitue un avantage certain d'autant que les écarts mesurés à la suite peuvent être résorbés avec une bonne plannification des actions ou pratiques à mener.
Au passage, il permet de redessiner les contours véritables que doivent refléter ces sociétés.

Schéma 3 : Principe de Benchmarking indirect entre SEA, à partir d'une référence

Source : Auteur, à partir d'une expérience dans le programme WOP-Africa

Par extrapolation, il est possible d'envisager un troisième cas ou benchmarking en interne au sein d'une même SEA en considérant que sa propre performance permet une auto-évaluation. Un biais majeur ne pourrait affecter les scores de performance d'une année à l'autre mais si et seulement si les valeurs des indicateurs de performance sont établies à partir d'un même système ou outil de calcul. Par analogie, les électromécaniciens sont souvent obligés de procéder au recalibrage de pompes avant de les mettre en marche dans une station de pompage.

En effet, le fait de changer de système de calcul, d'année en année, oblige à recourir à des pondérations et, faudrait-il le faire, avec des arguments très solides. C'est une situation très récurrente dans l'évolution des SEA car les managers pensent qu'ils peuvent disposer de meilleurs outils d'évaluation qui leur permettent de continuer à améliorer les performances. Il est constaté des réalignements et changements qui vont jusqu'à introduire de nouveaux indicateurs jugés plus pertinents pour en délaisser d'autres. À titre d'exemple, il y a l'indicateur connu sous le nom « Indice de connaissance et de gestion patrimoniale des réseaux » utilisé par l'Observatoire des services publics d'eau et d'assainissement pour obliger les sociétés concessionnaires à mieux veiller sur le patrimoine dont l'exploitation leur est confiée.

1.2 Évaluation de performance d'entreprises

Certains secteurs d'activité ont affiché de nets progrès par rapport à d'autres grâce aux avancées des sciences et, surtout, avec l'usage des technologies de l'information et de la communication, entre autres. Mais, il convient de préciser qu'aucune des entreprises de ces secteurs ne s'est privée de capitaliser les bonnes pratiques et ce, par le biais du benchmarking avec tout ce que cela exige en amont.

Il est rappelé qu'il est fait fi de plusieurs déterminants qui influencent les résultats d'un benchmarking et de mettre le focus sur l'un d'eux qui est la PERFORMANCE.

Cette dernière serait dépendante de plusieurs autres éléments appelés « variables explicatives » conglomérées dans les différentes bases de données qui sont malheureusement peu fournies mais aussi, leur sous-exploitation donne l'impression, parfois, qu'elles sont trop alimentées selon le contexte. En effet, à supposer qu'elles existent, ces bases de données apparaissent, par analogie, comme des « mines abandonnées » puisqu'il y a bien l'existence d'un potentiel de richesses dont l'exploitation peut permettre de bonnes prises de décisions, dans le sens d'asseoir une assurance sur le plan technico-financier, pour ne citer que celui-ci.

Arriver à exploiter ces bases de données est une chose mais faudrait-il qu'elles soient d'abord constituées, avec toute la qualité requise pour collecter les informations. En effet, ce problème se résume à un défaut de collecte car, rares sont, en Afrique par exemple, les SEA qui disposent de plates-formes dédiées à cette collecte, sans compter les bruits suscités par les statistiques.

Le luxuriant produit de l'ébéniste ne dépendrait-il pas de la qualité du bois (matière première) dont il dispose ? Et que dire, par analogie, d'un benchmarking qui repose sur des performances déformées par le fait de données non exhaustives et de mauvaise qualité (sans processus de chaîne de données collectées bien établie) ?

Cette non-exhaustivité des données ou leur absence du fait de la réticence de certains managers à les mettre à disposition constitue le véritable problème.

En effet, en plus des difficultés majeures qui résident dans cette collecte, notons qu'il y a le niveau ou taux de participation faible des SEA dans le partage de ces données. À titre indicatif, une exploitation de l'échantillon de données de 2009 du WSP a permis de confirmer cet état de fait illustré par les éléments synthétiques du tableau ci-après :

Tableau 2 : Statistiques de recueil et de fourniture de données par les SEA

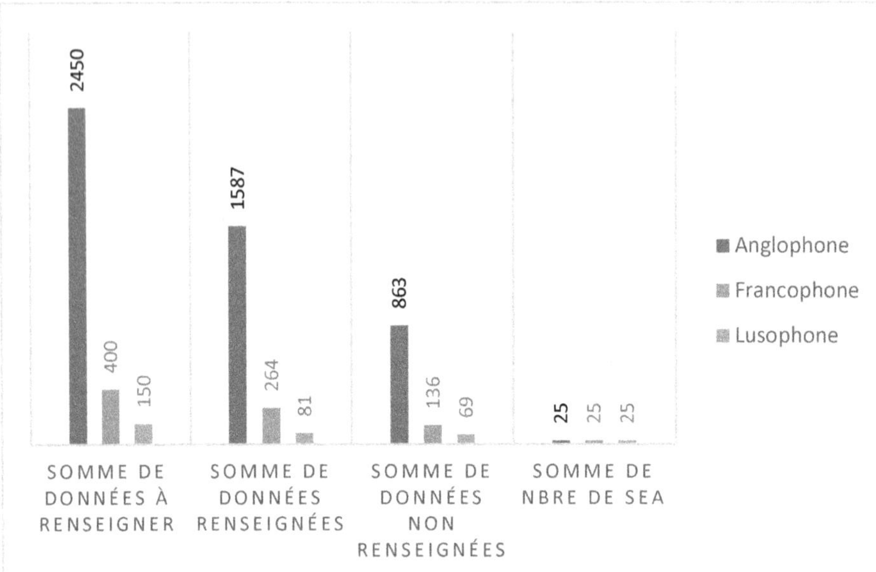

Graphique 2 : Mise à disposition de données par les SEA

Source : Auteur, données tirées du rapport du WSP, 2009

Quelques constats peuvent être actés :

- Le recueil de données avait pour cibles 3000 indicateurs sur la base de 120 sociétés et 25 variables ;
- Un nombre de 1932 indicateurs a été fourni sur une demande globale de l'échantillon de 3000, soit un taux d'indicateurs renseignés de 64,4 %, contre 35,6 % d'indicateurs non fournis ;
- Sur un total de 120 SEA ayant fait l'objet d'une enquête, les taux de participation de pays anglophones, francophones et lusophones sont respectivement de 82 %, 13 % et 5 % ;
- Les contributions au besoin de 3000 indicateurs à renseigner sont de 53 %, 9 % et 3 % respectivement pour les pays anglophones, francophones et lusophones.

Ces comparaisons montrent, sans tenter une explication de ce phénomène à cet instant, une tendance plus élevée chez les anglophones à participer à la fourniture de données sur les indicateurs de performance des SEA ; l'analyse empirique qui sera faite par la suite pourrait éclairer plus d'un.

Quoi qu'il en soit, il faudrait toujours procéder à un examen plus approfondi des contours et allures des différents types de benchmarking pour arriver à faire un choix de départ. Il faudrait toujours retenir celui qui est plus adapté au cas rencontré pour prétendre procéder à une bonne identification des potentiels obstacles et, ensuite, envisager des correctifs nécessaires.

2. Autre représentation de performances

Les conditions de vie des nouvelles générations nous interpellent parce que c'est aujourd'hui que se préparent et se gagnent les combats de l'avenir. L'eau et l'assainissement constituent un sujet très à-propos dont nous nous proposons de cerner les enjeux. Sachant que les performances globales des SEA impliquent la prise en compte de plusieurs indicateurs, cette présente contribution, pour faire œuvre utile, a comme ligne directrice l'énonciation de facilitations.

Tel un système de vases communicants, plus les solutions sont efficientes avec une prise en compte du contexte, des dimensions sociales, économique, écologique, managériale et politique, plus la complexité s'estompe progressivement. Le fondement de cet instrument doit sa notoriété au partage d'expériences sur le terrain et confortant la prépondérance du vécu. Ce fondement résulterait aussi, de plus en plus, du partage encouragé par plusieurs grandes organisations qui tentent de s'en approprier, à l'instar de l'Association africaine de l'eau et de l'assainissement (AAEA). Le raisonnement n'intègre absolument pas d'autres aspects tels que l'éthique au sens de la sincérité, l'opportunisme qui est au centre du business de l'eau, la crédibilité des données, la nature de l'activité qui peuvent être subjectifs.

Cet avertissement a son importance parce que le type de benchmarking pratiqué est parfois biaisé par un défaut de hiérarchisation entre sociétés d'eau et/ou d'assainissement (SEA) qui sont souvent de maturité différente et dotées d'infrastructures ou de patrimoines non comparables. Et c'est loin d'être un détail puisque les bases de calcul des scores de performances attribués ne sont pas les mêmes.

2.1 Les limites de la comparaison des incomparables…

Soyons également réalistes : il est difficile de comparer des performances de sociétés spécialisées dans la production et l'exploitation de l'eau potable, des sociétés qui ne s'occupent que d'assainissement et, enfin, des établissements qui sont, en même temps, dans l'eau potable et dans l'assainissement avec de nombreuses combinaisons entre « eaux usées et eaux pluviales ».

Ces trois (3) types de sociétés, entre elles, ne peuvent pas s'étalonner au risque de produire des résultats biaisés. En effet, ces différents profils d'entreprise appellent à faire une différenciation par le respect de la catégorisation afin d'avoir des résultats fiables, en corrélation avec des spécificités notoires.

Il s'agit donc d'un benchmarking basé exclusivement sur le paramètre performance que l'on établit en tenant compte de plusieurs aspects dont la Technique et l'Ingénierie, le Staff d'encadrement, la couverture de réseau Eau potable ou Assainissement, la qualité de l'eau et tant d'autres indicateurs jugés utiles suivant les besoins.

Pour ce faire, les difficultés de recueil des données sont très fréquentes surtout en Afrique où les sociétés d'eau et d'assainissement (SEA), à l'image de sociétés de plusieurs autres secteurs, éprouvent des difficultés pour ériger la production d'indicateurs de performance en une activité prioritaire. Les SEA, en Afrique, constituent un réel exemple car rares sont celles qui disposent d'un personnel dédié à cette activité et, à plus forte raison, d'un système formel de collecte de ces données brutes nécessaires pour alimenter le processus de confection de ces indicateurs.

À un degré moindre, l'absence d'indicateurs ou de régularité de fourniture des données apparaît comme une insuffisance à travers des systèmes de pays développés malgré l'efficacité qu'ils montrent sur ce plan.

Le tableau qui suit représente un échantillon d'indicateurs en France et qui montre cette absence de régularité dans l'utilisation et parfois dans la fourniture de données...

Tableau 1 : Échantillon d'indicateurs et de valeurs

TOTAL DE L'ECHANTILLON (avec fiche de performance) : 643	Unité	Utilisation	Moyennes 2004	2002	2000
Taux de conformité des analyses DDASS (eau distribuée) %		77 %	97,2	93,5	92,3
Taux de conformité des analyses d'autocontrôle (eau distribuée) %		61 %	98,0	95,6	92,2
Indice de pertes primaires par branchement		48 %	143,0	176,2	162,6
Rendement primaire (b)	%	84 %	74,4	72,4	73,4
Rendement primaire recalculé (a) (b)	%	76 %	75,6	73,0	75,7
Indice linéaire de réparations de conduites principales pour fuite ou rupture	nb/km	65 %	0,23	0,18	0,22
Taux de recherche de fuites préventive par méthode acoustique %		18 %	16,26	ND	5,3
Réalisation d'une opération de sectorisation des fuites (mesure de débits sur un large secteur)	0 ou 1	27 %	0,67	0,65	0,56
Taux physique de renouvellement des Branchements %		33 %	0,9	1,0	0,5
Taux physique de renouvellement des compteurs	%	65 %	4,89	6,3	6,5
Durée moyenne de stockage	h	58 %	28,9	43,8	41,3

Source : rapports de l'OSEA, en France

**ND (la moyenne du taux de recherche de fuites préventives par méthode acoustique n'a pu être calculée pour l'année 2002, par exemple)*

L'analyse porte à croire que d'autres difficultés fréquentes, relatives à la satisfaction des clients ou à la maîtrise des coûts pour atteindre l'équilibre financier, poussent les managers à ne pas intégrer cette activité de collecte de données. Ils se retrouvent dans des situations inexplicables comme de celui qui a le nez dans le guidon, les obligeant à jouer aux sapeurs-pompiers s'ils parviennent à réagir.

Ils n'ont pas, en effet, le recul escompté pour collecter ces données et procéder à leur analyse et encore rares ce sont ceux qui se donnent les moyens de collecte de ces données dont l'existence est non avérée.

Cette situation qui crée une absence de visibilité explique, en partie, la non-atteinte de cet équilibre financier tant recherché et qui, malheureusement, s'éloigne de plus en plus pour bon nombre de sociétés.

Les différentes consultations faites au niveau de SEA appartenant à une dizaine de pays africains confirment cette situation inquiétante sans compter avec la rétention d'informations dont font preuve certaines structures pour se prémunir de la concurrence perpétuelle. Ce justificatif révèle une invraisemblance car il est noté qu'il est plus facile d'obtenir des informations de sociétés de pays anglophones dont l'organisation du secteur est bâtie sur un « modèle éclaté » (plusieurs SEA) que de sociétés de pays francophones qui sont organisées en « modèle centralisé » avec un quasi-monopole par une seule ou deux sociétés.

Le tableau 2 illustre la rareté des données dans les pays francophones comparée à leur accessibilité dans les pays anglophones.

Il est important de noter que, en plus des défis majeurs liés à cette collecte, le taux de participation des SEA dans le partage de ces données est faible. Par exemple, l'exploitation de l'échantillon de données de 2009 du WSP a confirmé cette observation, comme le montre le tableau ci-dessous :

Tableau 2 : Statistiques de recueil et de fourniture de données par les SEA

Profil pays	**Nombre de SEA**	**Taux de participation à l'enquête**	**Nombre d'indicateurs**				**Contribution en indicateurs renseignés**	
			À renseigner par SEA	À renseigner globalement	Non renseignés globalement	Renseignés globalement	Globale	Moyenne par SEA
Anglophone	98	82 %	25	2450	863	1587	53 %	54 %
Francophone	16	13 %	25	400	136	264	9 %	55 %
Lusophone	6	5 %	25	150	69	81	3 %	45 %
	12 0			3000	1068	1932		

Source : Auteur, tiré du rapport du WSP, 2009

Quelques constats peuvent être dressés :

- 1932 indicateurs ont été fournis sur 3000 demandés, soit un taux de 64,4 % d'indicateurs renseignés et 35,6 % non fournis ;
- Parmi les 120 SEA enquêtées, les taux de participation des pays anglophones, francophones et lusophones sont respectivement de 82 %, 13 % et 5 % ;
- Les contributions au besoin de renseigner les 3000 indicateurs sont réparties comme suit : 53 % pour les pays anglophones, 9 % pour les pays francophones et 3 % pour les pays lusophones.

Ces comparaisons montrent une tendance plus élevée chez les anglophones à fournir des données sur les indicateurs de performance des SEA. L'analyse empirique suivante pourra apporter des éclaircissements.

De plus, les tableaux de synthèse ci-dessous montrent le nombre de SEA dans plusieurs pays, fournissant ainsi une indication du nombre d'opérateurs selon ces deux types de modèle d'organisation, en fonction de la culture du pays (anglophone ou francophone) :

Tableau 3 Statistiques de recueil de regroupement de SEA par pays

Région	Pays	Nbre de sociétés	Région	Pays	Nbre de sociétés	Région	Pays	Nbre de sociétés
	Lesotho	1		Burundi	1		Benin	1
	Malawi	4		Democratic Rep. Of Congo	1		Burkina Faso	1
	Mauritius	1		Djibouti	1		Cape Verde	1
	Mozambique	5		Ethiopia	6		Côte d'Ivoire	1
	Namibia	3		Kenya	7		Gabon	1
	South Africa	18		Madagascar	1		Gambia	1
	Swaziland	1		Rwanda	1		Ghana	1
	Zambia	8		Seychelles	1		Liberia	1
Total Sud	**8**	**41**		Sudan	3		Mali	1
				Tanzania	20		Mauritania	1
				Uganda	1		Niger	1
			Total Est	**11**	**43**		Nigeria	34
							République de Guinée	1
							Sénégal	2
							Togo	1
							Tunisie	1
						Total Ouest	**16**	**50**

Source : Auteur, tiré du rapport du WSP, 2009

Le plus grand nombre de SEA par pays se retrouve au Nigéria, en Tanzanie, en Afrique du Sud, en Zambie et au Kenya. Pour ce dernier, seules les agences de régulation par zone sont répertoriées mais elles comptent plus d'une centaine d'opérateurs.

À côté de cette multitude de SEA dans les pays anglophones, on note généralement une présence d'un maximum de deux SEA, dans les pays francophones comme le Sénégal, la Côte d'Ivoire, le Bénin, le Burkina Faso, etc.

Les deux modèles organisationnels pour la gestion du secteur de l'eau, ainsi que la différence observée dans la disponibilité des informations, bien que légèrement meilleure dans les pays anglophones, dépendent de la présence d'agences de régulation. Dans les pays anglophones, ces agences garantissent l'accessibilité à l'information, tandis que dans les pays francophones, leurs missions sont généralement assurées par le biais de contrats.

Les agences de régulation, telles que celles du Kenya et de la Zambie, surveillent les engagements contractuels des opérateurs et publient les résultats des indicateurs contractuels requis, qui sont utilisés pour évaluer les performances. L'octroi ou le maintien de licences indique qu'une entreprise est autorisée à participer aux appels d'offres.

Cette difficulté de collecte des données n'est pas unique à l'Afrique ; elle est également présente dans certains pays développés. Ces pays ont mis en place des structures pour gérer l'information et suivre les performances. Par exemple, il existe des agences de régulation comme l'Observatoire des sociétés d'eau et d'assainissement (OSEA) en France ou l'Office of Water (OfWAT) en Angleterre.

La France a instauré un observatoire pour le secteur de l'eau et de l'assainissement, ainsi que des textes réglementaires obligeant les entreprises à publier diverses informations sur leur patrimoine par le biais de rapports sur le prix et la qualité du service (RPQS).

Dans ce sens, notons également, entre autres, l'existence de dispositions comme :

- La loi SAPIN[7] qui précise les modes de passation ou de consultation des concessionnaires d'eau et d'assainissement par les collectivités locales ;

---

[7] La loi SAPIN n°93-122 du 29 janvier 1993 relative à la prévention de la corruption et à la transparence de la vie économique et des procédures publiques, http://www.jean-pimor-avocats.fr/actualites/la-vie-des-affaires/la-loi-sapin-tribunal-de-commerce-avocat-conseil-mandataire-

- L'arrêté Barnier qui instaure l'obligation de fourniture les informations relatives à la gestion des contrats par les concessionnaires ;

À l'échelle africaine, l'obtention de ces données reste difficile malgré les nombreux efforts déployés par l'Association Africaine de l'Eau et de l'assainissement (AAEA) ainsi que par d'autres partenaires techniques et financiers tels que l'IDA et la Banque africaine de développement (BAD).

Les premiers rapports publiés respectivement en 2008 et 2011 par le WSP, dans le but de donner un aperçu des indicateurs de performance des SEA en Afrique, mettent en évidence plusieurs lacunes dans la collecte de données. Il convient également de mentionner l'« International Benchmarking Network for Water and Sanitation Utilities » (IB-NET), qui fournit diverses données sur les sociétés en Afrique et dans le reste du monde.

Il s'agit d'un outil standardisé destiné à évaluer la performance des entreprises de gestion de l'eau et de l'assainissement à travers le monde. Cet instrument permet également d'évaluer la performance financière et opérationnelle par le biais d'un mécanisme de recherche de données en réseau, comprenant des liens et des ressources issus de la base de données actuelle des indicateurs. À titre de référence, il centralise des informations provenant de plus de 2 500 entreprises réparties dans plus de 90 pays.

En 2009, une rencontre à Mombassa, au Kenya, organisée par le WSP de la Banque mondiale, a tenté d'améliorer le recueil de données avec un questionnaire renforcé. Les stratégies pour obtenir des SEA la bonne information montrent que la collecte reste difficile et entrave les recherches dans ce secteur.

Le tableau ci-dessous présente l'utilisation de certains indicateurs dans des pays exemplaires en matière de collecte de données.

Tableau 4 Échantillon d'indicateurs utilisés par les SEA dans quelques pays

Indicateurs	Pays				
	Kenya	Ouganda	Burkina Faso	Côte d'Ivoire	Sénégal
Taux de couverture réseau (%)	X			X	X
Consommation totale (l/pers/j)	X	X	X	X	X
Consommation en zone résidentielle (l/pers/j)			X	X	X
Taux de conformité des analyses d'autocontrôle (eau distribuée) (%)				X	X
Intensité des analyses d'autocontrôle (eau distribuée) (nb/1000m3)					
Taux d'interruptions de service non programmées (nb/1000 hbt).				X	X
Taux physique de renouvellement du réseau (à suivre sur au moins 5 ans) (%)			X	X	X
Nombre de points noirs (nb)				X	X

Source : Auteur, tiré de différents extraits de littérature sur le secteur dans les pays 2009

Cet échantillon met en évidence une utilisation inégale de certains indicateurs.

Peu d'indicateurs sont employés par l'ensemble des SEA des différents pays pour justifier un benchmarking approprié ; l'absence d'une base de calcul standardisée engendre des biais significatifs dans la comparaison des performances des sociétés et dans la définition des axes de collaboration.

Il est également important de noter que la compréhension des définitions des indicateurs peut varier d'un pays à l'autre, ce qui peut introduire des biais et affecter les résultats d'un benchmarking.

En conclusion, le benchmarking idéal est difficile à atteindre en raison de divers biais : disparité des indicateurs entre pays, absence de consensus sur les définitions, différences de méthodes de calcul, et manque de données fournies par les sociétés.

Pour résoudre cette situation, les États africains doivent instaurer des systèmes de collecte fiables et harmoniser l'usage des indicateurs, avec l'appui politique nécessaire.

Une plate-forme dédiée à la collecte et au suivi des données a déjà été envisagée par l'AAEA et nécessite un financement pour être mise en œuvre.

Le conseil africain des ministres en charge de l'eau et de l'assainissement (AMCOW) devrait recommander à l'AAEA de réaliser ce projet afin d'améliorer la visibilité dans le secteur. Cela permettrait de garantir de meilleurs résultats de benchmarking entre sociétés et pays africains dans le domaine de l'eau.

Les indicateurs sont nombreux et demeurent disponibles tant que nous avons la capacité de mesurer des éléments comparatifs. La définition du concept d'indicateur, qui sera établie par la suite, en dit long. Par exemple, le vent peut être mesuré par sa vitesse à l'aide d'un instrument spécifique, ce qui permet de noter sa présence. Cette mesure peut donc être considérée comme un indicateur. En l'absence de cet instrument de mesure, il serait très difficile de détecter l'existence du vent sans observer son effet sur d'autres éléments naturels. Bien que le vent soit invisible, on peut déduire sa présence là où la poussière est soulevée ou là où les branches d'arbres se balancent. Ainsi, dans cet exemple, la poussière et le mouvement des branches d'arbres constituent des indicateurs de la présence du vent.

Cet exemple n'est pas fortuit, car il permet d'illustrer la distinction entre le benchmarking des processus et celui dit métrique. L'instrument de mesure de la vitesse informe sur la présence du vent et permet également de classer les forces des différents vents dans une dynamique comparative. En revanche, l'identification de la présence du vent à partir de l'observation de la poussière en suspension ou du mouvement des branches d'arbre suit un principe binaire (le vent est présent ou ne l'est pas).

Un autre exemple pertinent dans le domaine de la chimie est l'utilisation d'agents témoins ou réactifs comme la liqueur de Fehling, qui permet de détecter la présence de sucre dans un aliment. En appliquant quelques gouttes de cette solution sur l'échantillon alimentaire et en chauffant légèrement, une couleur orangée apparaît, indiquant ainsi la présence de sucre.

Il existe également d'autres tests tels que le réactif de Lugol pour détecter la présence d'amidon, ou le test de Biuret pour identifier la présence de protéines. Bien que ces méthodes ne permettent de déterminer que la catégorie des substances (par exemple, différents types de sucres ou de protides), elles sont utiles pour une première classification.

Ces deux exemples illustrent parfaitement les considérations entre l'appréciation et la quantification des indicateurs. Pour notre part, nous nous concentrerons sur la quantification en raison de notre travail avec des indicateurs mesurables et calculés à partir de formules préétablies avec des définitions précises.

Cependant, ces indicateurs ou ratios calculés ne permettent pas, à eux seuls, d'établir des scores de performance significatifs. Par conséquent, il est nécessaire de disposer d'un système de calcul robuste, tel que celui que nous présenterons par la suite.

Pour mesurer la performance des SEA, on utilise souvent des indicateurs sous forme de ratios explicatifs, tels que :

Indicateurs de performance pour service public d'eau potable
Taux de conformité des prélèvements sur les eaux distribuées réalisés au titre du contrôle sanitaire par rapport aux limites de qualité pour ce qui concerne la microbiologie.
Taux de conformité des prélèvements sur les eaux distribuées réalisés au titre du contrôle sanitaire par rapport aux limites de qualité pour ce qui concerne les paramètres physico-chimiques.
Indice de connaissance et de gestion patrimoniale des réseaux d'eau potable
Rendement du réseau de distribution
Indice linéaire des volumes non comptés
Indice linéaire de pertes en réseau
Taux moyen de renouvellement des réseaux d'eau potable
Indice d'avancement de la protection de la ressource en eau
Montant des abandons de créances ou des versements à un fonds de solidarité
Taux d'occurrence des interruptions de service non programmées
Taux de respect du délai maximal d'ouverture des branchements pour les nouveaux abonnés
Durée d'extinction de la dette de la collectivité
Taux d'impayés sur les factures d'eau de l'année précédente
Taux de réclamations
Indicateurs de performance pour service public de l'assainissement collectif
Taux de desserte (ou taux d'accès) par des réseaux de collecte des eaux usées

Indice de connaissance et de gestion patrimoniale des réseaux de collecte des eaux usées
Volume de boues issues des ouvrages d'épuration évacuées selon des filières conformes à la réglementation.
Montant des abandons de créances ou des versements à un fonds de solidarité
Taux de débordement des effluents dans les locaux des usagers
Nombre de points du réseau de collecte nécessitant des interventions fréquentes de curage par 100 km de réseau.
Taux moyen de renouvellement des réseaux de collecte des eaux usées
Conformité des performances des équipements d'épuration au regard des prescriptions de l'acte individuel pris en application de la police de l'eau.
Indice de connaissance des rejets au milieu naturel par les réseaux de collecte des eaux usées.
Durée de remboursement, à l'extinction, de la dette de la collectivité
Taux de factures d'eau impayée de l'année précédente
Taux de réclamations

Encadré 1 Indicateurs de performance pour service public d'eau potable

Il est important de noter que le développement des indicateurs a été marqué par un processus long et toujours en cours. En effet, ce processus évolue en fonction des différentes approches méthodologiques et de l'identification consensuelle des indicateurs considérés comme « les plus pertinents » (clés). Ce caractère inachevé justifie l'expertise mobilisée pour effectuer de nombreuses modifications, tant sur la définition de ces indicateurs que sur leurs méthodes de calcul.

Malgré cela, nous pouvons retenir, d'une manière générale, que les indicateurs peuvent reposer sur :

- Les indicateurs de performance des entreprises d'eau et d'assainissement incluent des réalisations physiques, des prestations internes, l'investissement dans le patrimoine, l'exploitation et la maintenance, la satisfaction de la clientèle et l'efficacité des ressources humaines. La majorité des organismes tels que le WSP, le GWOPA, l'IB-NET et l'AAEA suivent cette orientation dans leurs rapports.

Quelques indicateurs sont indiqués ci-après :

- Taux de production ;
- Taux de couverture ;

- Nombrc dc branchements rapporté au nombre de travailleurs ;
- Nombre du staff (personnel d'encadrement) rapporté au nombre total de travailleurs ;
- Pourcentage de prélèvements conformes pour la qualité de l'eau ;
- Taux de perte (réseaux, branchements, commerciales) ;
- Taux de facturation ;
- Taux de recouvrement de la facturation ;
- Etc.

- **Les aspects relatifs aux finances (équilibre financier) de l'entreprise, à l'environnement, au volet social, ainsi qu'à d'autres axes non nécessairement physiques sont pris en compte dans la thèse de Mme Laetitia G Schneider. Celle-ci propose une évaluation des entreprises basée sur ces types d'indicateurs.**

Les recherches de Mme Schneider présentent des indicateurs de performance pour les services d'eau et d'assainissement, dans le cadre du suivi par les collectivités. Ces travaux ont été réalisés sous l'égide de l'ENGREF Centre de Montpellier (648, rue JF Breton - BP 5093 - 34033 Montpellier Cedex 01 France) et regroupent cinq (5) thèmes principaux :

- **Qualité des relations immédiates envers l'usager-client et analyse des réclamations (prestations, continuité du service...) ;**
- **Qualité de l'eau et santé publique (continuité) ;**
- **Protection de l'environnement (qualité de l'épuration) ;**
- **Pérennité du patrimoine (état des équipements et renouvellement) ;**
- **Capacité à financer de nouveaux investissements.**

Les travaux suivants ont fourni des informations supplémentaires sur la méthode de développement des indicateurs :

- **Travaux de l'AFNOR sur les services publics locaux (ce travail prolonge les normes en préparation) ;**
- **Travaux de l'IWA (ex-IWSA), Association Internationale de l'Eau, et d'autres contacts européens ;**
- **Travaux de groupes de travail composés de régies, de représentants des grands groupes privés et d'ingénieurs de ministères en charge de l'Agriculture ;**

- **Amendements apportés à la suite d'un test des indicateurs en grandeur réelle sur 5 collectivités pilotes.**

Ce rappel des principaux points relatifs à la confection des indicateurs dans le secteur de l'eau et de l'assainissement permet de revenir sur les travaux d'atelier organisés par le WSP en 2009 à Mombassa (Kenya). Lors de cette rencontre, les indicateurs ont été revisités grâce à l'exploitation des réponses issues d'un questionnaire administré à une quarantaine de structures en Afrique. Sur la base de 160 indicateurs couvrant tous les segments des entreprises du secteur, entre 9 et 13 indicateurs clés ont été retenus et confirmés par d'autres études, notamment celles initiées par l'Association Africaine de l'Eau et de l'Assainissement (AAEA).

Ces indicateurs sont :

- Eau non facturée (%) ;
- Eau non facturée (m^3/km/jour) ;
- Taux de couverture eau potable (%) ;
- Taux de couverture assainissement (%) ;
- Taux de consommation global (l/pers/jour) ;
- Taux de consommation individuel (l/pers/jour) ;
- Taux de vente d'eau comptée (%) ;
- Prix de vente moyen d'eau (U/m^3 d'eau vendue) ;
- Ratio des coûts d'exploitation (U/m^3 d'eau vendue) ;
- Durée des périodes de recouvrement (jour) ;
- Nombre de travailleurs pour 1000 personnes desservies ;
- Taux de recouvrement des factures (%) ;
- Taux de couverture coûts (E + M) (%) ;

2.2 Indicateurs de performances : divergences sur le mode de calcul

Les difficultés rencontrées sur les indicateurs de performance et les divergences liées aux méthodes de calcul sont notables. Cette absence d'harmonisation met en évidence la fragilité des fondements du benchmarking. Il est donc essentiel d'examiner les solutions possibles pour réduire les biais affectant la hiérarchisation correcte des SEA en fonction de leurs performances respectives.

Pour ce faire, il est nécessaire de prendre en compte certains déterminants qui reflètent les spécificités contextuelles des SEA, amorçant ainsi un réalignement des calculs de performance. La contextualisation est essentielle pour respecter le principe de comparaison équitable. À cet égard, l'utilisation de la régression linéaire multiple est recommandée comme outil pertinent.

Cette première approche méthodique pour évaluer les performances des SEA à travers ces modèles statistiques n'enlève en rien la valeur potentielle de l'utilisation future d'un abaque tel que celui décrit ci-après. Les représentations graphiques ont déjà permis d'effectuer des projections rapides, telles que celle de **Hazem-Williams** en hydraulique pour le calcul des pertes de charge. Cela pourrait constituer une autre perspective à explorer pour la création de nouveaux outils de gestion et d'évaluation des performances, susceptibles d'intéresser les experts du domaine.

Dans le domaine du calcul des performances par des méthodes mathématiques, les travaux de base pour l'élaboration de cet ouvrage sur la gestion des SEA ont permis de créer un modèle de satisfaction relative. Bien que ce modèle puisse sembler « achevé » aux non-experts, il présente une explicativité de 57 % du phénomène et offre des possibilités d'amélioration. Il est bien adapté aux variables explicatives de l'échantillon et repose sur deux paramètres : le taux de couverture et le chiffre d'affaires. Ces éléments facilement accessibles aux décideurs leur permettent d'évaluer la performance de leur SEA. Ce modèle répond à une préoccupation majeure en offrant un raccourci et une simplification dans le calcul de la performance. De plus, il fournit une base homogène de calcul pour les SEA, applicable dans divers contextes, y compris à l'échelle nationale ou entre pays similaires.

Présentées comme telles, ces satisfactions tirées de résultats de recherche semblent créer un « monde parfait », adoptant une position simpliste et ignorant les nombreuses critiques possibles.

En effet, il est démontré de manière incontestable que ces deux paramètres n'expliquent que 57 % de la valeur de la performance pour un modèle potentiellement à la limite de l'acceptabilité. La marge d'erreur demeure significative si l'objectif est d'atteindre une explicativité supérieure à 80 %. Un approfondissement des travaux entrepris ultérieurement laisse entrevoir la possibilité d'améliorer le degré d'explication, qui pourrait avoisiner 85 %, en utilisant des transformations semi-logarithmiques et en augmentant le nombre de variables considérées.

Quoi qu'il en soit, l'explication à 57 % offerte par la formule de calcul des performances constitue une avancée significative, avec la possibilité de continuer à apporter des améliorations. Cela laisse encore de la place à d'autres réflexions. Cela va dans le sens de la formule du joueur d'échecs d'origine russe, **Victor Kortchnoï** : « Il vaut mieux jouer un plan erroné de façon logique que de ne pas avoir de plan du tout... ». L'approfondissement de la création du meilleur modèle et sa mise en application, qui sera abordée plus bas, pourrait rassurer sur l'élimination réelle des biais et autres insuffisances.

Cependant, nous pouvons toujours explorer d'autres théories par analogie avec d'autres outils utilisés en ingénierie des écoulements, par exemple.

Toujours sur un plan théorique, l'orientation vers l'utilisation de modèles graphiques semble être la plus appropriée pour illustrer la relativité des valeurs de performances et soutenir l'idée que la contextualisation constitue le meilleur point de départ. Cependant, cette ambition a rapidement été compromise en raison du manque d'information nécessaire provenant des SEA dans une dizaine de pays africains, tels que le Maroc, le Sénégal, le Burkina Faso, la Tunisie, la Côte d'Ivoire, le Kenya et l'Ouganda.

Les informations requises concernent notamment les patrimoines et les moyens, particulièrement financiers, utilisés par les SEA. Ces données sont apparemment très confidentielles selon les responsables rencontrés.

2.3 Recours au principe des abaques

Il est à noter que la création de cet abaque de contextualisation des valeurs de performances n'est actuellement qu'une idée, malgré des recherches approfondies et des inspirations tirées du principe de calcul des valeurs locatives par surface corrigée dans le domaine de l'immobilier.

Les éléments principaux considérés pour l'élaboration de cet abaque sont les suivants :

- **Performances**

Ce principe de représentation des performances d'une entreprise, similaire aux indicateurs et données fournis par le WASREB du Kenya, permettrait de classer les sociétés sur un repère. Cependant, il est nécessaire d'examiner attentivement les encadrements établis pour chaque indicateur ainsi que la pondération attribuée à chacun, au-delà des causes explicatives et des chiffres présentés, afin de comprendre comment une note a été attribuée.

- **Moyens**

La rationalisation des ressources constitue un facteur clé de succès pour une gestion optimale des entreprises, à condition d'identifier les ratios pertinents entre les différentes composantes de ces ressources (humaines, logistiques, rémunérations, etc.). Il est essentiel de parler de l'efficacité des moyens utilisés. Par exemple, il n'est pas judicieux de doter un ouvrier de trois pelles alors qu'il ne peut les utiliser simultanément, bien que la nécessité de disposer de stocks pour éviter les ruptures soit reconnue. De même, il convient de distinguer clairement entre les véhicules destinés au transport du personnel et les engins utilisés pour l'exécution effective des travaux de toute nature.

- **Patrimoine**

Selon la méthode des équivalences, similaire au principe des surfaces corrigées utilisé dans l'évaluation des valeurs locatives des résidences, les composantes du patrimoine d'une société de distribution d'eau ou de gestion des eaux usées sont converties en éléments homogènes afin de permettre des comparaisons pertinentes. La maîtrise de cette méthode est essentielle pour identifier les équivalents patrimoniaux nécessaires à un benchmarking précis. Pour ce faire, il est crucial de passer de la théorie à la formulation mathématique, en prenant par exemple un élément d'infrastructure A à convertir en un autre élément B, noté Eq(A-B), représentant l'équivalent de A en B.

Deux approches simplifiées peuvent être envisagées en se concentrant soit sur les coûts d'investissement (CI) soit sur les coûts d'exploitation (CE) de ces ouvrages, aboutissant ainsi à Eq(A-B) = CIa/CIb ou Eq(A-B) = CEa/CEb. Cependant, la réalité peut s'avérer plus complexe, nécessitant une analyse approfondie visant à déterminer les coefficients α, β, λ, et γ à appliquer aux CI et CE pour prendre en compte simultanément les deux types de coûts. Par conséquent, pour les deux éléments considérés, on aurait A et B tels que : $Eq(A-B) = (\alpha * CIa + \beta * CEa)/(\lambda * CIb + \gamma * CEb)$ avec α, β, λ, et γ compris entre 0 et 1.

Remarque : Dans cette théorie d'évaluation des coûts d'acquisition, les amortissements ainsi que d'autres contingences économiques (inflation, coûts variables des matériaux, prix concurrentiels des soumissionnaires, etc.) ne sont pas pris en compte.

Différents schémas résument les cas de figure possibles en recherchant l'adéquation entre performance, moyens et patrimoine. Les performances doivent être réajustées avant d'être utilisées comme base pour un benchmarking. Il est nécessaire de contextualiser ou de pondérer les valeurs en fonction du patrimoine et des moyens.

La manipulation de cet abaque, tel qu'imaginé, ferait ressortir plusieurs cas, en ANNEXE 1, commentés ci-après :

- **Pour un patrimoine donné et des moyens supérieurs à la moyenne**, il existe une performance comparable à celle de la norme et supérieure à celle de l'équilibre. Il est nécessaire de réviser cette performance à la baisse jusqu'à atteindre l'équilibre.
- **Pour un patrimoine donné et des moyens adéquats**, il y a une performance égale à celle de la normale. Situation à maintenir. Équilibre garanti. La progression dans le temps est dictée par l'augmentation du patrimoine.
- **Pour un patrimoine donné et des moyens limités**, il y a une performance égale à celle de la normale mais inférieure à celle de l'équilibre :
    - À partir de l'équilibre, on est dans le cas précédent
    - Amélioration de la performance à la baisse jusqu'à l'équilibre
    - À partir de l'équilibre, on est dans le cas précédent
- **Pour un patrimoine donné et des moyens limités**, on observe une performance supérieure à la normale mais inférieure à celle de l'équilibre. Une augmentation des moyens permet de maintenir ou d'améliorer la performance jusqu'à atteindre l'équilibre.
- **Pour un patrimoine donné et des moyens limités**, il y a une performance nettement au-dessus de la normale et de celle de l'équilibre :
    - Augmentation des moyens
    - Révision de la performance à la baisse jusqu'à l'équilibre ou son maintien
- **Pour un patrimoine donné et des moyens limités,** il est possible d'atteindre une performance optimisée correspondant à une situation d'équilibre et significativement supérieure à la moyenne : Augmentation des ressources. Maintien de la performance et garantie de l'équilibre.
- **Pour un patrimoine donné et un surplus de moyens**, il y a une performance inférieure à la normale mais supérieure à celle de l'équilibre :
    - Réduction des moyens

- Maintien de la performance ou sa révision à la baisse jusqu'à l'équilibre
- Pas de réduction des moyens mais revoir le management pour atteindre la performance requise

- **Pour un patrimoine donné et un surplus des moyens**, il y a un déficit sur la performance par rapport à celle de la normale et aussi à celle de l'équilibre :

  - Réduction des moyens
  - Révision de la performance à la hausse jusqu'à l'équilibre ou son maintien
  - Pas de réduction des moyens mais revoir le management pour atteindre la performance requise

- **Pour un patrimoine donné et un surplus de moyens**, il y a une performance en adéquation avec la situation d'équilibre mais nettement en dessous de la normale :

  - Réduction des moyens
  - Maintien de la performance et équilibre garanti
  - Pas de réduction des moyens mais revoir le management pour atteindre la performance requise

- **Pour un patrimoine donné et un déficit de moyens**, la performance est au-dessus de la normale mais nettement en dessous de celle de l'équilibre :

  - Augmentation des moyens
  - Maintien de la performance ou son augmentation jusqu'à l'équilibre

- **Pour un patrimoine donné et un surplus de moyens**, il y a une performance au-dessus de la normale et aussi au-dessus de celle de l'équilibre :

  - Augmentation ou Réduction des moyens
  - Maintien ou Révision de la performance à la baisse jusqu'à l'équilibre

- **Pour un patrimoine donné et des moyens en dessous de la normale**, il y a un énorme déficit sur la performance par rapport à la normale et par rapport à celle de l'équilibre :

  - Augmentation ou Maintien des moyens. Révision de la performance à la hausse jusqu'à l'équilibre ou à la normale

- Pas de réduction des moyens mais revoir le management pour atteindre la performance requise

- **Pour un patrimoine donné et un surplus de moyens**, il y a un déficit sur la performance par rapport à la normale mais au-dessus de celle de l'équilibre :

  - Maintien ou Réduction des moyens
  - Augmentation ou Maintien ou baisse de la performance. Pas de réduction des moyens mais revoir le management pour atteindre la performance requise

3. La régression mathématique

Pour surmonter cette contrainte, la comparaison se base sur les valeurs brutes de réalisation qui sont employées pour calculer ces indicateurs de performance. Plus le benchmarking utilise des valeurs situées en bas de l'échelle, moins les biais sont présents. Cette échelle comporte trois niveaux : (i) Le niveau 1 inclut les valeurs des réalisations effectives comme le volume d'eau produite et le nombre de branchements réalisés. (ii) Le niveau 2 comprend des ratios tels que le taux de couverture, le taux de perte réseau, le taux de pertes commerciales, et le taux d'épuration. (iii) Enfin, le niveau 3 présente le score de performance dérivé des éléments du niveau 2 avec les ratios ou indicateurs de performances.

3.1 Choix de système de calcul « indicateurs/performances »

En raison des préoccupations de la communauté active dans le secteur de l'eau concernant la définition des différents concepts liés au benchmarking, la recherche d'objectivité dans la comparaison des performances des services d'eau et d'assainissement (SEA) semble loin d'être achevée. Outre les ajustements fréquents qui empêchent une standardisation des systèmes de calcul, divers obstacles persistent et compromettent l'efficacité attendue.

Le premier obstacle lié à cette absence d'efficacité réside au début du processus, notamment dans la phase de collecte des données, ainsi que dans l'absence de consensus sur les définitions des indicateurs de base et sur les modes de calcul. La diversité de ces indicateurs, ainsi que le choix de certains d'entre eux qui dépendent souvent de l'orientation de la mesure de la SEA, peuvent introduire un biais dans un benchmarking entre SEA. Cependant, cela a un impact moindre lorsqu'il s'agit d'une SEA qui souhaite s'autoévaluer.

Le second obstacle concerne les méthodes et systèmes d'évaluation des performances utilisés pour les comparaisons dans un processus de benchmarking, qu'il s'agisse de valeurs métriques ou de benchmarking des processus basé sur des indicateurs qualitatifs. Il est important de reconnaître la possibilité d'une certaine subjectivité dans les évaluations.

Une solution préliminaire est envisagée par la création de modèles de régression linéaire axés sur l'utilisation de variables explicatives quantitatives. Ces variables représentent les indicateurs de performance qui pourraient expliquer la variable dépendante, à savoir la performance globale de la SEA.

Ces modèles bâtis dans cette contribution sur le benchmarking, à partir d'indicateurs de performance de SEA du Kenya (pays anglophone de l'Afrique de l'Est) en figure 2, peuvent donner satisfaction dans la prédiction de performances d'autres SEA du continent. Il peut se poser un problème de validité de ces mêmes modèles dans les pays maghrébins, par exemple, du fait de leur niveau de développement dans le domaine qui est relativement au-dessus de ceux subsahariens. Et que dire des pays développés ?

Subséquemment, il faudrait nécessairement circonscrire l'utilisation de ces modèles par la création d'autres modèles spécifiques à chaque zone considérée. Les indicateurs des SEA doivent venir de pays ayant des similitudes avérées en matière de méthodes de travail, de modèle d'économie et autres critères à définir selon les précisions souhaitées.

Dans l'absolu, il n'existe pas un système de calcul plus performant qu'un autre puisque tous ces systèmes sont établis en fonction de différents objectifs fixés au préalable ou d'orientations prises pour juguler certains problèmes du secteur. Le jugement sur la qualité du système de calcul repose sur les informations qui sont issues de la manipulation des données disponibles et par rapport aux résultats attendus. Dans tous les cas, le secteur ne perd rien. Soit le système de calcul donne de bons résultats et on le conserve en tant que tel, soit les résultats ne répondent pas aux attentes et on le corrige en se rappelant les propos de **V. Kortchnoï.**

Les outils de base comme l'application WARI (Water regulatory information, en ANNEXE 2) du WASREB, qui est l'agence de régulation du secteur de l'Eau au Kenya, donnent des éléments d'entrée pour la création du modèle.

Les indicateurs retenus par le WASREB touchent à la fois :

- La clientèle avec la qualité de la ressource délivrée et le nombre d'heures d'approvisionnement ;
- Les prestations au sein des SEA avec le comptage et la facturation ;
- La maîtrise financière avec l'efficience dans le recouvrement et la couverture des coûts d'exploitation et de maintenance ;
- Les données des pays avec les taux de couverture tant en eau potable qu'en assainissement.

Ils sont diversifiés, allant des réalisations physiques à l'efficacité financière en passant par la production, l'utilisation des ressources humaines, la productivité des travailleurs ; ce qui permet de suivre la marche de ces sociétés d'Eau et d'Assainissement d'une année **n-1** à une année **n**.

Si le système de calcul du WASREB vise à donner des scores de performance aux différentes SEA, d'autres s'en limitent au calcul de certains ratios utilisables pour définir certains seuils de performance, faire des comparaisons ou encore établir des valeurs normatives comme indiqué plus haut dans le cas du GRO (General Register Office).

3.2 Recours à la régression linéaire

« Comparaison n'est pas raison », avons-nous l'habitude de dire, pour laisser un peu de place au jugement personnel, à la réflexion qui amène à identifier les différences entre deux ou plusieurs éléments, que ce soient des paramètres chiffrés (quantités) ou des paramètres de processus (qualités). En effet, toute chose ne saurait être égale par ailleurs, dans l'absolu, même en considérant une comparaison de situations suivant les années, pour une même SEA puisque l'environnement peut évoluer.

La complexité devient plus grande lorsqu'il s'agit de faire cette comparaison, communément appelée « benchmarking » dans le jargon du secteur de l'Eau et de l'Assainissement et ailleurs, entre des SEA de différents pays africains ; les nombreux déterminants auxquels il est déjà fait allusion constituent une contrainte réelle pour aboutir à des conclusions exemptes de reproches.

Néanmoins, des mécanismes qui favorisent l'élaboration de systèmes consensuels de calcul peuvent permettre de réduire ces insuffisances et reproches pour ne pas trop s'écarter de la réalité. Le chemin à parcourir est relativement long pour migrer, résolument, d'une zone de subjectivité vers des cercles de plus grande objectivité.

Il est convenu donc que, malgré le degré de robustesse des systèmes proposés par des institutions comme le WASREB du Kenya, des aspects peuvent être améliorés au point que l'application à d'autres SEA, baignant dans des environnements différents, soit plus acceptable.

C'est dans cette optique qu'il sera proposé de procéder à des régressions linéaires pour générer les modèles les plus appropriés, et les meilleurs en fonction des variables considérées. Il ne s'agira pas de se limiter à un simple établissement de ces modèles mais d'aller au-delà de l'effet d'annonce en les testant avec les outils statistiques contenus dans le logiciel XLSTAT.

La robustesse doit être avérée pour convaincre de l'acceptation de l'utilisation des modèles pour la réduction de la relativité autour des chiffres fournis par les différents systèmes de calcul. Au cas échéant, le risque d'augmenter la confusion deviendrait plus grand qu'auparavant.

En conséquence, il sera nécessaire de fournir des éclairages sur le principe de contextualisation, dans un premier temps, pour mieux asseoir cette théorie de relativité qui entourerait les valeurs des performances des SEA et les biais de comparaison qui en découlent.

Ce n'est qu'à partir de l'obtention des données contextualisées, avec une première régression, qu'une deuxième régression est faite pour disposer de nouveaux modèles avec tous les justificatifs et ajustements nécessaires.

3.3 Modèle de contextualisation

Ce principe de contextualisation est développé sur la base d'une proposition d'une nouvelle approche. Il est nécessaire d'apprécier les insuffisances sur les résultats de classement établis par le WASREB pour ensuite mieux mettre en exergue les biais de benchmarking qui sont engendrés.

Les données du WASREB, qui ont été collectées pour réaliser les différents modèles de régression et obtenir des performances réajustées, peuvent aussi servir à projeter des performances avec des raccourcis, facilitant ainsi le calcul.

Aussi l'analyse empirique est-elle entamée avec ces résultats obtenus, obligeant à demeurer dans le cadre particulier du WASREB et du Kenya.

Cependant, il y a un réel risque de s'enfermer et de ne pas éprouver toute la théorie et le constat qui en sont issus alors que l'éclairage doit être poussé au maximum pour prétendre atteindre des conclusions plus générales.

Dans cette optique, il sera question de procéder à une application de ces modèles de régression à des SEA d'autres environnements comme celui offert par le WSP à travers des données de l'année 2009.

3.4 Principe d'élaboration de modèles

La nouvelle approche proposée découle des insuffisances constatées dans l'ensemble de ces méthodes qui, malheureusement, prennent leur source d'un défaut de contextualisation pour ensuite faire des comparaisons. Ce problème se pose dès que les entités à comparer dans le cadre d'un benchmarking ne sont pas dans le même environnement (différence de continent ou de pays et même de configuration en termes de regroupement ou en termes de type de sociétés allant de la régie totale à la concession).

Les performances annoncées jusque-là sous forme de scores et auxquelles il est fait allusion sont entachées de relativité et ne sauraient demeurer en l'état ; elles doivent être corrigées à partir des mêmes indicateurs qui sont utilisés.

Cette correction passe par l'identification des écarts ou erreurs qui ont dû se produire et en tenir compte pour donner les performances supposées réelles ou moins relatives.

Les erreurs découlent, rappelons-le, de bruits statistiques et des insuffisances des modes de calcul mais peuvent être réduites par le truchement de formules mathématiques comme la régression linéaire. Par rapport à ces biais, il ne faut pas s'en cacher, ce sera toujours dans un domaine stochastique qui donnerait cette envie de creuser davantage.

L'idéal serait de disposer d'une corrélation, même si celle-ci n'est pas parfaite, des indicateurs relatifs au Patrimoine à gérer par la SEA ou aux Moyens dont elle dispose pour accomplir sa mission ; une possibilité hypothétique, du fait de l'existence de plusieurs déterminants dont certains sont traduits au travers de la gamme d'indicateurs de performance. Les scores disponibles à travers le recueil de données provenant du WASREB sont calculés sur la base des indicateurs retenus.

Les nouveaux scores de performances obtenues par correction des écarts constitueront la base d'élaboration du meilleur modèle qui permet de les lier à la dimension du patrimoine (populations desservies) et de l'enveloppe des moyens mobilisés (chiffre d'affaires) ; il s'agit d'une double régression.

Les détails de cette partie peuvent être largement abordés dans une description du processus de calcul à l'aide de logiciels spécifiques comme XLSTAT, principalement utilisé pour faire de la régression linéaire en raison de sa convivialité, en comparaison à SPSS ou encore WinDEAP dont l'orientation est tout autre.

Le processus proposé en introduction de cette contribution partait de données brutes, non exhaustives et non complètes, qui devaient être traitées pour permettre de disposer d'un échantillon exploitable.

Ce complément et traitement de données qui en sont suivis ont été effectués grâce aux modules de XLSTAT qui s'appuie sur Excel.

Il est utilisé la méthode de la régression linéaire[8] multiple (plusieurs variables explicatives) avec comme principe de modéliser une variable dépendante quantitative Y, au travers d'une combinaison linéaire (ou d'autres régressions qui peuvent ne pas être linéaires) de p variables explicatives quantitatives, x_1, x_2, …, x_i. Le modèle déterministe (ne prenant pas en compte des aléas) s'écrit pour une observation i :

$$Y_i = \beta_0 + \beta_1 x_{1i} + \cdots + \beta_k x_{ki} + \varepsilon_i$$

Avec :

- ***Yi* est la valeur observée pour la variable dépendante pour l'observation i ;**
- **X_{ji} est la valeur prise par la variable j pour l'observation i ;**
- **Et $\mathcal{E}$ est l'erreur du modèle.**

Littéralement, l'équation donne :

Valeur de la variable dépendante = interception + coefficient de régression ß1 **x** valeur de la variable Indépendante1 + coefficient de régression ß2 **x** valeur de la variable indépendante2 + … + coefficient de régression ßn **x** valeur de la variable indépendante.

L'écriture sous forme de matrice donne :

[8] Le cadre statistique et les hypothèses qui l'accompagnent ne sont pas nécessaires pour ajuster ce modèle. Par ailleurs la minimisation par la méthode des moindres carrés (on minimise la somme des erreurs quadratiques e^2_i)

	X_1	…	X_k	Y
1	x_{11}	…	x_{k1}	y_1
⋮				
i	x_{1i}	…	x_{ki}	y_i
⋮				
n	x_{1n}	…	x_{kn}	y_n

La production d'un modèle basé sur des indicateurs de performance de base a permis de disposer d'autres valeurs de performance que nous avons appelées PERFORMANCES RÉAJUSTÉES pour ne pas donner l'impression de remettre en cause, sans fondement, les valeurs fournies par le WASREB. Cette modélisation constitue la meilleure sur un ensemble possible et qui tient compte de la contribution la plus élevée des indicateurs retenus.

Le processus a été achevé avec une deuxième régression linéaire qui permettait de considérer les performances réajustées comme performances réelles et d'établir une nouvelle équation dont les variables explicatives sont le « Taux de couverture » et le « Chiffre d'affaires ».

Les différentes étapes sont marquées par différents tests de validité et de confirmation de la robustesse des équations de régression.

ÉLABORATION MODÈLE DE RÉGRESSION (MC)

Analyse en Composantes Principales : La courbe des valeurs propres montre un premier point d'inflexion à l'axe du point F3 qui détermine les poids des différentes variables dans le modèle qui sera retenu. Le nombre de variables dépend du cumul de leurs poids propres qui doit être à 85 %.

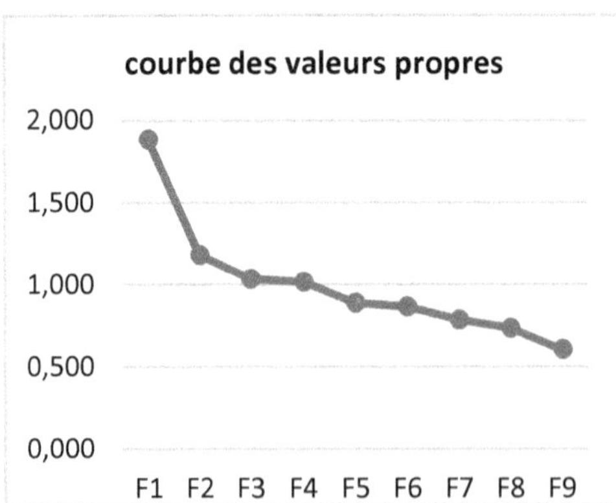

Courbe 1 : Courbe des valeurs propres, point d'inflexion

- **Régression de la variable « Performance relative » ou contextualisée :**

Tableau 5 : Meilleur modèle Mc pour le critère de sélection choisi

Nb. de variables	Variables	MCE	R^2	R^2 ajusté	Cp de Mallows	AIC de Akaike	SBC de Schwarz	PC d'Amemiya
3	Taux de couverture assainissement % / Heures de fourniture eau (H/J) / Taux de comptage %	1673,286	0,152	0,139	1,396	1465,218	1475,068	0,874

Source : Auteur, manipulations par XLSTAT

Équation 1 : Équation du modèle de contextualisation (Mc)

Performance relative = 1+0,211*Taux de couverture assainissement (%) +3,080*Heures de fourniture eau (H/J) +0,201*Taux de comptage (%)

Source : Auteur, à partir de manipulations données de travail par XLstat

Tableau 6 : Synthèse des résultats de test de normalité Jarque-Bera

Variable\Test	**Jarque-Bera**
(Eau non facturée %)	0,151
(Taux de couverture assainissement %)	**< 0,0001**
(Heures de fourniture eau (H/J))	**0,005**
(Taux de recouvrement des factures %)	**< 0,0001**
(Taux de comptage %)	**< 0,0001**
(Performance relative)	**0,049**

Source : Auteur, à partir de manipulations données de travail par XLstat

Les différents tests « Jarque-Bera » démontrent que les différentes variables, d'où provient l'échantillon, suivent une loi normale.

ÉLABORATION MODÈLE DE RÉGRESSION D'AJUSTEMENT (MA)

- **Régression de la variable Performance ajustée :**

Tableau 7 : Meilleur modèle de contextualisation ajusté (Mc)

Nb. De variables	Variables	MCE	R^2	R^2 ajusté	Cp de Mallows	AIC de Akaike	SBC de Schwarz	PC d'Amemiya
2	Taux de couverture recalculé %/Taux de couverture recalculé %*Chiffre d'affaires (KSh million)	969,901	-0,571	**-0,587**	31,958	1343,042	1349,588	1,604

Source : Auteur, à partir de manipulations données de travail par XLstat

Équation 2 : Equation du modèle d'ajustement Ma

Performance ajustée = 1+133,081*Taux de couverture recalculé (%) - 0,069*Taux de couverture recalculé (%) *Chiffre d'affaires (KSh million)

Tests et robustesse des modèles : ***Test de significativité de Durban-Watson***

Ce test a révélé une exigence d'avoir 67 observations pour la validité du modèle.

Tableau 8 : Test de significativité de Durban-Watson

Paramètres	**Résultats**
Puissance	0,900
Alpha	0,05
Écart-type de la variable	0,5
Limite d'équivalence	0,4
Taille d'échantillon	**67**

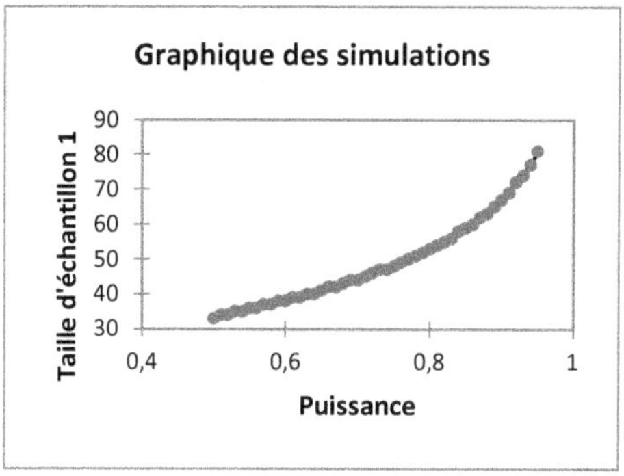

Courbe 2 : Tests et robustesse des modèles

H0 : La différence de moyennes entre les groupes est ≤ -.4 ou ≥ 0,4.

Ha : La différence de moyennes entre les groupes est > -.4 et < 0,4.

Le risque de ne pas rejeter l'hypothèse nulle H0 alors qu'elle est fausse est de 0,1.

Pour les paramètres saisis, pour un alpha de 0,05, la taille de l'échantillon nécessaire afin d'obtenir une puissance de 0,9 est de 67 observations.

Cette exigence est satisfaite car l'échantillon de manipulation est constitué de 197 observations comme l'indique le tableau ci-après :

Tableau 9 noyau de 197 observations valides

Variable	**Observations**	**Obs. avec données manquantes**
Eau non facturée %	197	0
Taux de couverture assainissement %	197	0
Heures de fourniture eau (H/J)	197	0
Taux de recouvrement des factures %	197	0
Taux de comptage %	197	0
Performance relative	197	0

Les résultats exposés plus haut méritent d'être analysés et commentés pour rassurer sur la fiabilité des différentes propositions de régression tant au niveau 1 (première régression), qui a permis de passer de performances relatives aux performances ajustées, qu'au niveau 2 (deuxième régression) qui donne la valeur de cette performance ajustée en fonction du taux de couverture et du chiffre d'affaires de la SEA.

Le logiciel génère tous les détails résultats obtenus et interprétations sur le long du processus d'élaboration des différents tests.

L'analyse porte sur les résultats essentiels qui sortent des rubriques suivantes :

- Complément des données manquantes ;
- Significativité de l'échantillon retenu ;
- Composantes principales du modèle ;
- Normalité ;
- Équation de régression linéaire ;
- Hétéroscédasticité ou homoscédasticité.

Il est posé des hypothèses **H0** comme hypothèse nulle et **Ha** comme hypothèse alternative qui permettent, par simples comparaisons des valeurs calculées, d'affirmer ou d'infirmer certaines considérations avant de faire des commentaires.

Tableau 10 Synthèse des résultats des différents tests de normalité y compris Jarque-Bera

Variable\Test	Shapiro-Wilk	Anderson-Darling	Lilliefors	Jarque-Bera
(Taux de couverture recalculé %)	0,001	0,001	0,000	0,016
(Chiffre d'affaires (KSh million))	< 0,0001	< 0,0001	< 0,0001	< 0,0001
(Performance ajustée)	0,003	0,001	0,037	0,031

Source : Auteur, à partir de manipulations données de travail par XLstat

La synthèse ci-dessus des résultats des différents tests montre que les différentes variables d'où provient l'échantillon suivent une loi normale.

Le test de robustesse montre un degré élevé de fiabilité des différents modèles au regard de la taille de l'échantillon de travail retenu (197) après traitement des données alors qu'il est exigé un nombre de 67 observations.

Cependant, à travers les statistiques, il est ressorti un coefficient de détermination très faible pour le modèle Mc qui servait d'ajustement des performances issues du système de calcul du WASREB. Il affiche un faible taux de 15 % qui expliquerait la variabilité de la performance des SEA. À l'inverse, le modèle Ma indique que 57 % de la variabilité sont justifiées par les deux (2) variables explicatives.

Cette situation un peu mitigée sur la validité de ces modèles serait plus accentuée si l'orientation n'était pas prise de retenir le meilleur modèle possible. À ce propos, il serait bienvenu d'envisager la création de modèles avec d'autres paramètres de choix corrélativement à ces nombreux indicateurs et de comparer les résultats obtenus pour le calcul des valeurs de performance.

C'est dire que les modèles proposés n'ont de valeur que par rapport à l'objet de comparaison et à la précision visée dans le calcul des performances des SEA. Il pourrait exister d'autres dont les paramètres expliqueraient plus la variabilité de la performance.

4. Procédure et application

4.1 Traitement des données WSP

Elle part d'un choix d'appréciation d'un échantillon de données de l'agence de régulation WASREB et s'en est suivie un traitement préalable pour compléter les données manquantes pour obtenir un échantillon beaucoup plus complet avant d'entamer le processus de régression linéaire des performances qui serviront de base pour le classement des SEA.

- **Choix de l'échantillon**

En comparaison, l'échantillon de données du WSP s'est avéré loin d'être exhaustif.

Le traitement de ces données a permis d'obtenir un nouvel échantillon avec une focalisation sur les libellés identiques des variables utilisées par le WASREB qui constituent, il faut le rappeler, le matériau de référence ; sans cela, il serait difficile d'arriver à ce niveau d'analyse empirique de la réalité des SEA.

Pour autant, la difficulté n'a pas été surmontée totalement car il manquait encore les données sur le taux de couverture d'assainissement mais ce déficit pourrait être comblé par complément avec XLSTAT.

Remarque : Il est noté, dans ce tableau, des taux de couverture des « coûts d'exploitation et de maintenance » qui dépassent 100 % pour la simple raison que les SEA concernées ont dû dépenser plus qu'elles n'avaient prévu pour cette rubrique ; il s'agit d'un ratio entre le prévisionnel et l'exécution réelle.

➢ **Complément des données manquantes par XLSTAT**

Le point intitulé « Complément des données manquantes par XLSTAT » indique les méthodes de complément de données manquantes et il est considéré que les données du WSP ne sont pas manquantes aléatoirement (NMAR) du fait que/qu':

- Elles pourraient ne pas être exhaustives ;
- Certaines SEA ne s'occupent que d'eau potable ;
- Il y a des difficultés à donner un réel taux de couverture de l'assainissement et pour cause, il y a une confusion très perceptible sur la définition de « l'accès à l'assainissement » par exemple ; les experts arrivent rarement à s'accorder sur ce qui est ouvrage d'assainissement adéquat ou ce qui ne l'est pas, entre autres concepts.

Dans la suite du processus de traitement de ces données manquantes, il est retenu le principe qui consiste à considérer les SEA retenues dans l'échantillon du WSP au même titre que celles provenant du WASREB qui ont servi de base à la réalisation de nos travaux ; ce qui permet d'opter pour l'utilisation de l'Algorithme « non-linear iterative partial least squares » NIPALS[9].

Cet algorithme, rappelons-le, permet d'effectuer une analyse par composantes principales (ACP) à partir des données disponibles pour obtenir un modèle d'ACP qui prédit les données manquantes par la suite.

Le processus repose sur le principe par imputation multiple basée sur les chaînes de Markov (MCMC) et se résume en une répétition de la demande par l'utilisateur et la valeur moyenne de chaque donnée manquante imputée est utilisée.

La dernière partie, en fond vert, concerne les données du WSP dont les taux de couverture en assainissement sont calculés en recoupement aux données du WASREB et avec l'application du principe (MCMC) annoncé plus haut, à l'entame de la description du processus.

Les valeurs obtenues, pour chaque SEA de l'échantillon du WSP, ont servi à compléter le tableau initial.

---

[9] - *Geladi, Paul; Kowalski, Bruce (1986), "Partial Least Squares Regression: À Tutorial", Analytica Chimica Acta 185: 1-17, doi: 10,1016 / 0003-2670 (86) 80028-9*
- Wold, Svante; Esbensen, Kim (1987), "Analyse en Composantes Principales", Chimiométrie et des systèmes intelligents de laboratoire 2: 37-52, doi: 10,1016 / 0169-7439 (87) 80084-9

Tableau 11 Taux de couverture assainissement par modèle Mc pour un échantillon de SEA

Society	**Ville/Pays**	Eau non Facturée (%)	Taux de Couverture Eau potable (%)	Taux de couverture assainissement (%)	Heures de Fourniture eau (H/J)	Nombre de travailleurs pour 1000 branchements	Taux de recouvrement des factures (%)	Taux de Couverture coûts (E + M) (%)	Taux de Comptage (%)
HWSSSA	Harar, Ethiopia	41	33	**55,418**	24	14,9	99	100	92
DAWASCO	Dar es-Salaam, TZ	55	66	**37,031**	8	6,6	73	80	17
IRUWASA	Iringa, TZ	43	92	**60,835**	23	9,6	75	100	75
MUWASA	Moshi, TZ	33	97	**69,684**	24	9,2	99	70	94
MTUWASA	Mtwara, TZ	29	87	**62,545**	15	9,7	58	150	85
SHUWASA	Shinyanga, TZ	43	69	**54,807**	17	10,1	71	60	72
SIUWASA	Singida, TZ	32	64	**46,505**	4	19,7	93	80	44
SUWASA	Sumbawanga, TZ	43	70	**50,82**	16	10,2	85	110	55
TBUWASA	Tabora, TZ	29	60	**56,657**	20	8,9	76	110	79
MWSC	Mombasa, Kenya	41	35	**38,911**	6	7	82	130	39
NWSC	Uganda	30	70	**65,739**	24	7	92	80	99

Society	Ville/Pays	Eau non Facturée (%)	Taux de Couverture Eau potable (%)	Taux de couverture assainissement (%)	Heures de Fourniture eau (H/J)	Nombre de travailleurs pour 1000 branchements	Taux de recouvrement des factures (%)	Taux de Couverture coûts (E + M) (%)	Taux de Comptage (%)
SDE	Senegal	20	99	**73,317**	24	2,6	99	130	100
WASA	Lesotho	27	56	**60,386**	18	11,2	98	110	90
CWA	Mauritius	54	100	**70,997**	24	3,6	98	160	100
NRWB	Mzuzu, Malawi	36	63	**58,72**	14	13,3	93	80	84
AdeM	Maputo, Mozambique	58	34	**40,31**	12	6,7	86	90	47
LWSC	Lusaka, Zambia	52	78	**47,822**	15	12,7	83	70	43
MWSC	Mulonga, Zambia	56	91	**41,031**	16	8,1	59	110	16
NWWSSCL	Solwezi, Zambia	35	15	**53,966**	19	12,2	88	100	100
KWSC	Ndola, Zambia	40	74	**34,416**	12	8,5	30	70	8
Matjhabeng	S Africa	25	90	**58,3**	24	2,5	59	110	65
Emfuleni	S Africa	37	99	**57,182**	24	1,9	45	70	61
Mogale	S Africa	25	99	**59,876**	24	1,5	69	110	62

Society	**Ville/Pays**	Eau non Facturée (%)	Taux de Couverture Eau potable (%)	Taux de couverture assainissement (%)	Heures de Fourniture eau (H/J)	Nombre de travailleurs pour 1000 branchements	Taux de recouvrement des factures (%)	Taux de Couverture coûts (E + M) (%)	Taux de Comptage (%)
Matlosana	S Africa	38	99	**63,823**	24	2,1	72	90	78
Johannesburg Water	S Africa	31	98	**58,403**	24	2,3	76	90	58
Tshwane Metro	S Africa	29	98	**66,173**	24	1,6	83	100	82
Cape Town	S Africa	18	100	**62,775**	24	3,2	83	90	67
Saldanha	S Africa	5	99	**73,542**	24	4,9	88	110	100

Source : Auteur, à partir de calculs de performance de WSP, 2009

En connaissance des performances ajustées des SEA et des autres variables, le modèle Mc a permis de prédire les valeurs de taux de couverture en assainissement ; ce qui explique, une fois de plus, que la régression intègre toute la configuration de la SEA pour donner cette valeur même, tant est qu'elle ne fait pas de l'assainissement. C'est le cas de la SDE du Sénégal qui aurait affiché 73,3 % de taux de couverture en assainissement si elle avait en charge le volet assainissement en 2009.

4.2 Ajustements « performances/contextualisation »

Il s'agit, dans cette partie, de montrer comment la double régression permet d'éliminer de manière substantielle les biais en l'absence d'une contextualisation initiale.

La relativité annoncée, qui entoure les performances brutes calculées à partir du système du WASREB, a conduit à apporter de la lumière sur le benchmarking à partir des performances réajustées après régression, comme indiqué dans la partie précédente.

Une déclaration ne saurait suffire pour convaincre sur cette relativité, encore moins pour arriver à réviser les valeurs de performances et, en fin de compte, corriger la logique du classement des SEA qui en découle.

Cette présente partie propose une comparaison des différentes courbes de performances suivant les trois (3) niveaux de courbes relatives à la situation sans régression – la situation avec régression de contextualisation et la situation avec régression d'ajustement. Plusieurs constats visuels sont sans appel, notamment sur les allures qu'elles présentent, leur volatilité (amplitude) et sur la tendance à augmenter ou diminuer les valeurs des performances.

L'objectif est de tracer les courbes représentatives des performances afin de mettre en évidence les différences les plus marquantes, et d'aboutir, dans la dernière partie de ce chapitre, à des conclusions exploitables pour un benchmarking entre les SEA.

Notre échantillon est classé par année afin de disposer des performances des SEA dans le même contexte et de mieux atténuer les impacts de certains déterminants liés à la conjoncture ou à des événements majeurs.

4.2.1 Impacts des ajustements sur les performances

Cette représentation graphique permet de montrer et de confirmer qu'il faut nécessairement faire une contextualisation des performances brutes avant de pouvoir établir des comparaisons objectives. Ces trois

(3) courbes concernent les « valeurs initiales des performances » – « les valeurs des performances contextualisées par modèle Mc » – « les performances ajustées par modèle Ma » ;

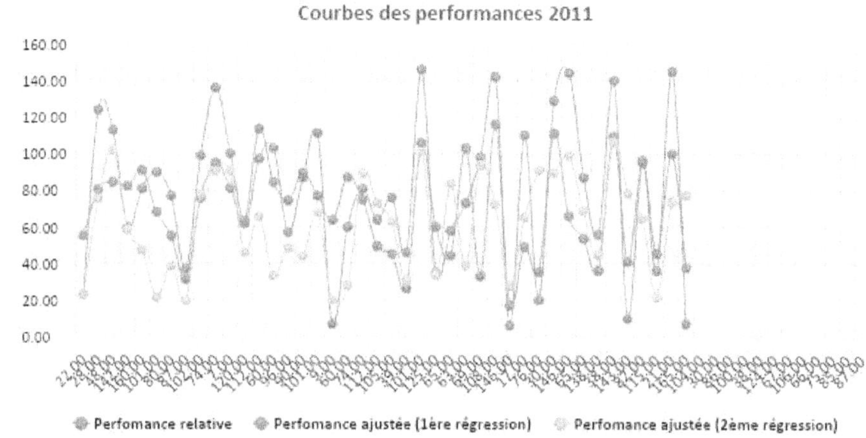

Courbe 3 : Performances de SEA par combinaison des modèles en 2011, au Kenya

Source : Auteur, à partir de calculs de performance des SEA

La représentation graphique ci-dessus montre que :

- Les courbes se situent à trois (3) niveaux différents avec une tendance à observer les performances relatives ou initialement calculées plus haut, les performances par Ma, plus bas, et les performances par Mc au niveau intermédiaire. Cette configuration traduit une diminution des valeurs des performances en partant de celles attribuées après calcul du WASREB pour aboutir à celles calculées avec le deuxième modèle dont les facteurs sont le « taux de couverture » en termes d'accès aux populations et le « chiffre d'affaires » de la SEA.

Certaines exceptions sont constatées autour de quelques localités comme « l Turesh », « Lamu » et « Makindu » ou encore « Meru » mais elles ne sauraient remettre en cause cette tendance générale.

- Les courbes semblent plus aplaties en allant de celle des performances relatives vers les performances ajustées (Ma), ce qui pourrait indiquer une diminution des amplitudes et, en conséquence, dévoiler le fait que les performances des SEA considérées soient, en réalité, plus proches les unes aux autres,

Ce constat serait difficilement appréciable avec la prise en compte des seules performances relatives.

- Le chevauchement, noté par moments entre les différentes courbes, confirme les changements de tendance sur les valeurs des performances et les changements dans la hiérarchisation des SEA selon leurs performances tel qu'annoncé plus haut. Une absence de chevauchement des différentes courbes de performances ajustées par rapport à celles des performances relatives ne présenterait aucun intérêt pour remettre en cause l'ordre déjà établi sur la base du système de calcul proposé par le WASREB.

4.2.2 Visualisation des ajustements et corrélations potentielles

La matérialisation des différentes courbes de performances devrait faire apparaître les informations clés quant aux différents réajustements nécessaires pour partir des performances qualifiées de relatives pour aboutir à des performances réelles.

➢ **Performances relatives/performances ajustées de SEA (Ma)**

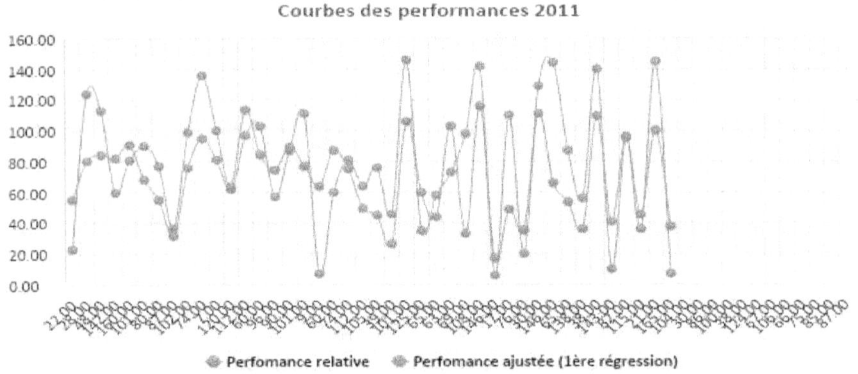

Courbe 4 : Performances relatives/performances ajustées

Source : Auteur, à partir de calculs de performance des SEA

La comparaison de la courbe de performances relatives à celle des performances contextualisées (Mc) montre une même tendance dans leur évolution avec, parfois, des valeurs presque identiques sur quelques points et de nombreux chevauchements entre les deux courbes sont constatables.

Ce chevauchement de courbes traduirait des changements de valeurs de performances et une perturbation sur le classement qui était établi avec le calcul du WASREB.

Le même constat se fait dans la comparaison de la courbe de performances relatives à celle de la performance réajustée (Ma) avec une nuance à l'année 2009 où il n'y a pas de chevauchement des courbes, à deux exceptions près (voir graphiques qui suivent).

➢ Performances relatives/performances ajustées (MC)

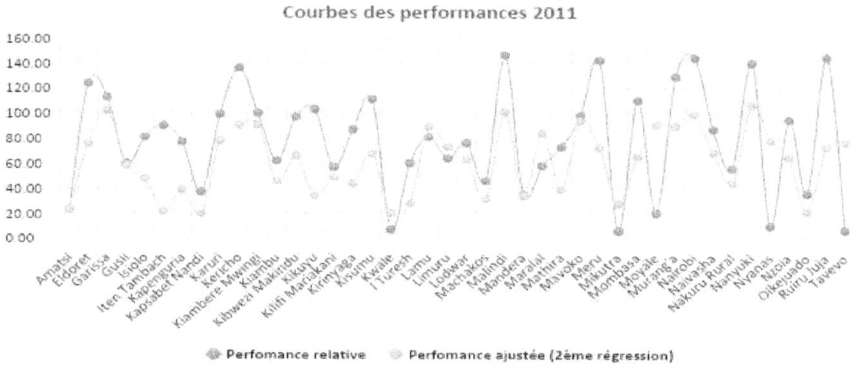

Source : Auteur, à partir de calculs de performance des SEA

Les résultats obtenus à partir de Ma montrent une tendance similaire à celle des performances relatives, avec quelques ajustements des valeurs et une amplitude (volatilité) plus modérée. En conséquence, l'utilisation du modèle de régression Ma, avec le « chiffre d'affaires » et le « taux de couverture de la population » pris comme facteurs, demeure valable pour faire des projections sur les performances des SEA.

Cette possibilité conforte l'idée qui consiste à rendre la tâche facile aux parties prenantes qui veulent disposer d'une visibilité lors des discussions sur le secteur ; il s'agira, par exemple, pour un manager d'une SEA, de solliciter un certain niveau de chiffre d'affaires dès que l'État lui fixe une performance à atteindre et un taux de couverture supplémentaire pour l'accès à l'eau aux populations. L'exigence qu'il fera sur le « chiffre d'affaires » entraînerait une augmentation potentielle des prix de l'eau qui, si elle n'est pas « socialement » supportable, peut être déterminante pour que l'État revoie les ambitions à la baisse.

Il est un avantage, par d'autres, de disposer de cet outil de raccourci qui donne de la visibilité par un calcul simplifié et qui permet aux différents acteurs de parler le même langage mais aussi de prendre de bonnes décisions.

Cette démonstration, par l'exemple, permet de consolider l'idée de toujours procéder à une contextualisation des performances avant de calculer les valeurs réelles ; les résultats fournis à partir du modèle de régression Mc ont montré, en effet, l'existence tangible de relativité sur les valeurs de performances obtenues à partir de systèmes de calcul qui n'intègrent pas l'historique des valeurs des indicateurs de performance des SEA par régression. Le modèle prédit ce que devrait être la performance de la SEA en fonction des valeurs de ces indicateurs de performance avec prise en compte du comportement d'autres à travers les mêmes indicateurs de base.

Les valeurs des performances prédites par le modèle Ma reprennent les allures de celles des performances relatives (par voie de système de calcul) sous une amplitude plus basse et en conservation des corrections apportées à partir du modèle Mc. De plus, en rappelant que le modèle Ma qu'à partir de deux variables que sont le chiffre d'affaires et le taux de couverture de l'accès à la population pour servir d'outil de facilitation des projections et de benchmarking.

4.3 Performances et variables explicatives

Dans cette partie, les courbes de performances sont analysées selon leurs différences d'impact sur le classement des SEA et les tendances qu'elles génèrent. Elles sont considérées avec une potentielle corrélation qui pourrait se dégager en fonction de la variable considérée.

Une attention particulière sera portée sur la comparaison des courbes de chiffre d'affaires et du taux de couverture pour l'accès de la population ; à ce titre, il est considéré, pour éviter des confusions dans l'interprétation, les seules valeurs de performances issues du modèle de régression Ma.

L'analyse des courbes sur la base de l'approche ainsi déclinée se fera, dans un premier temps, avec une représentation graphique sur une seule année et il devrait y avoir, pour chaque année, autant de courbes qu'il y aurait de variables retenues (12 pour notre cas) et dans un deuxième cas, avec l'évolution sur une période (de 2009 à 2013) de la performance par SEA.

5. Analyses et interprétations

5.1 Analyse « performances réajustées/indicateurs »

Pour donner suite à une représentation graphique, la courbe de performances réajustées (Ma) montre que les performances les plus élevées correspondent à des taux importants de recouvrement des factures, même s'il est noté plusieurs exceptions caractérisées par des performances faibles malgré un bon taux de recouvrement.

- Dès lors, il convient de procéder à une analyse plus fine qui requiert un regard sur les valeurs des performances par rapport au chiffre d'affaires et à la capacité des SEA à couvrir leurs besoins en coûts d'exploitation et maintenance. La maîtrise de ces deux (2) facteurs, au-delà du niveau de prix en vigueur que nous considérons comme étant égal par ailleurs, permet de disposer de plus de trésorerie et de régler l'exigence de l'équilibre financier qui leur fait défaut (la solvabilité en est un handicap supplémentaire).

- La couverture des coûts (E+M) est un paramètre de vérification de la stabilité de la performance obtenue car ne peut prétendre être performante une SEA qui ne couvre pas ses charges d'exploitation et de maintenance. Ce cas de figure laisse sous-entendre des insuffisances qui, si elles ne sont pas levées, entraîneront une dégradation des infrastructures. C'est, à la limite, un système de vases communicants. La problématique demeure de savoir s'il faut mettre l'accent sur l'exploitation et la maintenance pour réduire les coûts de renouvellement (qui peut être traduit par un prolongement de la durée de vie des ouvrages) ou s'il faut privilégier l'investissement au moment de concevoir les ouvrages dans le but de réduire les coûts d'exploitation et de maintenance.

- Par ailleurs, la représentation graphique fait apparaître des SEA ayant une bonne performance mais avec un faible taux de recouvrement des charges d'exploitation et de maintenance ; ce qui constitue, avec une logique empirique, une « incohérence ».

L'analyse, sans aucun doute, peut intégrer plusieurs cas de figure comme pour :

- Une SEA dispose d'une bonne couverture des charges (E+M), soutenue par un chiffre d'affaires correct ;

- Une SEA parvient à disposer d'une bonne performance alors qu'il y a un gap de couverture des coûts (E+M). Cependant, son chiffre d'affaires ne suit pas au point qu'il puisse constituer une explication de ce handicap ;

- Une SEA avec un chiffre d'affaires très modeste et une bonne couverture des charges en exploitation et maintenance, cette SEA affiche une bonne performance ;

- Une SEA qui, malgré son plus grand taux de recouvrement des charges (E+M), n'enregistre qu'une performance relativement moyenne, en considération de l'allure globale de la courbe.

Ces quatre (4) points d'attention qui sont loin d'être exhaustifs, pris à titre symbolique, montrent encore toute la relativité qui peut entourer la lecture et l'interprétation qu'on peut faire des valeurs données aux performances.

À ce propos, il est rappelé qu'il était envisagé de réduire cette relativité en procédant à des régressions et à partir d'un échantillon significatif de données.

La comparaison par rapport au ***taux de comptage*** ne renseigne pas d'une manière significative sur les performances mais cette variable explicative peut trouver son sens dans les pertes commerciales en particulier et sur le taux d'eau non facturée en général.

L'analyse approfondie de cette variable (taux de comptage) devrait être associée à celle de toutes les pertes enregistrables dans le processus qui débute, de l'exhaure à la consommation par les usagers, en passant par les pertes au cours de la production, les pertes à la distribution (réseaux et branchements confondus) ; certains systèmes de facturation, comme celui en vigueur au Nigéria, reposent sur les surfaces occupées pour établir les montants à payer par les usagers et permettent de faire des économies sur les investissements (achat, pose et entretien des compteurs) sans occulter le fait que les pertes réseaux sont réparties entre tous les clients.

Sans risque de s'y tromper, il peut être constaté que la tendance à l'évolution du taux de couverture de la population entraîne celle des performances dans le même sens. Plus le taux de cette couverture est élevé, plus la performance de la SEA est élevée. Cette indication repose sur la densité de l'urbanisation et des flux des populations surtout lorsqu'on se trouve dans le cas d'une grande ville et laisse aussi entrevoir un effet de volume dans la gestion car :

- À partir d'un réseau faible en longueur (linéaire de réseau), plusieurs personnes sont desservies du fait d'une densité élevée ;
- Les moyens utilisés pour l'entretien et la maintenance sont réduits du fait de charges fixes mieux réparties sur un nombre d'équipes d'intervention plus modeste.

Concernant le ***nombre de localités*** prises en charge, il ne semble pas déterminant pour affecter les performances des SEA. D'après la courbe et les valeurs affichées sur le nombre de localités, certaines de ces SEA ont des performances plus élevées que celles d'autres malgré le fait qu'elles interviennent dans une seule localité et vice-versa, tel qu'indiqué dans la représentation ci-après :

Cette constatation semble être une contradiction au vu de l'idée déjà avancée selon laquelle le modèle de gestion éclatée dans les pays anglophones était plus propice à l'obtention de bonnes performances même s'il s'inscrivait à l'échelle de pays.

Cette idée ne semble plus en mesure de prospérer car, même en prenant le cas des pays francophones avec la présence d'un seul opérateur en général, il peut être considéré que la SEA intervient dans plusieurs villes (localités) et on se retrouverait dans le cas des systèmes anglophones. La seule différence résiderait dans la répartition des charges fixes du fait d'une administration centralisée favorisée par l'existence d'une seule direction générale du même opérateur.

En conséquence, il faut aller au-delà de ce nombre de localités pour tenir compte des populations desservies au total et surtout du taux de recouvrement annoncé plus haut comme solution de rechange de cet indicateur.

C'est, peut-être, la raison pour laquelle les autorités des collectivités locales en France ont jugé nécessaire de se regrouper en syndicats pour mieux gérer le secteur de l'Eau et de l'Assainissement avec une préférence pour une gestion privée malgré une timide tentative de la ville de Paris qui a, dans un passé récent, opté pour une gestion en régie.

Le ***chiffre d'affaires***, à lui seul, ne semble pas être suffisant pour expliquer les variations de performances des SEA puisqu'il est constaté que :

- Certaines SEA ont des performances élevées malgré un chiffre d'affaires très modeste ;
- D'autres SEA ont des performances faibles bien qu'atteignant un chiffre d'affaires plus élevé.

Le chiffre d'affaires renvoie à une conception globale des produits de la SEA et ne saurait être analysé, de manière convenablement, sans une maîtrise ou une idée précise de la couverture des charges et autres coûts comme déjà indiqué dans l'analyse des coûts d'exploitation et de maintenance.

NB : Cette présente application et analyse peuvent être renouvelées sur les autres années 2010, 2011 et 2013 pour confirmer les tendances observées et déjà commentées.

5.2 Analyse de performances sur une période

Dans la suite de cette analyse des courbes des performances par rapport aux différentes variables explicatives, il est envisagé de se focaliser résolument sur les performances des SEA pour essayer d'en tirer d'autres considérations suivant l'évolution dans la période comprise entre 2009 et 2013 dont les données sont exhaustives.

Les constats dressés sur les différentes représentations des performances par SEA constituant l'échantillon du WASREB, semblent être mitigés en considération de l'évolution de la courbe de performances relatives par rapport à l'évolution du chiffre d'affaires. Il n'est pas, en effet, très intéressant de faire cette lecture par rapport au chiffre d'affaires avec les performances réajustées par Ma d'autant qu'elles doivent, en toute logique, suivre les mêmes tendances ascendantes ou descendantes ; il est un paramètre du modèle, pour le confirmer.

Il est remarqué que :

- L'évolution de la courbe de performances relatives suit, dans le même sens, celle du chiffre d'affaires dans les villes de Mombassa, Eldoret et Nzola;
- L'évolution de la courbe de performances relatives suit celle du chiffre d'affaires, mais en sens inverse, dans les villes de Nanyuki, Naivasha, Meru, Garissa, Kericho, Murang'a et Kapenguria ;

5.3 Analyse « performances/personnes desservies »

Les indicateurs autour de l'élément « Population », dont la satisfaction est la principale raison pour amener à améliorer les performances des sociétés, doivent être abordés avec une analyse spécifique.

Elle peut être faite sous l'angle des variables utilisées jusque-là pour réaliser ces régressions et le calcul de ces performances mais un choix s'est porté sur la population dont les valeurs sont indiquées (en exemple, sur quelques villes) dans le tableau ci-après :

Tableau 12 : Données population totale et population desservie par ville

Villes	Eldoret	Mombassa	Nzola	Kapenguria	Meru	Murang'a	Naivasha,	Nanyuki	Garissa	Kericho	Kwale
Population desservie en moyenne (En milliers)	259,5	711,8	198,2	13,5	58,4	39,1	113,0	80,9	119,6	94,1	95,3
Population totale moyenne (En milliers)	375,3	1017,9	366,3	70,5	105,7	57,3	206,7	98,7	166,1	138,5	516,5

Source : Auteur, à partir des rapports WASREB

D'après la représentation graphique qui suit, dans la première catégorie de villes pour lesquelles la courbe de performances relatives va dans le même sens que le chiffre d'affaires, la population totale moyenne dépasse 350 000 habitants alors qu'elle est en deçà pour les villes où les performances relatives vont en sens inverse de l'augmentation ou de la baisse du chiffre d'affaires.

Cependant, la situation dans la ville de *Kwale* ne corroborant pas cette affirmation, il est nécessaire que l'analyse soit approfondie et orientée vers la population moyenne desservie avec les représentations graphiques matérialisées plus bas.

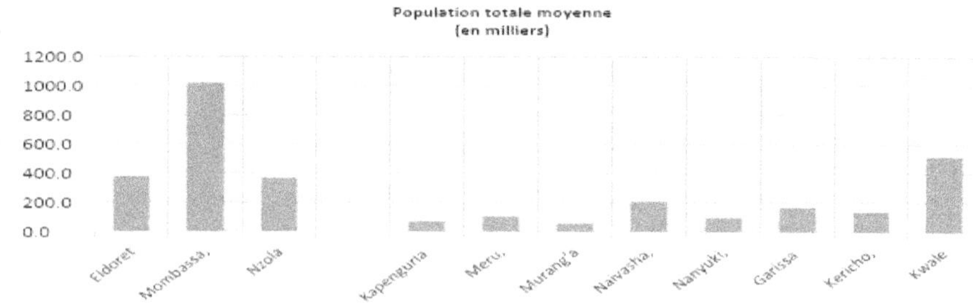

Courbe 5 : Population moyenne de ville avec performances des SEA
Source : Auteur, à partir de calculs de performance des SEA

Ainsi, en considérant la population moyenne desservie, on aura une barre théorique à 150 000 habitants qui sépare les deux catégories de villes ; ce qui semble plus pertinent puisqu'en réalité, le chiffre d'affaires est directement lié aux abonnés qui se trouvent être les populations desservies.

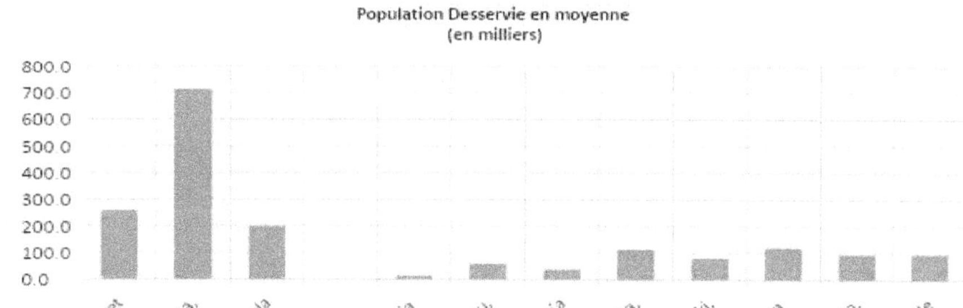

Courbe 6 : Population desservie en moyenne par ville avec performances des SEA

Source : Auteur, à partir de calculs de performance des SEA

Pour avoir une idée globale de cette analyse, l'échantillon a fait l'objet d'un tri suivant l'importance de la population desservie pour ensuite voir les évolutions de courbes telles qu'indiquées plus haut.

5.4 Exemple d'application au Kenya

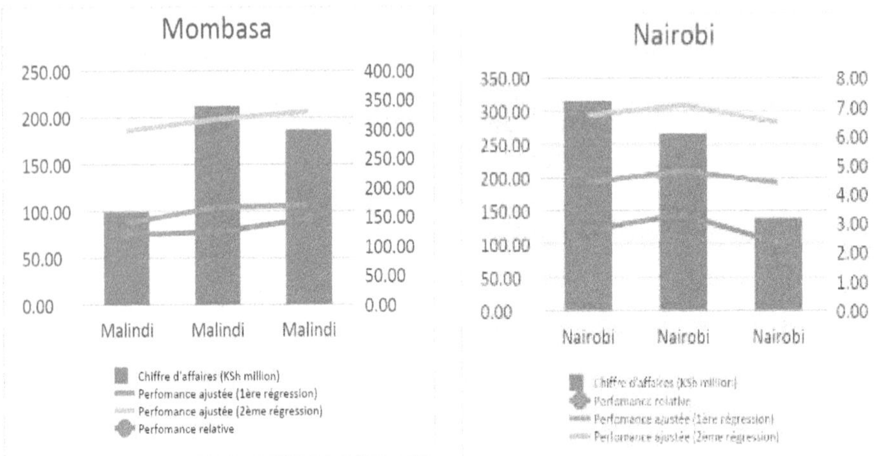

Courbe 7 : Exemples de SEA pour une population desservie de plus 150 000 habitants

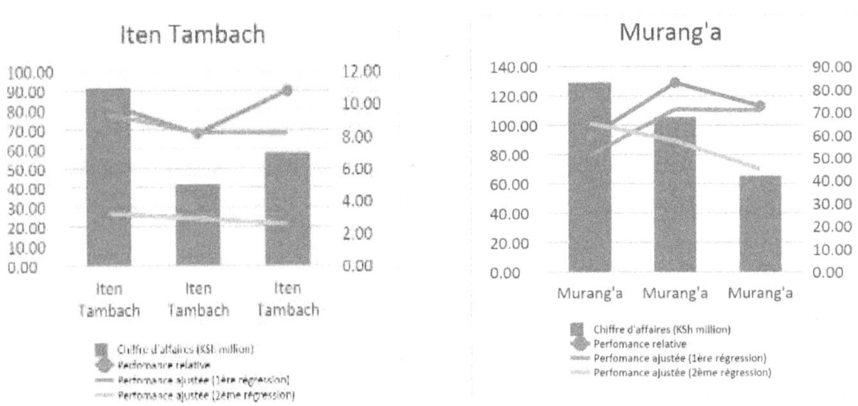

Courbe 8 : Exemples (suite) de SEA pour une population desservie de plus 150 000 habitants

Source : Auteur, à partir de calculs de performance des SEA

Il ressort de ces analyses que les courbes de performances avec le modèle Ma et les valeurs des variables explicatives suivent les mêmes tendances à la hausse ou à la baisse bien que certaines exceptions soient constatables. Malgré cela, il demeure cette tendance qui semble évidente au vu de la succession des régressions qui ont donné le modèle Ma en passant par le modèle Mc. La preuve en est fournie par les graphiques de comparaison qui matérialisent le chiffre d'affaires par rapport aux taux de couverture de l'accès aux populations.

Cette lecture ne semble pas pour autant suffire pour convaincre les plus sceptiques sur une conclusion indubitable. Aussi engage-t-on cette deuxième analyse qui considère l'évolution des performances par SEA prise seule.

Les courbes représentatives conduisent à une conclusion majeure, à savoir que la ligne de séparation est établie à une moyenne de 150 000 personnes en population desservie pour établir des évolutions inversées du chiffre d'affaires et des performances avec le modèle Ma. Autrement dit :

- La barre théorique de 150 000 habitants montre deux groupes (G1 et G2) de SEA avec G1 pour celles dont la population desservie est inférieure à cette limite et G2 pour celles au-dessus ;
- Pour G1, le chiffre d'affaires croît avec la performance ou, vice-versa, la performance s'améliore avec l'augmentation du chiffre d'affaires ;
- Pour G2, la performance suit une variation inverse.

Toutes ces considérations renseignent sur la maîtrise de l'activité au sein du secteur de l'Eau et de l'Assainissement qui serait plus aisée dans les villes de moins de 150 000 personnes. Par extrapolation, plus l'activité de la SEA est restreinte, plus elle est performante.

L'effet de volume pourrait jouer dans le G1 avant d'enregistrer plus de charges qui se multiplient plus rapidement que le chiffre d'affaires au niveau du G2. Ce chiffre d'affaires, en effet, est assujetti au prix de l'eau qui, si elle n'augmente pas, ne permet pas de couvrir certaines nouvelles charges provenant des améliorations de prestations et exigences de la clientèle, entre autres.

5.5 Contextualisation/classement

Les données du WASREB qui ont été collectées pour réaliser les différents modèles de régression et obtenir des performances réajustées peuvent aussi servir à anticiper ces performances avec des raccourcis et faciliter de calcul.

Aussi l'analyse empirique est-elle entamée avec ces résultats obtenus, obligeant à demeurer dans le cadre particulier du WASREB et du Kenya.

Cependant, il y a un réel risque de s'enfermer et de ne pas éprouver toute la théorie et le constat qui en sont issus alors que l'éclairage doit être poussé au maximum pour prétendre atteindre des conclusions plus générales.

Dans cette optique, il sera question de procéder à une application de ces modèles de régression à des SEA évoluant dans d'autres environnements comme celui offert par le WSP à travers des données de l'année 2009.

À travers l'application de calcul des performances des SEA par le modèle Ma sur l'échantillon du WSP, il est ressorti principalement que :

- Le classement établi sur la base des performances des SEA mettant Saldhana en première place et la SDE en seconde place incite à réfléchir dans le sens de clarifier la différence qu'elles pourraient afficher par rapport aux autres SEA de l'échantillon ; il est constaté :
  - L'eau non facturée est de 5 % et 20 %, respectivement, pour Saldhana et la SDE ; ce qui constitue les taux les plus faibles à telle enseigne que l'on peut confirmer que la maîtrise de l'eau non facturée est très déterminante pour la performance d'une SEA ;
  - Des exceptions sont constatées sur CWA et NWSC qui sont bien classés malgré des taux d'eau non facturée respectifs de 54 % et 30 %.

Tableau 13 Classement SEA /performances ajustées après contextualisation, en 2009

Rang	Pays/Ville	Name de SEA / Ville principale	Taux de couverture assainissement (%)	Heures de fourniture eau (H/J)	Taux de comptage (%)	Performances ajustées (régression Mc)
1	S Africa	**Saldanha**	**74**	24	100	110,6
2	Sénégal	**SDE**	**73**	24	100	110,5
3	Mauritius	**CWA**	**71**	24	100	110,0
4	Uganda	**NWSC**	**66**	24	99	108,7
5	Moshi, TZ	**MUWASA**	**70**	24	94	108,5
6	S Africa	**Tshwane Metro**	**66**	24	82	105,4
7	Harar, Ethiopia	**HWSSSA**	**55**	24	92	105,1
8	S Africa	**Matlosana**	**64**	24	78	104,1
9	S Africa	**Cape Town**	**63**	24	67	101,7
10	S Africa	**Matjhabeng**	**58**	24	65	100,3
11	S Africa	**Mogale**	**60**	24	62	100,0
12	Iringa,TZ	**IRUWASA**	**61**	23	75	99,8
13	S Africa	**Emfuleni**	**57**	24	61	99,3
14	S Africa	**Johannesburg Water**	**58**	24	58	98,9

Rang	Pays/Ville	Name de SEA / Ville principale	Taux de couverture assainissement (%)	Heures de fourniture eau (H/J)	Taux de comptage (%)	Performances ajustées (régression Mc)
15	Solwezi,Zambia	**NWWSSCL**	**54**	19	100	91,0
16	Tabora,TZ	**TBUWASA**	**57**	20	79	90,5
17	Lesotho	**WASA**	**60**	18	90	87,3
18	Shinyanga,TZ	**SHUWASA**	**55**	17	72	79,4
19	Mtwara,TZ	**MTUWASA**	**63**	15	85	77,5
20	Mzuzu,Malawi	**NRWB**	**59**	14	84	73,4
21	Sumbawanga,TZ	**SUWASA**	**51**	16	55	72,1
22	Lusaka,Zambia	**LWSC**	**48**	15	43	65,9
23	Mulonga,Zambia	**MWSC**	**41**	16	16	62,2
24	Maputo,Mozambi	**AdeM**	**40**	12	47	55,9
25	Ndola,Zambia	**KWSC**	**34**	12	8	46,8
26	Dar es Salaam,TZ	**DAWASCO**	**37**	8	17	36,9
27	Mombasa,kenya	**MWSC**	**39**	6	39	35,5
28	Singida,TZ	**SIUWASA**	**47**	4	44	32,0

Source : Auteur, à partir de calculs de performance de WSP, 2009

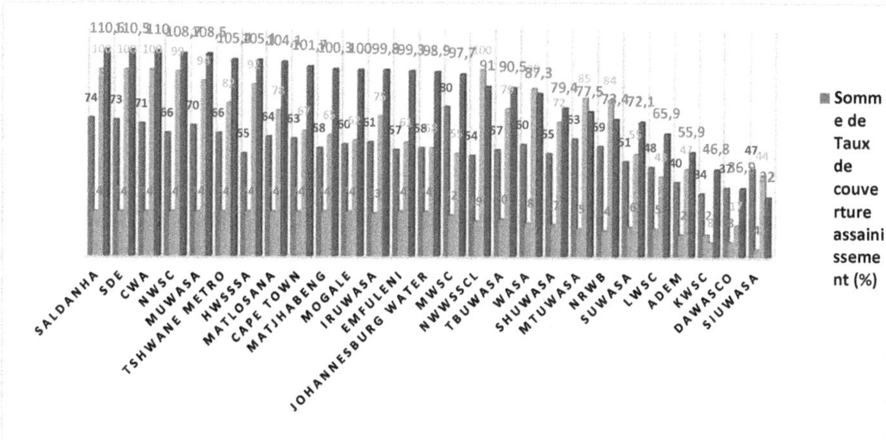

Courbe 9 : Performances des SEA par modèle Ma

Source : Auteur, à partir de calculs de performance de WSP, 2009

Le classement des SEA à travers cet échantillon de 28 observations montre que la SDE, unique SEA d'un pays francophone, se positionne à la deuxième place derrière une SEA sud-africaine qui occupe la première position. Cela démontre que le modèle organisationnel décentralisé en vigueur dans les pays anglophones ne peut pas nécessairement être considéré comme plus avantageux par rapport au modèle centralisé des pays francophones. Toutefois, cette observation pourrait constituer une exception compte tenu du ratio de 1 sur 28 dans l'échantillon considéré. À ce sujet, nous faisons preuve de prudence en ne retenant que les explications les plus évidentes afin de simplifier l'analyse.

Il est indéniable que les agences statistiques d'Afrique francophone sont moins promptes à fournir des données d'indicateurs comparativement à leurs homologues anglophones.

Il est constaté, en effet, que :

- Les SEA des pays francophones en Afrique fournissent moins de données que les SEA des pays anglophones et encore moins les pays lusophones ; sur un échantillon de données de 2009 du WSP comprenant 120 SEA, le tri à partir du taux de contribution en fourniture de données par SEA, sur la base des 25 indicateurs qui avaient été demandés, a montré que :
    - Les 15 premières places sont occupées par les pays anglophones ;
    - Les 2 dernières places sont occupées par des pays francophones ;

L'explication basique repose sur l'existence d'agences de régulation chez les anglophones du fait de l'intervention de plusieurs opérateurs alors que les francophones ont opté pour l'intervention d'un opérateur et une régulation par le contrat.

La rigueur tant louée chez les anglophones en matière de respect des règles établies, notamment pour remettre les données à date échue, est remarquable face au « laisser-aller » qui apparaît dans certains pays francophones.

- La régression permet de se faire une idée précise de la comparaison des performances entre SEA même si celles-ci opèrent exclusivement dans l'eau potable ou dans l'assainissement. La régression permet également de préciser qu'il s'agit de prédictions qui intègrent la capacité globale de l'entreprise sur tous les aspects ; ce ne sont, dans l'absolu, que des indications qui peuvent présenter des biais dont la mesure de leur ampleur et leur prise en compte, en termes de benchmarking, peuvent s'avérer déterminantes. En effet, les spécificités liées aux métiers de l'Eau et de l'Assainissement, auxquelles il est fait allusion plus haut, contribuent à la création de ces biais.

Le rang de 2ᵉ qu'occupe la SDE mérite d'être expliqué en comparant les valeurs que cette société affiche sur d'autres paramètres comme l'eau non facturée (ENF). Ce paramètre semble être très déterminant pour l'amélioration des performances. Au demeurant, la SEA présente à Saldhana pourrait avoir à gérer des réseaux de consistance modeste et non vétuste.

6. Taux de couverture eau/assainissement

Comparer uniquement les sociétés d'eau ou d'assainissement se révélerait insuffisant, étant donné que tous les facteurs liés à ces activités sont presque identiques dès le départ. Toutefois, en raison des similitudes entre les infrastructures des deux sous-secteurs et de la polyvalence des agents, il est pertinent de comparer leurs performances respectives. Le Sénégal constitue un exemple notable, avec un sous-secteur de l'eau géré par une société de patrimoine et une société concessionnaire d'une part, et un office dédié exclusivement à l'assainissement, d'autre part.

Cette approche présente un intérêt particulier car le Sénégal a développé, depuis plus de trente ans, une stratégie visant à atteindre l'équilibre financier dans le sous-secteur de l'eau, notamment par le renforcement des capacités techniques et l'obtention d'investissements essentiels pour améliorer la satisfaction des usagers. Cela a poussé à soutirer le sous-secteur de l'assainissement en créant un office, afin de réaliser les ajustements nécessaires pour rendre l'environnement conforme à celui de l'eau potable.

Cette stratégie permet à l'office de s'inspirer constamment des pratiques du sous-secteur de l'eau potable et ainsi viser de meilleures performances. Il est observé une nette évolution dans le domaine de l'assainissement au Sénégal comparativement à d'autres pays où ce secteur évolue plus lentement.

La comparaison indique que l'actuel office a atteint une limite institutionnelle entravant l'atteinte de l'équilibre financier, comparable à la période d'essoufflement d'un athlète. Certains spécialistes envisagent une réforme similaire à celle du secteur de l'eau potable, privilégiant une société de patrimoine et un contrat de concession pour l'exploitation.

6.1 Considérations générales sur le cas des sociétés au Sénégal

La recherche de canevas fiables pour procéder à des comparaisons entre SEA est loin de trouver son épilogue malgré cette tentative par la voie de la régression linéaire qui semble intégrer les insuffisances constatées et liées à la non-prise en compte de certains déterminants ou à un défaut de contextualisation. Les modèles proposés atténuent les biais et donnent des valeurs prédites sur la base de variables explicatives de plusieurs SEA qui constituent l'échantillon considéré ; les valeurs prédites constituent une référence pour procéder à des comparaisons.

Également, sur la base de cette hypothèse qui veut que les performances calculées à partir des modèles de régression, la maîtrise des indicateurs dans le secteur de l'Eau et de l'Assainissement devienne plus plausible avec une atténuation des disparités de tout ordre.

Cependant, il est nécessaire de relativiser sur toute cette théorie en l'abordant avec un sens critique qui permet non seulement d'affiner davantage les modèles en vue de donner plus de visibilité aux SEA mais aussi attirer plus d'investissements dans la perspective de « l'eau et l'assainissement pour tous en Afrique ».

La question à aborder tourne, d'une part, autour des risques encourus par les investisseurs dans un contexte flou marqué par l'absence d'idées précises sur les capacités et potentialités des SEA et, d'autre part, autour des incertitudes qui jalonnent le processus à mettre en œuvre ; toutes considérations qui ne font qu'enchérir les coûts et diminuer l'efficience des investissements et du développement des infrastructures.

De ce fait, il faut beaucoup de discernement dans l'interprétation des résultats d'application des modèles en général, même s'ils expliquent un phénomène ou prédisent avec un taux d'explicativité relativement élevé.

Il n'est pas toujours aisé de procéder à des ramifications ou d'établir des « abrégés de la réalité » sans courir le risque d'escamoter certains aspects qui peuvent être appréciés diversement par certains acteurs. Nonobstant cela, les différents tests effectués pour retenir les modèles produits ont permis de continuer à fournir des résultats de comparaison, de faire des constats et d'en déduire des enseignements.

La phase d'interprétation qui suit ce processus demande, cependant, une connaissance approfondie de la situation qui se présente puisque, comme déjà dit, toute chose n'est pas toujours égale par ailleurs.

En effet, en considérant le cas de comparaison de la SDE et de l'ONAS sur le taux de couverture en assainissement, il est possible de faire une extrapolation pour savoir que le déterminant principal peut se résumer en termes d'investissement, au-delà de leur organisation et de leur management en interne. Aucune difficulté ne devrait apparaître jusque-là si les investissements consacrés au développement des infrastructures d'eau potable incombaient à la SDE, mais la réalité en est tout autre ; la SONES, en tant que société de patrimoine, en a les prérogatives conformément aux différents contrats qui régissent les interfaces entre ces deux structures de l'État et vis-à-vis.

En conséquence, si la SDE avait en charge le volet Assainissement dans les villes urbaines, sa performance présumée serait tributaire de celle de la SONES au point que cette dernière en serait amenée à maintenir son niveau de prestation. La question logique qui s'ensuit est de savoir si le fait d'avoir une société de patrimoine avec la configuration et les prérogatives de la SONES parallèlement à une société de distribution, à l'image de la SDE dans le secteur de l'eau potable, constituerait une voie salutaire pour augmenter les performances surtout dans le volet Couverture.

Allant dans un sens affirmatif, cette hypothèse peut se justifier en référence à l'histoire en comparant la situation antérieure à la réforme institutionnelle de l'hydraulique urbaine de 1995. Pendant cette période, la Société Nationale d'Exploitation des Eaux du Sénégal (SONEES) gérait toute l'hydraulique urbaine, y compris l'assainissement. Cette période a vu l'avènement des trois nouvelles entités (SONES, ONAS et SDE).

Cette approche critique de la considération sur les valeurs des indicateurs a une importance capitale sur le chiffre d'affaires de la SEA qui est l'une des variables explicatives du modèle Ma, étant donné qu'il s'agit de comparer deux performances dont la première repose sur la combinaison des prestations de deux structures (SONES et SDE) et la seconde dépend uniquement de l'ONAS qui gère les investissements et l'exploitation.

Nous nous retrouvons devant un cas complexe de comparaison d'autant plus que nous ne pouvons parler de chiffre d'affaires pour la SONES, qui ne gère que les investissements, alors que c'est différent pour l'ONAS et la SDE.

De ce fait, il serait judicieux de considérer d'autres aspects ou indicateurs en commun pour établir cette comparaison et de conclure que l'exercice de prédiction des performances doit parfois être abordé au cas par cas.

Néanmoins, cette comparaison interne au secteur de l'eau et de l'assainissement au Sénégal est présentée à titre pédagogique.

Le tableau qui suit donne les performances spécifiques de la SDE, accompagnée par la SONES et de l'ONAS en fonction du modèle Ma.

Tableau 14 Calcul de performances de SEA au Sénégal

Année	Chiffre d'affaires (Millions sh)				Taux de couverture réels (%)		Performances prédites (Modèle Ma) ajustées		
	SDE	SONES	SDE+SONES	ONAS	SDE	ONAS	SDE	SDE+SONES	ONAS
2007	9 550,000	3 013,997	12 563,997	602,833	92,42	63,60	114,058	101,800	59,002
2008	9 966,667	2 922,726	12 889,393	875,667	91,43	63,70	92,841	88,454	47,018
2009	9 783,333	2 888,419	12 671,753	855,667	90,33	63,40	110,500	110,500	47,682

Source : Auteur, à partir de calculs par modèle Ma et données PEPAM

Ce calcul, limité entre 2007 et 2009 en raison de l'absence de chiffres fiables, incluait :

- Conversion des chiffres d'affaires en shilling kényan ;
- Application de la formule du modèle avec ajustements pour refléter les valeurs connues de la performance de l'eau potable (110,5 selon WSP).

Les constatations sont les suivantes :

- La SDE seule est plus performante que son association avec la SONES : performances de 114,06 et 92,84 respectivement en 2007 et 2008 pour la SDE, contre 101,80 et 88,45 pour SDE+SONES ;
- Les performances de l'ONAS dans l'assainissement (47,68) sont inférieures à celles combinées de la SDE et de la SONES.

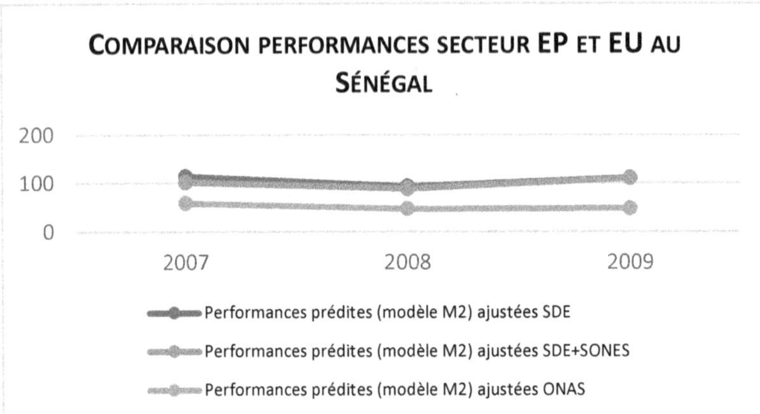

Courbe 10 Performances secteur EP et EU au Sénégal
Source : Auteur, à partir de calculs par modèle Ma et données PEPAM

La performance de l'ONAS en 2009, comparée à celle des 28 SEA, montre un classement à la 25e place contre la 2e pour la SDE.

Ce résultat indique la nécessité de revoir le management et les orientations institutionnelles de l'ONAS, qui pourrait nécessiter une réforme similaire à celle du secteur de l'eau potable.

Cette analyse des performances ne devrait pas se limiter à ces aspects, surtout en comparant la gestion privée de la SDE avec la gestion publique de l'ONAS, souvent perçue comme lourde administrativement, ce qui ralentit l'atteinte des objectifs.

6.2 Prédiction d'une performance pour une activité non opérée

Cet exercice, suivant le processus d'établissement de modèle déjà décrit, permet d'actualiser les performances de différentes sociétés et même de prédire des éléments non couverts par les activités de certaines sociétés d'Eau et d'Assainissement (SEA). C'est notamment le cas de la SDE du Sénégal en ce qui concerne le taux de couverture en assainissement (non incorporé), bien qu'elle n'intervienne que dans l'approvisionnement en eau potable.

Pour cela, il est considéré l'équation « ***Performance ajustée = 1+0,211*Taux de couverture assainissement (%) +3,080*Heures de fourniture eau (H/J) +0,201*Taux de comptage (%)*** » *et les* performances que ces SEA auraient atteintes sont consignées dans le tableau qui suit :

Tableau 15 Calcul de performances d'un échantillon de SEA par modèle Mc, en 2009

Pays/Ville	Name de SEA/Ville principale	Taux de couverture assainissement (%)	Heures de fourniture eau (H/J)	Taux de comptage (%)	Performances ajustées (Modèle MC)
Harar, Ethiopia	**HWSSSA**	**55**	24	92	105,1
Dar es-Salaam, TZ	**DAWASCO**	**37**	8	17	36,9
Iringa, TZ	**IRUWASA**	**61**	23	75	99,8
Moshi, TZ	**MUWASA**	**70**	24	94	108,5
Mtwara, TZ	**MTUWASA**	**63**	15	85	77,5
Shinyanga, TZ	**SHUWASA**	**55**	17	72	79,4
Singida, TZ	**SIUWASA**	**47**	4	44	32
Sumbawanga, TZ	**SUWASA**	**51**	16	55	72,1
Tabora, TZ	**TBUWASA**	**57**	20	79	90,5
Mombasa, kenya	**MWSC**	**39**	6	39	35,5
Uganda	**NWSC**	**66**	24	99	108,7
Sénégal	**SDE**	**73**	24	100	110,5
Lesotho	**WASA**	**60**	18	90	87,3
Mauritius	**CWA**	**71**	24	100	110
Mzuzu, Malawi	**NRWB**	**59**	14	84	73,4
Maputo, Mozambi	**AdeM**	**40**	12	47	55,9
Lusaka, Zambia	**LWSC**	**48**	15	43	65,9

Pays/Ville	Name de SEA/Ville principale	Taux de couverture assainissement (%)	Heures de fourniture eau (H/J)	Taux de comptage (%)	Performances ajustées (Modèle MC)
Mulonga, Zambia	**MWSC**	**41**	16	16	62,2
Solwezi, Zambia	**NWWSSCL**	**54**	19	100	91
Ndola, Zambia	**KWSC**	**34**	12	8	46,8
S Africa	**Matjhabeng**	**58**	24	65	100,3
S Africa	**Emfuleni**	**57**	24	61	99,3
S Africa	**Mogale**	**60**	24	62	100
S Africa	**Matlosana**	**64**	24	78	104,1
S Africa	**Johannesburg Water**	**58**	24	58	98,9
S Africa	**Tshwane Metro**	**66**	24	82	105,4
S Africa	**Cape Town**	**63**	24	67	101,7
S Africa	**Saldanha**	**74**	24	100	110,6

Source : Auteur, à partir de calculs de performance de WSP, 2009

Les valeurs affichées pour la SDE sont particulièrement intéressantes puisqu'en réalité, cette SEA ne s'occupe que de l'eau potable et, pourtant, une valeur lui est prédite pour la couverture en assainissement. Il s'agit d'une prédiction à l'aide de l'algorithme NIPALS qui tient compte des autres valeurs des SEA de l'échantillon et des valeurs des indicateurs de performances réalisées par la SDE à l'exception de ce taux de couverture en assainissement.

Ce taux peut être interprété comme étant la valeur que la SDE pourrait afficher si elle avait en charge la gestion de l'assainissement au Sénégal, mais uniquement dans les zones urbaines qu'elle dessert, au vu de son niveau de performance sur les autres indicateurs.

Cette précision sur la zone urbaine permet de comparer cette valeur prédite de taux de couverture en assainissement pour la SDE à celle réellement obtenue au Sénégal en 2009, correspondant à l'année de publication de ces données du WSP.

À cet effet, le rapport du Programme Eau potable et Assainissement pour le Millénaire (PEPAM) donne un taux de couverture de l'assainissement de 63,4 % dans les zones urbaines au Sénégal en 2009.

Les données du « Joint Monitoring Programme » (JMP) indiquent 65,8 % par interpolation à partir de la représentation graphique.

Cette courbe de représentation des taux de couverture en assainissement par le JMP affiche une valeur de 65,8 % dans la zone urbaine, se retrouvant entre les taux de 64 % et 66 % correspondant respectivement aux années 2005 et 2010.

Il convient de rappeler que, pour le Sénégal, ces taux de couverture en assainissement de 65,8 % du JMP et les 63,4 % du PEPAM proviennent des activités de l'ONAS, responsable de la gestion de l'assainissement dans les zones urbaines, au même titre que la SDE pour le sous-secteur de l'eau potable.

Indépendamment des différentes contraintes liées à l'exercice des métiers de l'assainissement ou ceux de l'eau potable et de l'hétérogénéité des conditions d'exploitation, l'association de la SDE pourrait être plus performante que celle de l'ONAS. Le débat sur l'efficience de la gestion privée par rapport à la gestion en service public refait surface, car les arguments restent divergents malgré plusieurs réflexions déjà menées sur ce sujet.

En effet, de nombreuses études ont analysé, à travers des méthodes économétriques et de benchmarking, l'efficacité relative des services d'eau selon qu'ils ont un mode de gestion public ou privé, dans les pays développés comme dans les pays en développement.

À ce propos, on peut citer l'étude comparative entre gestion privée et gestion publique, en termes d'impact sur le prix de l'eau, réalisée par une méthode d'Analyse par Enveloppe de Données (DEA) associée à une méthode d'Analyse par Frontière Stochastique (SFA) pour mesurer l'efficacité relative de 177 services d'eau en France, en 2009.

La modélisation permet de contourner une difficulté apparente pour comparer les performances de SEA dont les activités se limitent exclusivement à l'eau potable ou à l'assainissement. En effet, le modèle prédit, pour le cas de la SDE, par exemple, le taux de couverture en assainissement qu'elle aurait atteint avec sa propre configuration (gestion, organisation, management, stratégie de groupe, professionnalisme, etc.) et au vu des valeurs des indicateurs qu'elle affiche.

Quant à ce taux de couverture en assainissement, il devrait relever de la SONES, responsable du développement des infrastructures conformément au contrat qui la lie à l'État du Sénégal.

Dans cette optique, un benchmarking, dont les axes sont à définir après une minutieuse étude diagnostique, pourrait être établi entre la SDE comme mentor (référence) et l'ONAS comme mentee. Cela permettrait, entre autres, de détecter les points forts de son mode de management au niveau des ressources humaines avec une gestion des compétences, financière et surtout organisationnelle, pour ensuite procéder à une adaptation au métier de l'assainissement. Cependant, atteindre directement cet objectif peut être compliqué en raison des spécificités propres à l'assainissement et de la maturité récente des politiques visant à accélérer ce sous-secteur.

En rappel, le taux de couverture en assainissement était de 63,4 % en 2009 relativement aux activités de l'ONAS dans les villes assainies, tandis que le taux prédit pour la SDE, selon le modèle, serait de 73,3 %, soit un écart de 10 %.

6.3 Analyse des prédictions comparées à la mesure officielle

Ce gap sur le taux de couverture d'assainissement mérite d'être examiné sur les autres années comme indiqué dans le tableau ci-dessous :

Tableau 16 Taux de couverture assainissement prédits pour SDE / PEPAM de 2005 à 2014

Années	Données SDE									PEPAM
	Eau non facturée (%)	Taux de couverture Eau potable (%)	Heures de fourniture eau (H/J)	Nombre de travailleurs pour 1000 branchements	Taux de recouvrement des factures (%)	Taux de couverture coûts (E + M) (%)	Taux de comptage (%)	Performances fixées	Taux de couverture assainissement prédites SDE (Régression Mc)	Taux réels de couverture assainissement ONAS (%)
2005	19,94	88,39	24	2,8	98,26	100,0 %	98,9	109,80	**71,0 %**	59,9 %
2006	19,64	92,42	24	2,68	98,63	100,0 %	98,7	109,80	**71,2 %**	61,9 %
2007	19,93	91,43	24	2,47	97,24	100,0 %	98,7	109,80	**71,2 %**	63,6 %
2008	20,9	90,35	24	2,35	96,7	100,0 %	98,3	109,80	**71,5 %**	63,7 %
2009	20,67	93,29	24	2,34	97,6	100,0 %	98,3	109,80	**71,5 %**	63,4 %
2010	21,3	92,54	24	2,17	98,29	100,0 %	98,3	109,80	**71,5 %**	63,1 %
2011	20,02	92,71	24	2,08	98,29	100,0 %	98,3	109,80	**71,5 %**	63,3 %
2012	19,88	95,25	24	1,95	98,48	100,0 %	98,7	109,80	**71,2 %**	62,4 %
2013	19,81		24	1,89	98,005	100,0 %	98,8	109,80	**71,1 %**	61,7 %
2014	20,09		24	1,8	98,16	100,0 %	98,9	109,80	**71,0 %**	

Source : Auteur, à partir de calculs par modèle Mc et données PEPAM, de 2005 à 2014

Les données relatives à l'eau potable et aux taux de couverture en assainissement sont respectivement fournies par la SDE et issues de l'exploitation des informations du PEPAM, se rapportant aux centres urbains afin de garantir une base géographique cohérente.

En utilisant le modèle Mc, la performance de la SDE (109,8 en 2009) a été fixée pour calculer le taux de couverture prédit chaque année ; la divergence entre les valeurs de performances prédites et les taux de couverture réellement enregistrés avoisine les 10 % mentionnés précédemment pour l'année 2009, sur la base de l'échantillon du WSP.

Il est toutefois imprudent d'affirmer que la fusion avec la SDE est optimale au vu des performances actuelles et prévues pour la couverture en assainissement. Il n'est pas toujours possible de transposer une organisation spécifique à une autre existante sans complication. Par ailleurs, la stratégie de fusion des structures ne garantit pas nécessairement la conservation des acquis qui ont permis ces performances, ni leur amélioration.

La réflexion mérite d'être approfondie, en prenant en compte les aspects financiers et les investissements potentiels du secteur privé pour rembourser les dettes contractées dans le but de développer le patrimoine de l'assainissement. Les contrats de concession pourraient être particulièrement adaptés à cette fin.

Inversement, regrouper les volets Eau et Assainissement sous une gestion publique unique, bien que peu probable, pourrait faire l'objet d'une étude approfondie, soutenue par plusieurs exemples concrets. À titre d'exemple, on peut se pencher sur l'expérience française avec la régie publique de l'assainissement de l'agglomération de Paris par le SIAAP, ou encore le cas de la SENELEC au Sénégal à la suite de la rupture de contrat avec Hydro-Québec après l'accession du Président Abdoulaye Wade au pouvoir en 2000. La principale raison de cette rupture, d'un contrat signé en mars 1999 sous le mandat du Président Abdou Diouf, était le manque d'investissements dans un secteur marqué par des délestages récurrents.

6.4 Entre scepticisme et acceptation des valeurs prédites

L'établissement d'un modèle implique des contextes qui ne peuvent être reproduits de manière identique, soulignant ainsi que chaque situation est intrinsèquement unique. À cet égard, les modèles économiques de certains pays peuvent servir de références (en référence au benchmarking) pour d'autres nations, tout en tenant compte avec lucidité des réalités ou spécificités locales, ce qui souligne la nécessité d'une contextualisation appropriée.

Ainsi, il devient possible d'effectuer des prévisions ou des projections, à condition que le modèle élaboré soit optimisé avec les variables explicatives choisies et qu'il présente une robustesse indiscutable, validée par divers tests.

Cette aptitude prédictive constitue un atout majeur de la régression linéaire ; il est en effet difficile d'accepter sans réserve l'attribution d'un taux de couverture en assainissement à une Société d'Eau et d'Assainissement (SEA) telle que la SDE, qui se concentre uniquement sur l'approvisionnement en eau potable.

Cet exemple illustre bien comment les conclusions tirées lors de la comparaison avec l'ONAS permettent de mieux structurer les débats. Il s'agit ici d'une réflexion sur l'acceptabilité du cadre opérationnel de la SDE pour améliorer le taux de couverture en assainissement dans les zones urbaines. En effet, selon le modèle Mc permettant une contextualisation adéquate, on pourrait affirmer que le taux de couverture en assainissement aurait atteint 73 % au Sénégal en 2009, si l'on prend en compte les diverses valeurs des indicateurs fournis par la SDE.

C'est dans cette même logique qu'a été déterminée la performance de la SDE sur une période donnée dans le cadre du modèle Ma afin d'évaluer les valeurs potentielles du taux de couverture en assainissement qu'elle aurait pu atteindre.

En conséquence, le scepticisme et l'acceptabilité interagissent de manière analogue à un système de vases communicants, nous conduisant à examiner trois scénarios fondamentaux :

- En rejetant l'hypothèse selon laquelle la SDE n'aurait pas atteint le taux de couverture en assainissement annoncé, l'ONAS pourrait donner l'impression d'une incapacité, ce qui pourrait inciter l'État à confier la gestion du sous-secteur à des entités privées au détriment d'une gestion publique ;
- En acceptant cette performance anticipée, il serait possible d'en tirer une valeur ajoutée en s'inspirant des pratiques de la SDE, permettant ainsi à l'État de les considérer pour négocier des contrats de performance avec l'ONAS ;
- En validant l'hypothèse selon laquelle cette performance projetée est correcte, la SDE pourrait ouvrir la voie à une exigence potentielle de l'État lors de la définition des performances attendues dans le cadre d'une nouvelle négociation si le secteur devait être réorganisé en lui confiant le sous-secteur de l'assainissement.

Ces scénarios, parmi tant d'autres possibles selon les perspectives des parties prenantes intéressées par la gestion du sous-secteur de l'assainissement, ne sont pas exhaustifs et relèvent des orientations stratégiques des décideurs étatiques responsables du développement sectoriel au Sénégal.

Quoi qu'il en soit, nous disposons d'outils d'aide à la décision dont l'utilisation peut être influencée par divers facteurs considérés par les différentes parties durant les négociations, appuyée par des éléments basés sur des données chiffrées et une exploitation statistique.

D'où résulte la nécessité d'approfondir notre étude des indicateurs et des performances qui en découlent afin d'évaluer leurs impacts sur le benchmarking, devenu un outil largement reconnu par plusieurs institutions.

De plus, les multiples aspects relatifs aux outils de benchmarking doivent être davantage partagés avec les experts du domaine et notamment avec les auditeurs issus de diverses écoles telles que le Mastère Spécialisé OpT au sein de la chaire « Eau pour Tous » ou encore au 2iE de Ouagadougou.

Il existe un sentiment que nous avons proposé une nouvelle approche visant à harmoniser les méthodes de calcul des performances tout en reconnaissant que cette approche nécessite encore une exploration approfondie face aux critiques qui peuvent émerger.

Certains pourraient se demander si nous serons capables de résoudre ce problème scientifique lié à cette position délicate qui empêche encore un consensus clair autour des méthodes et outils utilisés pour évaluer les performances des sociétés d'Eau et/ou d'Assainissement.

Ainsi, il est impératif que ce domaine soit encore investi par les experts concernés ainsi que ceux spécialisés en statistique afin de développer plus en détail ces outils tout en approfondissant notre proposition d'utiliser des régressions mathématiques pour encourager une réflexion critique...

Le chapitre 4 jette sur le pavé cet approfondissement avec des propositions concrètes concernant divers modèles dont une meilleure compréhension pourrait être facilitée par une lecture attentive et une bonne assimilation du contenu précédemment exposé, bien que cela requière certaines prédispositions statistiques ainsi qu'une compétence dans la manipulation numérique.

CHAPITRE 5

MODÉLISATION, PRÉDICTIONS ET CLASSEMENT

1. Introduction

Une première tentative d'élucidation d'une nouvelle approche, ainsi que de la création d'outils fédérateurs pour le calcul des performances des sociétés d'eau et/ou d'assainissement, a révélé à quel point un paradoxe peut émerger de l'ambition de simplifier le processus complexe de mesure des performances des entreprises. À l'image d'un couteau que l'on enfonce dans une plaie avec la conviction que cet acte est la seule voie vers la guérison, ce livre intitulé « MODES DE CALCUL DES PERFORMANCES : COMMENT PASSER DE LA COMPLEXITÉ À LA FACILITE ? » représente une contribution significative visant à éveiller les consciences sur la nécessité d'établir un mode de calcul fiable pour ces performances.

Il ne s'agit en aucun cas de remettre en question les fondations posées par des experts éminents dans le domaine de l'eau et de l'assainissement.

Cependant, les diverses initiatives déjà enregistrées semblent être des démarches isolées qui mettent en lumière cette tendance où chaque entité suit son propre chemin. Les méthodes employées sont souvent trop hétérogènes et les outils associés engendrent des problèmes de compatibilité dus à des environnements variés. Ainsi, une inquiétude se manifeste face à l'incertitude quant à la possibilité d'effectuer une comparaison claire des performances ; il convient de comparer uniquement ce qui est comparable, comme le soulignait Georges Dumézil.

Il s'agit donc davantage de concevoir un outil capable de rassembler les avis sur les principes du calcul des performances et qui pourrait enfin permettre d'établir des comparaisons justifiées en fonction des contextes spécifiques au benchmarking, lesquels dépendent notamment des différences entre pays ou des niveaux économiques variés. Dans tous les cas, il existera toujours divers points de vue concernant le produit ou, du moins, sur un outil symbolisant un consensus ; c'est-à-dire qu'il reflète l'image même d'une scène observée par ceux qui critiquent le soleil. Aucun d'eux ne conteste la présence du soleil comme objet visible, mais les contours qu'ils décrivent affichent différentes nuances.

Enfin, cette production écrite ne saurait suffire à clarifier cette situation complexe ni à dissiper le flou qui entrave notre passage de la complexité à la facilité. Il serait impératif d'abandonner cette attitude défensive pour engager résolument un véritable combat intellectuel par l'élaboration d'un outil efficace.

Ce dernier pourrait constituer le modèle de calcul envisagé et fera sans doute l'objet de critiques dont certaines pourraient être constructives et contribuer à son amélioration, tout en espérant parvenir également à un consensus parmi les experts éclairés.

2. Compromis autour d' une approche

Partout où il a été mis en œuvre, le compromis a engendré des résultats positifs et a contribué à des avancées notables. Les postulats établis dans le domaine des mathématiques illustrent ce fait de manière évidente, tout comme les nombreuses lois qui régissent la science en général. Quel que soit leur impact, il existe toujours des éléments à analyser selon une approche justifiable, souvent sous prétexte d'une évolution supposée des théories. Il convient de rappeler que les travaux de **William Seeley Gosset**, publiés sous le pseudonyme de **Student**, ont permis à **Ronald Fisher** d'établir un principe de test largement reconnu dans le cadre du calcul probabiliste et de l'application de la distribution de Student à l'analyse régressive.

Cette mutation des lois scientifiques demeure envisageable, car elle offre une plus grande clarté, même si cela nécessite l'intégration de nouvelles données au risque d'altérer les fondements mêmes de nos sciences. Il en résulte une vigilance constante au sein de la communauté scientifique ; des lacunes persistantes ont été identifiées dans divers domaines par le passé et n'ont pas encore trouvé leur résolution, alors que les contradictions demeurent omniprésentes. En admettant cette réalité, il est souhaitable d'accepter qu'une convergence sur les principes fondamentaux pourrait réduire les incohérences résultant d'adaptations aux nouvelles réalités.

Dans cette contribution actuelle, nous centrons notre réflexion sur une problématique liée au calcul des performances nécessitant un outil fédérateur avec un paramétrage adéquat pouvant inclure une certaine complexité. L'objectif principal est d'optimiser les comparaisons entre diverses entités évoluant dans des contextes variés ou présentant des spécificités distinctes.

Ce premier niveau de consensus représente sans doute un point de départ, et il serait bénéfique d'en établir autant autour d'autres outils potentiels qui pourraient être développés pour rivaliser en robustesse et simplifier ce calcul des performances. Dans cette dynamique, le défi réside davantage dans la méthodologie et la conception de cet outil envisagé pour convaincre la communauté scientifique que dans la nécessité d'un accord sur l'adoption d'un outil consensuel tel qu'évoqué précédemment et détaillé dans le premier tome.

Les outils disponibles peuvent être nombreux en lien avec diverses démarches possibles ; celui proposé ici ne sera pas construit sur un palimpseste mais se veut constituer une nouvelle approche améliorée pour le calcul des performances des entreprises du secteur eau et assainissement. Il s'agira effectivement d'appliquer la régression mathématique pour élaborer les modèles optimaux facilitant ainsi le tant souhaité calcul harmonisé.

Il ne serait guère excessif d'envisager cette possibilité si nous parvenons à disposer de données fiables dont la collecte se fait parfois avec beaucoup d'ardeur. Celles-ci devraient naturellement nous éclairer efficacement si elles sont employées judicieusement. À défaut, elles pourraient engendrer confusion et désordre sans précédent quant à leur utilité réelle.

En somme, cette difficulté à surmonter se résume principalement à une gestion efficace des données articulée autour des dimensions suivantes : consolidation, gouvernance et gestion de la qualité – trois leviers essentiels intégrés au sein d'un cycle de vie schématisé ci-après :

La manipulation des indicateurs de performance suit les principes généraux de gestion des données. Cela constitue une base pour parvenir à un consensus sur les calculs de performance. Quoi qu'il en soit, il est rappelé que cette gestion de données permet plusieurs d'être en conformité avec plusieurs aspects importants dans le secteur :

- **La transformation des données en capital stratégique : Les sociétés du secteur mettent souvent l'accent sur les aspects opérationnels, mais la gestion des données joue un rôle crucial dans la stratégie. Des décisions stratégiques peuvent être prises sur la base de données fiables pour améliorer le développement de l'entreprise.**

- **La nécessité d'assurer l'accessibilité et la fiabilité des données : Le secteur de l'eau et de l'assainissement est de plus en plus concurrentiel. L'inaccessibilité des données peut entraîner des biais dans l'évaluation des besoins et des propositions financières instables. La fiabilité des données est essentielle pour éviter des erreurs majeures.**

- **Respecter les lois et règles pour garantir la sécurité et la confidentialité des données : Avec la montée en puissance de l'informatique, la protection des données personnelles et sensibles est devenue cruciale. Des lois et règles ont été mises en place pour encadrer cette manipulation de données, assurant ainsi la sécurité et la confidentialité nécessaires.**

- **L'usage pour plus d'innovation et de réactivité face aux enjeux et opportunités d'affaires : L'utilisation des bases de données permet de développer de nouveaux outils et d'améliorer les activités. Elle offre également une visibilité pour anticiper les événements futurs et éviter des obstacles imprévus.**

- **La meilleure compréhension de l'environnement des affaires et des besoins des parties prenantes : Accéder et analyser correctement les données aide à mieux comprendre l'environnement concurrentiel et à établir des collaborations gagnant-gagnant.**

- **La réactivité et l'adaptabilité devant les effets de surprise comme lors des crises : Prévoir les crises est difficile, mais utiliser des bases de données pour réaliser des simulations et des plans de résilience peut aider à atténuer leurs impacts.**

- **L'anticipation sur les risques opérationnels : En complément de l'anticipation stratégique, l'anticipation opérationnelle facilite l'application des nouvelles mesures conjoncturelles et assure une gestion fluide des activités.**

- **L'augmentation de l'efficacité en production en améliorant les processus : L'expérience et l'apprentissage auprès d'autres entreprises renforcent l'efficacité de la production.**

- **La réduction des dépenses technologiques par optimisation des stockages avec des outils adaptés : Optimiser les dépenses repose sur une bonne gestion des données démographiques, urbaines et hydrauliques, entre autres, pour planifier adéquatement les infrastructures et les projets.**

Cependant, bénéficier pleinement de cette gestion des performances n'est pas facile en raison de la complexité et de la diversité des données dans le secteur de l'eau et de l'assainissement. Seuls les meilleurs analystes peuvent utiliser ces données efficacement pour atteindre les objectifs mentionnés. Par analogie, la « théorie du mille-feuille » peut être adaptée, bien qu'elle se concentre principalement sur les outils et le contenu de communication en entreprise.

Les managers passent une partie importante de leur temps en réunion. L'usage des moyens de communication électronique (courrier électronique, outils de travail collaboratif, visioconférence, etc.) est croissant dans de nombreuses entreprises (Kalika, 2003, Wasson, 2004,). Dans un contexte d'hyper-compétition, où l'exigence de performance managériale est croissante, la gestion du temps des managers constitue un enjeu de taille pour ceux-ci. Le développement des moyens électroniques de communication et notamment l'usage du courriel (e-mail) prend une place croissante dans la journée du manager.
Les cas de managers passant plusieurs heures par jour à répondre et à envoyer des e-mails ne sont pas exceptionnels (McKeen et Smith, 2004). Les managers ont à leur disposition un portefeuille d'outils de communication (téléphone fixe, téléphone mobile, télécopies, face-à-face, courrier électronique, S.M.S, messagerie instantanée, etc.). Il est donc légitime de s'interroger sur l'effet de cette communication électronique croissante sur les autres moyens modestes de communication et de coordination, notamment présentiels.

On pourrait en effet penser que les entreprises intègrent dans leur mode de fonctionnement cette nouvelle donne et modifient en conséquence leurs modes de coordination. Ainsi, le nombre de réunions serait susceptible d'être réduit pour tenir compte de cette communication électronique croissante. L'acuité de cette question est renforcée dans le contexte français où la durée légale du travail est limitée. Les résultats obtenus amènent à penser que l'effet de substitution est faible, que la superposition dénommée théorie du mille-feuille est la règle...

https://www.researchgate.net/publication/41221371_La_theorie_du_millefeuille_De_la_non-substitution_entre_communications_electroniques_et_face_a_face

Encadré 2 : De la théorie du mille-feuille

Initialement, cette abondance de données peut sembler être un ensemble complexe de fils entremêlés, présentant un défi pour quiconque cherche à les démêler sans en omettre certains. Cette complexité peut être abordée par une analyse empirique combinée à une logique rigoureuse pour déterminer non seulement la nature des données, mais aussi leurs interrelations. Il est question de variables explicatives ou endogènes par rapport à une variable unique dite expliquée ou exogène, dans le cadre des régressions qui sont développées comme outils précieux pour évaluer ces performances.

2.1 Processus et données WASREB

Le traitement manuel des données a permis de retenir l'échantillon qui suit.

	Eau non facturée %	taux de couverture eau potable %	Taux de couverture assainissement %	Heures de fourniture eau (H/J)	Taux de recouvrement des factures %	Taux de couverture coûts (E + M) %	Taux de comptage %	Chiffre d'affaires (USD)	Nbre de travailleurs pour 1000 branchements	Population totale dans la zone de service (milliers)	Population totale servie (milliers)	Nbre de localités prises en charge	Performance attribuée
Obsea1	46,0	17,0	17,0	8,0	48,7	65,3	15,7	3 266	21	235,600	44,400	5	27,3
Obsea2	31,0	10,5	46,5	12,5	89,5	69,5	46,1	3 198	14	643,300	41,500	5	58,0
Obsea3	29,0	51,0	49,0	11,0	10,7	53,0	32,7	1 769	12	50,300	24,900	1	60,7
Obsea4	34,0	63,3	59,5	14,5	67,8	25,9	3,0	47 496	4	388,900	249,700	1	128,5
Obsea5	8,0	14,0	36,0	7,0	11,0	8,0	44,0	817	53	60,000	8,400	3	4,0
Obsea6	51,0	55,3	89,3	22,7	94,7	134,3	64,0	17 052	6	146,500	81,700	1	90,3
Obsea7	45,3	84,5	85,8	18,8	61,3	82,0	74,0	14 630	4	153,500	123,100	2	74,0
Obsea8	79,0	23,0	81,0	16,0	11,0	91,0	29,0	2 177	5	194,100	45,000	2	15,0
Obsea9	42,0	26,0	1,0	6,0	7,0	168,0	54,0	2 586	6	121,000	31,600	1	113,0
Obsea10	69,0	12,0	8,0	24,0	53,0	122,0	67,0	4 219	1	255,400	31,800	3	57,0
Obsea11	45,7	43,3	84,7	14,0	95,3	54,3	74,3	11 160	14	524,400	235,200	7	18,7
Obsea12	81,0	12,0	39,0	16,0	64,0	51,0	6,0	2 722	34	120,900	14,200	7	6,0
Obsea13	45,0	22,8	67,8	18,0	53,3	64,8	74,5	5 648	3	71,300	28,900	1	98,3
Obsea14	39,3	16,0	90,0	12,5	73,8	91,1	56,5	953	11	48,100	8,000	2	43,0
Obsea15	64,0	35,5	39,5	19,5	48,0	108,5	62,5	13 609	7	294,500	165,300	3	88,0
Obsea16	45,0	72,0	76,0	19,0	1,0	171,0	76,0	29 804	7	331,500	240,000	4	112,0
Obsea17	42,0	23,3	73,8	12,8	54,5	35,8	36,5	953	16	70,500	14,700	3	63,8
Obsea18	58,3	18,3	32,7	10,0	70,0	67,0	46,7	1 130	18	32,700	157,500	1	26,3
Obsea19	98,0	4,0	94,0	8,0	84,0	81,0	78,0	1 089	6	106,900	42,700	1	75,0
Obsea20	17,5	35,5	49,0	12,0	95,0	48,5	96,0	3 402	7	150,000	88,300	1	95,0

Obsea21	42,8	66,3	66,8	23,0	91,5	90,0	27,3	15 719	9	139,600	95,200	1	89,5
Obsea22	44,0	73,0	79,0	13,0	1,0	56,0	51,5	4 627	15	81,300	55,600	1	33,0
Obsea23	45,3	27,7	55,0	9,3	61,0	37,7	32,7	8 125	9	108,500	28,800	9	61,0
Obsea24	31,3	19,7	90,0	14,3	40,3	54,0	18,9	3 988	15	242,500	89,300	4	95,0
Obsea25	49,8	21,5	56,3	15,0	48,8	61,8	95,3	6 301	6	142,600	38,000	4	49,0
Obsea26	38,7	56,0	51,7	19,3	89,0	74,7	70,0	29 573	11	741,400	391,100	6	76,0
Obsea27	77,0	34,7	58,3	15,3	95,0	42,0	62,3	11 976	11	452,600	159,800	5	62,3
Obsea28	38,7	41,7	30,0	22,0	90,7	77,0	32,7	39 875	5	436,200	195,400	1	48,0
Obsea29	56,0	46,0	76,0	9,0	112,0	75,0	1,0	12 793	1	539,000	249,200	1	76,0
Obsea30	36,0	29,0	45,3	14,3	49,3	45,3	55,0	9 254	10	474,800	108,800	5	26,5
Obsea31	4,0	17,0	1,0	5,0	89,0	51,0	29,0	408	11	68,200	11,400	2	74,0
Obsea32	61,7	33,0	33,3	16,0	73,3	26,7	45,8	6 219	31	150,200	38,700	3	23,7
Obsea33	30,3	62,0	6,0	11,3	63,3	51,3	35,3	2 409	14	21,300	14,200	2	82,7
Obsea34	17,5	13,5	34,0	7,8	52,0	28,3	37,0	6 124	5	159,400	63,400	2	60,3
Obsea35	45,3	20,3	53,3	9,3	62,0	116,3	53,3	2 953	9	106,200	36,600	7	50,7
Obsea36	84,0	19,0	49,0	18,0	83,0	46,0	9,0	5 308	22	275,500	51,700	4	39,0
Obsea37	51,0	28,0	12,3	3,0	56,3	58,3	54,0	6 396	9	199,200	47,400	1	39,0
Obsea38	47,0	28,0	46,0	17,0	9,5	37,5	90,0	1 769	16	66,300	27,800	1	94,5
Obsea39	21,8	67,0	39,8	22,5	91,3	79,0	29,3	35 425	7	228,900	192,300	3	101,8
Obsea40	40,3	19,3	47,0	16,7	57,0	130,0	53,7	1 769	6	88,600	19,600	1	55,7
Obsea41	44,5	51,0	17,0	8,0	97,5	55,0	82,0	1 157	24	43,700	22,900	1	60,5
Obsea42	64,8	15,5	53,3	16,8	45,5	73,5	61,0	7 594	7	156,600	43,700	1	58,5
Obsea43	48,0	26,0	67,0	12,0	77,0	123,0	91,0	1 361	28	22,900	5,900	1	4,0
Obsea44	38,0	28,3	53,3	5,0	62,7	119,7	89,7	12 929	11	164,000	94,100	3	38,0
Obsea45	25,0	42,5	23,5	24,0	47,0	100,5	73,8	14 018	7	111,300	58,100	1	151,8
Obsea46	33,0	4,7	44,7	3,0	86,3	25,3	62,3	912	20	619,800	26,200	3	9,3

Obsea47	40,0	69,0	93,0	7,0	47,0	64,0	32,0	109 554	5	1 007,000	688,000	4	51,0
Obsea48	3,0	32,0	55,5	5,0	76,5	9,0	16,5	272	23	36,500	19,500	1	2,5
Obsea49	57,0	3,0	78,0	8,0	96,0	48,0	32,0	2 041	1	299,000	91,000	4	73,0
Obsea50	33,8	62,8	47,3	21,3	76,0	51,8	46,0	8 846	7	56,700	37,300	2	128,3
Obsea51	42,8	69,3	62,5	14,5	59,0	130,5	93,5	721	5	3 590,300	2 519,900	6	79,8
Obsea52	15,0	39,3	74,0	7,3	86,3	62,0	19,3	3 811	7	206,700	113,000	2	42,3
Obsea53	50,0	43,0	37,0	17,0	80,5	68,0	90,5	67 434	6	574,000	422,400	1	108,5
Obsea54	61,3	38,0	51,7	7,7	66,0	104,0	13,7	21 271	14	417,300	146,600	4	44,3
Obsea55	53,0	57,0	81,0	16,0	95,0	138,0	84,0	817	8	19,300	11,000	1	111,0

Obsea56	39,5	61,8	76,0	21,3	62,5	131,0	69,0	23 204	7	95,500	75,000	1	101,3
Obsea57	46,7	36,3	52,0	8,3	92,0	40,0	66,0	2 899	12	49,600	18,500	1	76,3
Obsea58	74,0	23,0	5,0	22,0	71,0	78,0	84,0	2 722	23	69,800	16,000	3	64,0
Obsea59	60,0	43,3	84,3	13,7	68,7	43,7	89,3	10 751	8	102,900	45,000	4	97,7
Obsea60	57,0	48,0	69,3	5,0	58,7	27,0	59,0	1 320	4	717,300	389,600	2	10,3
Obsea61	31,3	53,3	90,3	24,0	11,0	147,3	65,3	36 296	5	128,200	95,700	1	174,0
Obsea62	43,5	57,3	48,0	16,8	67,5	33,8	72,5	23 449	8	324,700	181,100	4	71,8
Obsea63	27,0	37,0	69,0	15,0	92,0	51,0	1,0	680	11	77,300	28,400	1	71,0
Obsea64	14,0	28,5	22,0	4,0	81,0	52,0	21,0	1 565	16	40,300	7,700	3	19,5
Obsea65	31,7	21,3	36,0	10,3	89,3	57,7	81,3	8 302	15	361,200	73,500	3	65,3
Obsea66	65,0	61,0	97,0	17,0	69,0	66,0	41,0	6 260	9	205,800	126,200	2	96,0
Obsea67	33,0	36,3	90,7	11,0	93,3	126,0	3,7	9 526	5	192,300	101,800	3	91,7
Obsea68	43,0	23,0	86,5	7,0	87,0	16,5	65,6	680	17	10,500	497,500	1	41,5
Obsea69	35,0	88,0	88,0	2,0	9,0	93,0	99,0	5 308	42	15,000	13,200	1	124,0
Obsea70	58,0	23,0	62,0	16,0	93,0	68,0	9,0	6 669	16	327,900	76,400	9	65,0
Obsea71	36,5	27,5	29,0	15,0	46,0	54,0	78,0	2 382	10	980,200	268,500	5	61,5
Obsea72	57,3	54,5	35,0	12,0	107,0	42,5	30,0	2 246	15	96,000	48,600	1	56,5
Obsea73	48,5	3,0	41,0	8,5	32,5	5,5	73,5	12 589	20	96,700	42,800	2	36,5

Obsea74	63,0	68,0	1,0	2,0	8,0	17,0	78,0	4 491	7	103,200	69,800	3	119,0
Obsea75	45,5	70,0	59,0	23,0	93,0	86,5	60,3	37 221	7	241,500	222,500	1	80,5
Obsea76	67,0	33,0	34,0	16,0	93,0	8,0	53,1	544	9	6,200	2,000	1	74,0
Obsea77	62,0	55,0	7,0	19,0	76,0	74,0	45,0	7 893	8	265,900	146,100	7	71,0
Obsea78	62,0	48,0	4,0	24,0	11,0	94,0	98,0	2 722	22	335,900	162,400	1	88,0
Obsea79	48,0	14,0	34,0	1,0	83,0	6,0	53,9	408	115	61,800	8,400	6	5,0
Obsea80	48,5	30,0	33,5	11,5	45,5	63,0	60,9	10 479	12	448,400	135,200	5	60,0
Obsea81	29,0	17,0	73,0	8,0	95,0	61,0	1,0	544	49	56,600	9,600	1	87,0
Obsea82	27,0	29,0	63,0	16,0	95,0	78,0	89,0	1 769	14	61,600	17,800	1	79,0

Extrait 2 : Données WASRB 1

Par la suite, toutes choses étant égales par ailleurs, il est considéré les échantillons obtenus après traitement manuel pour continuer le processus.

	Eau non facturée %	taux de couverture eau potable %	Taux de couverture assainissement %	Heures de fourniture eau (H/J)	Taux de couverture coûts (E + M) %	Taux de comptage %	Performance attribuée
Obsea1	46,00	17,00	17,00	8,00	65,30	15,70	15,62
Obsea2	31,00	10,50	46,50	12,50	69,50	46,10	33,78
Obsea3	29,00	51,00	49,00	11,00	53,00	32,70	42,36
Obsea4	34,00	63,30	59,50	14,50	25,90	3,00	57,63
Obsea5	8,00	14,00	36,00	7,00	8,00	44,00	17,56
Obsea6	51,00	55,30	89,30	22,70	134,30	64,00	124,96
Obsea7	45,30	84,50	85,80	18,80	82,00	74,00	129,08
Obsea8	79,00	23,00	81,00	16,00	91,00	29,00	57,54
Obsea9	42,00	26,00	1,00	6,00	168,00	54,00	50,76
Obsea10	69,00	12,00	8,00	24,00	122,00	67,00	91,59
Obsea11	45,70	43,30	84,70	14,00	54,30	74,30	75,23
Obsea12	81,00	12,00	39,00	16,00	51,00	6,00	35,62
Obsea13	45,00	22,80	67,80	18,00	64,80	74,50	69,92
Obsea14	39,30	16,00	90,00	12,50	91,10	56,50	63,70
Obsea15	64,00	35,50	39,50	19,50	108,50	62,50	73,74
Obsea16	45,00	72,00	76,00	19,00	171,00	76,00	135,63

Obsea17	42,00	23,30	73,80	12,80	35,80	36,50	41,79
Obsea18	58,30	18,30	32,70	10,00	67,00	46,70	27,96
Obsea19	98,00	4,00	94,00	8,00	81,00	78,00	60,87
Obsea20	17,50	35,50	49,00	12,00	48,50	96,00	63,74
Obsea21	42,80	66,30	66,80	23,00	90,00	27,30	101,47
Obsea22	44,00	73,00	79,00	13,00	56,00	51,50	83,08
Obsea23	45,30	27,70	55,00	9,30	37,70	32,70	26,82
Obsea24	31,30	19,70	90,00	14,30	54,00	18,90	55,23
Obsea25	49,80	21,50	56,30	15,00	61,80	95,30	67,23
Obsea26	38,70	56,00	51,70	19,30	74,70	70,00	84,51
Obsea27	77,00	34,70	58,30	15,30	42,00	62,30	54,60
Obsea28	38,70	41,70	30,00	22,00	77,00	32,70	67,34
Obsea29	56,00	46,00	76,00	9,00	75,00	1,00	44,51
Obsea30	36,00	29,00	45,30	14,30	45,30	55,00	42,27
Obsea31	4,00	17,00	1,00	5,00	51,00	29,00	9,81
Obsea32	61,70	33,00	33,30	16,00	26,70	45,80	42,78
Obsea33	30,30	62,00	6,00	11,30	51,30	35,30	45,27
Obsea34	17,50	13,50	34,00	7,80	28,30	37,00	15,97
Obsea35	45,30	20,30	53,30	9,30	116,30	53,30	42,80
Obsea36	84,00	19,00	49,00	18,00	46,00	9,00	44,08

Obsea37	51,00	28,00	12,30	3,00	58,30	54,00	22,85
Obsea38	47,00	28,00	46,00	17,00	37,50	90,00	65,97
Obsea39	21,80	67,00	39,80	22,50	79,00	29,30	90,12
Obsea40	40,30	19,30	47,00	16,70	130,00	53,70	61,57
Obsea41	44,50	51,00	17,00	8,00	55,00	82,00	51,05
Obsea42	64,80	15,50	53,30	16,80	73,50	61,00	54,07
Obsea43	48,00	26,00	67,00	12,00	123,00	91,00	75,03
Obsea44	38,00	28,30	53,30	5,00	119,70	89,70	58,50
Obsea45	25,00	42,50	23,50	24,00	100,50	73,80	94,18
Obsea46	33,00	4,70	44,70	3,00	25,30	62,30	20,94
Obsea47	40,00	69,00	93,00	7,00	64,00	32,00	74,17
Obsea48	3,00	32,00	55,50	5,00	9,00	16,50	24,49
Obsea49	57,00	3,00	78,00	8,00	48,00	32,00	30,75
Obsea50	33,80	62,80	47,30	21,30	51,80	46,00	83,56
Obsea51	42,80	69,30	62,50	14,50	130,50	93,50	110,19
Obsea52	15,00	39,30	74,00	7,30	62,00	19,30	43,03
Obsea53	50,00	43,00	37,00	17,00	68,00	90,50	74,80
Obsea54	61,30	38,00	51,70	7,70	104,00	13,70	34,83
Obsea55	53,00	57,00	81,00	16,00	138,00	84,00	108,69
Obsea56	39,50	61,80	76,00	21,30	131,00	69,00	119,36
Obsea57	46,70	36,30	52,00	8,30	40,00	66,00	39,05

Obsea58	74,00	23,00	5,00	22,00	78,00	84,00	86,96
Obsea59	60,00	43,30	84,30	13,70	43,70	89,30	79,68
Obsea60	57,00	48,00	69,30	5,00	27,00	59,00	44,00
Obsea61	31,30	53,30	90,30	24,00	147,30	65,30	138,06
Obsea62	43,50	57,30	48,00	16,80	33,80	72,50	72,51
Obsea63	27,00	37,00	69,00	15,00	51,00	1,00	49,08
Obsea64	14,00	28,50	22,00	4,00	52,00	21,00	12,71
Obsea65	31,70	21,30	36,00	10,30	57,70	81,30	42,09
Obsea66	65,00	61,00	97,00	17,00	66,00	41,00	89,64
Obsea67	33,00	36,30	90,70	11,00	126,00	3,70	66,58
Obsea68	43,00	23,00	86,50	7,00	16,50	65,60	47,99
Obsea69	35,00	88,00	88,00	2,00	93,00	99,00	122,22
Obsea70	58,00	23,00	62,00	16,00	68,00	9,00	42,88
Obsea71	36,50	27,50	29,00	15,00	54,00	78,00	51,25
Obsea72	57,30	54,50	35,00	12,00	42,50	30,00	41,81
Obsea73	48,50	3,00	41,00	8,50	5,50	73,50	30,23
Obsea74	63,00	68,00	1,00	2,00	17,00	78,00	59,11
Obsea75	45,50	70,00	59,00	23,00	86,50	60,30	110,31
Obsea76	67,00	33,00	34,00	16,00	8,00	53,10	80,08

Obsea77	62,00	55,00	7,00	19,00	74,00	45,00	70,82
Obsea78	62,00	48,00	4,00	24,00	94,00	98,00	115,06
Obsea79	48,00	14,00	34,00	1,00	6,00	53,90	15,18
Obsea80	48,50	30,00	33,50	11,50	63,00	60,90	38,18
Obsea81	29,00	17,00	73,00	8,00	61,00	1,00	30,73
Obsea82	27,00	29,00	63,00	16,00	78,00	89,00	75,58

Extrait 3 : Données WASRB 2

La stabilisation de cet échantillon est passée par plusieurs tests dont :

- **Tests de normalité ;**
- **Tests de corrélation ;**
- **Test de multi-colinéarité entre variables pour éviter que le modèle choisi de faire porter toute la liaison sur l'une d'entre elles ;**
- **Ajustements d'une loi de probabilité ;**
- **Analyses par composantes principales (ACP) et par composante ascendance hiérarchique (CAH) ;**
- **Analyses des écart-types ;**
- **Analyses factorielles ;**
- **Détermination de la distance de Cook de certaines observations qui seraient trop influentes et d'envisager de les supprimer ;**
- **Mécanisme de complément des données manquantes chaque fois que de besoin soit ;**

Des points de détails de manipulation des différentes données qui ne sont pas très exhaustifs sont élucidés par différentes présentations, sous forme de graphiques ou tableaux de synthèse, sur le chemin de modélisation des échantillons du WASREB.

Particulièrement les résultats des tests montrent que les variables suivent une loi normale, selon le test de Kolmogorov-Smirnov[10] à un échantillon (K–S test or KS test) comme indiqué ci-après :

[10] **Andreï Nikolaïevitch Kolmogorov** et **Nikolaï Vassilievitch Smirnov** étaient des mathématiciens soviétiques qui ont contribué aux mathématiques de la théorie des probabilités.

Test de Kolmogorov-Smirnov (Eau non facturée %) :

D	0,082
p-value (bila	0,612
alpha	0,05

Interprétation du test :
H0 : L'échantillon suit une loi Normale
Ha : L'échantillon ne suit pas une loi Normale
Etant donné que la p-value calculée est supérieure au niveau de signification seuil alpha=0,05, on ne peut pas rejeter l'hypothèse nulle H0.

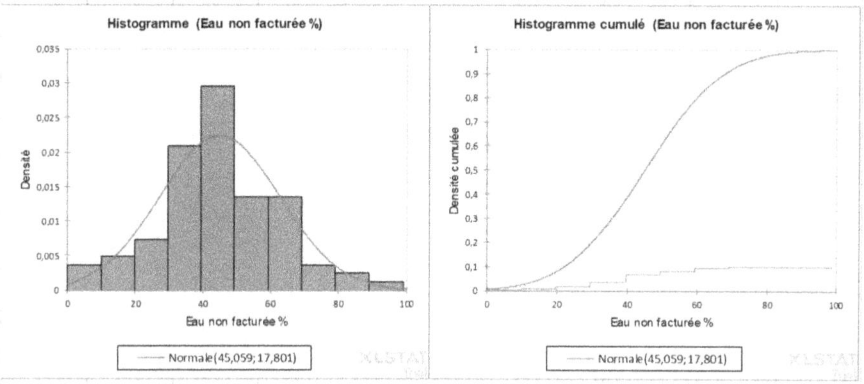

Courbe 11 : Test de Kolmogorov-Smirnov 1

Test de Kolmogorov-Smirnov (taux de couverture eau potable %) :

D	0,116
p-value (bila	0,203
alpha	0,05

Interprétation du test :
H0 : L'échantillon suit une loi Normale
Ha : L'échantillon ne suit pas une loi Normale
Etant donné que la p-value calculée est supérieure au niveau de signification seuil alpha=0,05, on ne peut pas rejeter l'hypothèse nulle H0.

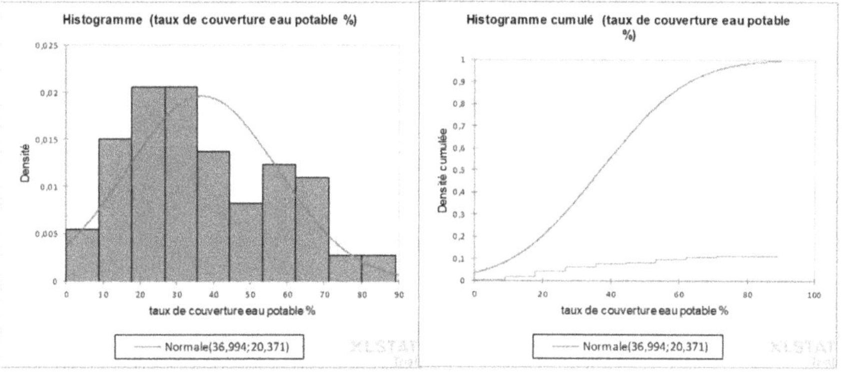

Courbe 12 : Test de Kolmogorov-Smirnov 2

Test de Kolmogorov-Smirnov (Taux de couverture assainissement %) :

D	0,069
p-value (bila	0,808
alpha	0,05

Interprétation du test :
H0 : L'échantillon suit une loi Normale
Ha : L'échantillon ne suit pas une loi Normale
Etant donné que la p-value calculée est supérieure au niveau de signification seuil alpha=0,05, on ne peut pas rejeter l'hypothèse nulle H0.

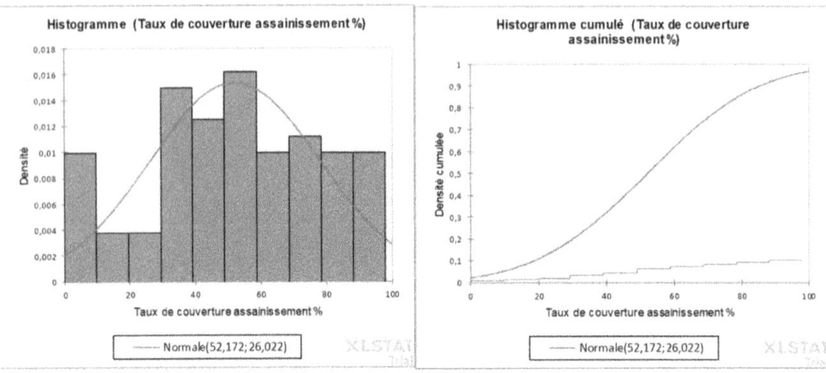

Courbe 13 : Test de Kolmogorov-Smirnov 3

Test de Kolmogorov-Smirnov (Heures de fourniture eau (H/J)) :

D	0,076
p-value (bila	0,700
alpha	0,05

Interprétation du test :
H0 : L'échantillon suit une loi Normale
Ha : L'échantillon ne suit pas une loi Normale
Etant donné que la p-value calculée est supérieure au niveau de signification seuil alpha=0,05, on ne peut pas rejeter l'hypothèse nulle H0.

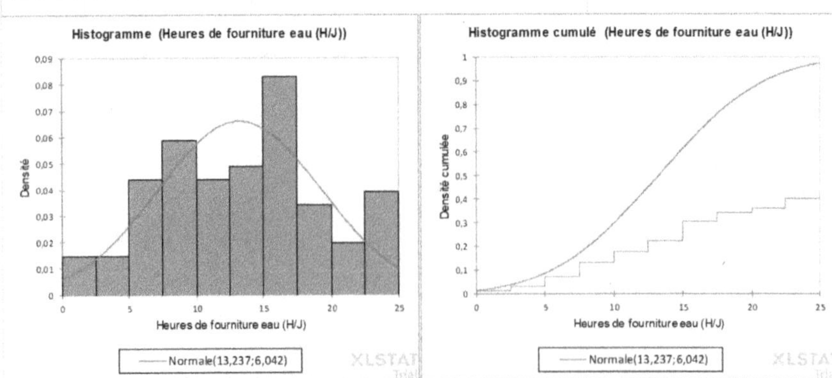

Courbe 14 : Test de Kolmogorov-Smirnov 4

Test de Kolmogorov-Smirnov (Taux de couverture coûts (E + M) %) :

D	0,104
p-value (bila	0,319
alpha	0,05

Interprétation du test :
H0 : L'échantillon suit une loi Normale
Ha : L'échantillon ne suit pas une loi Normale
Etant donné que la p-value calculée est supérieure au niveau de signification seuil alpha=0,05, on ne peut pas rejeter l'hypothèse nulle H0.

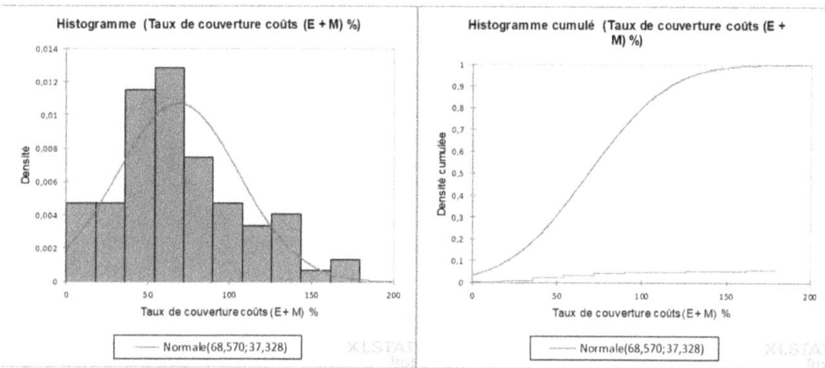

Courbe 15 : Test de Kolmogorov-Smirnov 5

Test de Kolmogorov-Smirnov (Taux de comptage %) :

D	0,073
p-value (bila	0,745
alpha	0,05

Interprétation du test :
H0 : L'échantillon suit une loi Normale
Ha : L'échantillon ne suit pas une loi Normale
Etant donné que la p-value calculée est supérieure au niveau de signification seuil alpha=0,05, on ne peut pas rejeter l'hypothèse nulle H0.

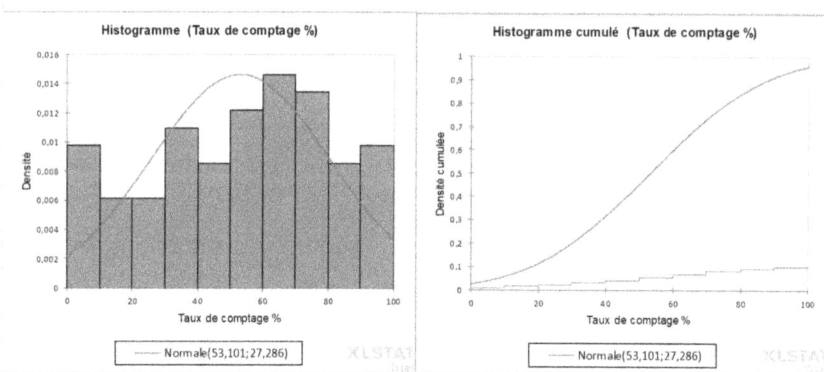

Courbe 16 : Test de Kolmogorov-Smirnov 6

Test de Kolmogorov-Smirnov (Performance attribuée) :

D	0,051
p-value (bila	0,975
alpha	0,05

Interprétation du test :
H0 : L'échantillon suit une loi Normale
Ha : L'échantillon ne suit pas une loi Normale
Etant donné que la p-value calculée est supérieure au niveau de signification seuil alpha=0,05, on ne peut pas rejeter l'hypothèse nulle H0.

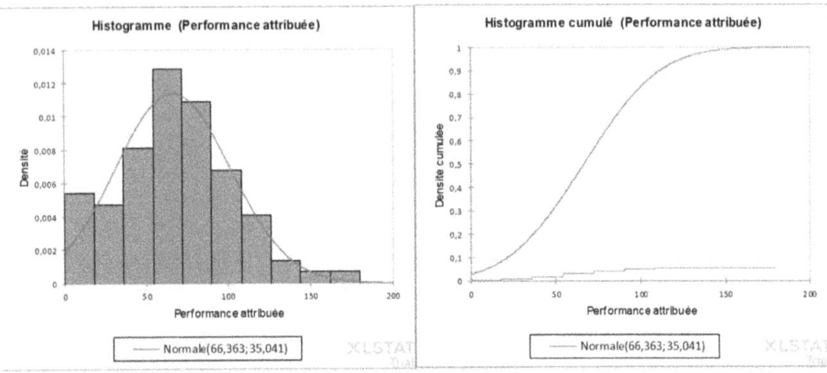

Courbe 17 : Test de Kolmogorov-Smirnov 7

Ce test de normalité montre aussi des résultats mitigés avec Shapiro-Wilk, Anderson-Darling et Lilliefors dont les outils écartent certaines variables explicatives tandis que Jarque-Bera les retient. L'appréciation des courbes de régression de toutes ces variables signale une confirmation de Jarque-Bera qui semble être plus robuste que les autres devant le niveau de signification seuil alpha=0,05.

Tableau 17 : Synthèse de différents tests

Synthèse des tests :

Variable\Test	Shapiro-Wilk	Anderson-Darling	Lilliefors	Jarque-Bera
Eau non facturée %	0,558	0,301	0,185	0,587
taux de couverture eau potable %	**0,012**	**0,005**	**0,009**	0,115
Taux de couverture assainissement %	**0,024**	0,128	0,476	0,252
Heures de fourniture eau (H/J)	0,081	0,205	0,311	0,287
Taux de couverture coûts (E + M) %	**0,008**	**0,006**	**0,030**	0,059
Taux de comptage %	**0,018**	0,072	0,343	0,155
Performance attribuée	0,310	0,727	0,847	0,552

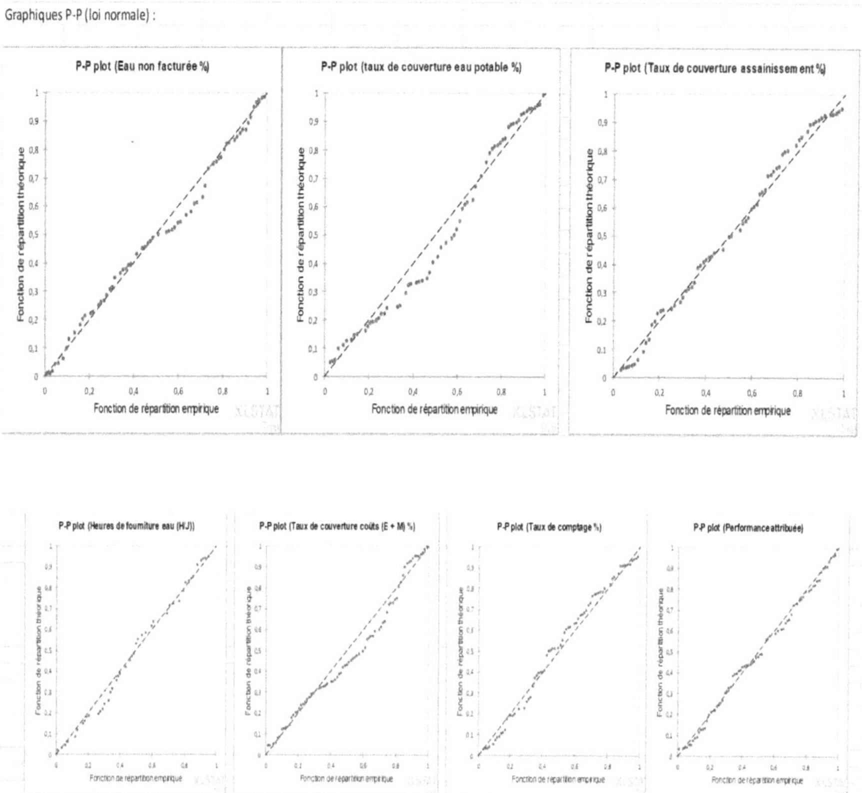

Courbe 18 : Synthèse PP- Loi normal

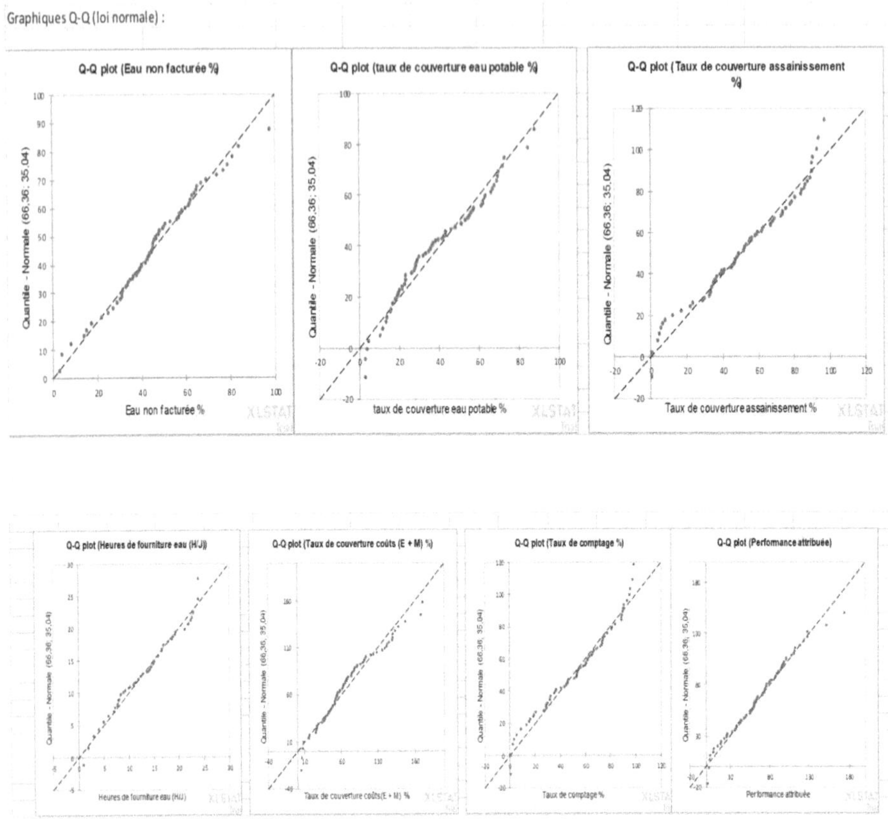

Courbe 19 : Synthèse QQ- Loi normal

Ces éléments de réponse de tests épousant une loi normale rassurent quant à une distribution qui dénote un regroupement de la plupart des valeurs autour de la moyenne.

Par ailleurs, si tenté que cela devait être nécessaire, dans une démarche itérative, le KS test modifié pourrait servir de test de qualité d'ajustement.

Cependant, il est reconnu que le test de Kolmogorov-Smirnov est parfois moins puissant que les tests de Shapiro-Wilk ou le test d'Anderson-Darling pour tester la normalité comme l'attestent les dissemblances sur quelques chiffres dans le tableau de synthèse, plus haut. Le KS test est reconnu pour être plus fiable que les deux autres (Shapiro-Wilk ou le test d'Anderson-Darling) devant des inconvénients qui leur sont propres comme lors que l'échantillon renferme plusieurs valeurs identiques.

Sur ce même principe de traitement et de tests, en amont, sur les données, l'échantillon retenu pour le WSP est le suivant :

	Eau non facturée %	taux de couverture eau potable %	Taux de couverture assainissement %	Heures de fourniture eau (H/J)	Taux de couverture coûts (E + M) %	Taux de comptage %
NAIVAWASS	56,0	21,0	17,0	5,0	68,6	91,5
WTWSSE	29,0	28,0	44,8	24,0	89,2	63,9
KSWC	51,0	32,0	65,8	24,0	63,1	66,8
HWSSSA	41,0	33,0	74,4	24,0	92,0	92,0
MWSC	41,0	35,0	12,0	6,0	39,0	39,0
KIWASCO	31,9	36,0	8,0	20,0	74,0	74,0
MCWSSS	24,7	43,0	58,4	12,2	100,0	100,0
MOUWASA	32,0	48,0	42,4	14,0	81,0	81,0
MUWASA	47,0	49,0	66,5	22,0	54,0	54,0
MAWASCO	22,0	51,0	63,6	24,0	83,0	83,0
UNSWC	29,0	52,0	63,2	19,3	86,0	79,2
DUWASA	26,0	54,0	45,9	24,0	60,2	75,2
KEWASCO	52,0	57,0	9,0	22,0	61,5	82,3
TBUWASA	29,0	60,0	68,4	20,0	79,0	79,0
JTWSSSE	25,4	64,0	79,8	16,0	100,0	100,0
SIUWASA	32,0	64,0	62,4	4,0	44,0	44,0
LUWASA	58,0	64,0	68,1	5,0	24,0	24,0
DAWASA	51,0	66,0	48,5	13,9	65,2	67,4
DAWASCO	55,0	66,0	7,0	8,0	17,0	17,0
SOUWASA	33,0	67,0	48,8	9,0	70,0	70,0
SHUWASA	43,0	69,0	61,0	17,0	72,0	72,0
SWC	24,0	70,0	64,6	18,4	81,3	87,3
SUWASA	43,0	70,0	39,8	16,0	55,0	55,0
NWSC	30,0	70,0	8,0	24,0	99,0	99,0
ARWASA	26,0	74,0	45,2	24,0	64,8	71,8
ONEAD	18,0	76,0	64,0	15,0	86,6	95,2
ELDOWAS	48,0	77,0	27,0	17,8	74,9	49,1
NWSCO	49,0	79,0	40,0	18,0	90,1	58,0
DDWSSA	34,0	80,0	68,6	24,0	58,6	75,7
BUWASA	54,0	81,0	36,8	23,0	64,0	64,0
MTUWASA	29,0	87,0	46,6	15,0	85,0	85,0
KUWASA	47,0	87,0	30,0	10,0	42,0	42,0
MWAUWASA	42,0	91,0	55,7	22,0	85,0	85,0
ELECTROGAZ	32,0	92,0	66,1	21,5	74,3	88,8
IRUWASA	43,0	92,0	15,0	23,0	75,0	75,0
MUWASA	33,0	97,0	44,0	24,0	94,0	94,0
PUC	21,0	97,0	21,0	20,2	43,0	43,0
TUWASA	32,3	98,0	50,3	24,0	75,5	59,6
AAWSA	35,0	98,0	48,2	20,2	78,0	78,0
MBUWASA	44,0	99,0	61,1	22,0	64,0	64,0
GSWB	33,7	19,0	72,6	8,0	70,6	89,5

LWSC	70,0	19,0	17,0	12,0	43,0	43,0
BYSWB	45,1	20,0	65,0	18,0	63,5	70,8
ODWC	35,6	21,0	63,5	14,2	84,7	76,5
WCOS	40,0	25,0	23,6	4,0	84,6	82,2
BSWC	31,9	25,0	60,2	7,0	76,0	86,7
ISWC	35,0	25,0	64,2	12,0	60,5	66,1
KDSWB	27,9	25,0	48,3	16,0	60,4	64,7
EKSWC	42,0	28,0	68,9	22,0	53,2	84,7
KWWC	34,2	29,0	30,8	24,0	75,1	73,2
ESWB	36,6	33,0	45,7	8,0	52,0	83,2
Lagos Water	40,0	35,0	58,7	6,0	70,7	79,3
NAWEC	42,2	40,0	61,7	14,7	69,9	63,4
TSWSA	35,9	40,0	46,1	12,0	76,6	86,7
KSWB	44,1	42,0	37,0	7,0	78,8	73,9
GWCL	49,0	51,0	43,4	8,0	45,0	45,0
KnSWB	63,0	54,0	73,7	24,0	76,8	67,1
ASWB	32,3	57,0	41,1	10,0	83,9	78,7
SSWB	40,6	60,0	55,6	4,0	71,8	61,5
AKWAC	67,0	61,0	48,7	6,0	84,5	97,6
PSWB	36,8	67,0	49,1	16,0	70,1	79,7
NSWB	43,1	69,0	44,3	4,5	75,7	58,5
CRSWBL	46,0	78,0	44,2	24,0	55,0	104,8
JSWB	39,4	90,0	68,3	18,0	100,2	70,2
NWWSSCL	35,0	15,0	46,3	19,0	100,0	100,0
WWSC	44,0	29,0	71,2	16,1	17,0	17,0
CWSC	35,0	52,0	11,0	24,0	100,0	100,0
WASA	27,0	56,0	36,6	18,0	90,0	90,0
NRWB	36,0	63,0	68,0	14,0	84,0	84,0
SWSC	50,0	65,0	45,9	19,0	68,0	68,0
BWB	51,0	66,0	73,8	17,0	88,7	80,9
LWB	24,0	70,0	54,3	24,9	100,0	100,0
Sedibeng Water	43,4	71,0	46,6	24,0	70,2	63,6
KWSC	40,0	74,0	67,0	12,0	8,0	8,0
LWSC	52,0	78,0	11,0	15,0	43,0	43,0
Bloem Water	50,5	83,0	73,3	23,0	70,8	66,8
SWSC	40,0	83,0	48,0	17,3	72,1	62,6
Matjhabeng	25,0	90,0	62,0	24,0	65,0	65,0
MWSC	56,0	91,0	86,0	16,0	16,0	16,0
Rand Water	33,5	92,0	42,6	15,5	100,0	100,0
NWSC	49,0	92,0	73,1	26,0	71,0	71,0
Stellenbosch	25,0	95,0	88,0	24,0	82,5	77,1
Potchefstroom	13,0	96,0	80,0	24,0	77,4	69,9
Tshwane Metro	29,0	98,0	68,0	24,0	82,0	82,0
Sol Plaatje	39,0	98,0	77,0	24,0	73,8	66,1
Johannesburg W	31,0	98,0	83,0	24,0	58,0	58,0
Mogale	25,0	99,0	77,0	24,0	62,0	62,0

Saldanha Bay	5,0	99,0	97,0	24,0	100,0	100,0
Matlosana	38,0	99,0	74,0	24,0	78,0	78,0
Emfuleni	37,0	99,0	70,0	24,0	61,0	61,0
Metsimaholo	42,9	100,0	82,0	24,0	94,0	94,0
Cape Town	18,0	100,0	88,0	24,0	67,0	67,0
Drakenstein	12,0	100,0	88,0	24,0	50,9	68,6
CWWS	11,0	100,0	90,0	24,0	100,0	100,0
eThekwini	32,0	100,0	47,0	23,5	74,0	74,0
Midvaal	27,3	100,0	90,0	24,0	100,0	100,0
Oshakati	21,0	100,0	55,7	20,7	100,0	100,0
WBM (Walvis E	16,0	100,0	100,0	24,0	100,0	100,0
Jirama	29,1	14,0	60,3	20,8	100,0	100,0
REGIDESO	40,0	47,7	53,5	13,5	73,7	75,7
REGIDESO	40,0	82,0	69,1	13,3	16,0	16,0
TdE	20,0	50,0	76,3	14,2	100,0	100,0
SONEB	48,9	54,0	61,2	24,0	100,0	100,0
ONEA	18,0	63,0	79,7	24,0	86,0	86,0
SEEG	18,0	65,0	70,8	14,2	76,8	92,2
SNDE	36,0	67,0	45,4	8,0	100,0	100,0
SPEN	30,2	68,0	36,4	19,6	50,0	100,3
SEG	48,0	78,0	33,5	8,0	57,0	57,0
SONEDE	23,0	81,0	46,6	24,0	100,0	100,0
EDM S.A	34,8	83,0	76,8	24,0	100,0	100,0
SODECI	23,0	90,0	68,7	24,0	97,0	97,0
ONAS	27,5	75,0	57,0	22,2	57,0	73,3
SDE	20,0	99,0	65,4	24,0	100,0	100,0
CWA	54,0	100,0	66,7	24,0	100,0	100,0
ELECTRA SA	31,0	46,0	75,2	21,1	66,0	95,7
FIPAG Quilimar	46,0	11,0	43,4	10,0	100,0	100,0
FIPAG Beira	61,0	12,0	47,1	15,0	97,0	97,0
FIPAG Nampula	41,0	23,0	64,0	22,0	100,0	100,0
AdeM	58,0	34,0	52,5	12,0	47,0	47,0
FIPAG Pemba	56,0	50,0	58,6	21,0	100,0	100,0

Cet échantillon réduit des données du WSP conserve 120 observations et six (6) indicateurs, ci-après :

- **Taux de couverture eau potable % ;**
- **Taux de couverture assainissement % ;**
- **Taux de comptage % ;**
- **Eau non facturée % ;**
- **Heures de fourniture d'eau (H/J) ;**
- **Taux de couverture coûts (E + M) % ;**

Ce nouvel échantillon réduit à 120 observations présente plusieurs données manquantes comme l'indique le graphique ci-dessous qui donne les pourcentages selon les indicateurs traduits par les variables de 1 à 6.

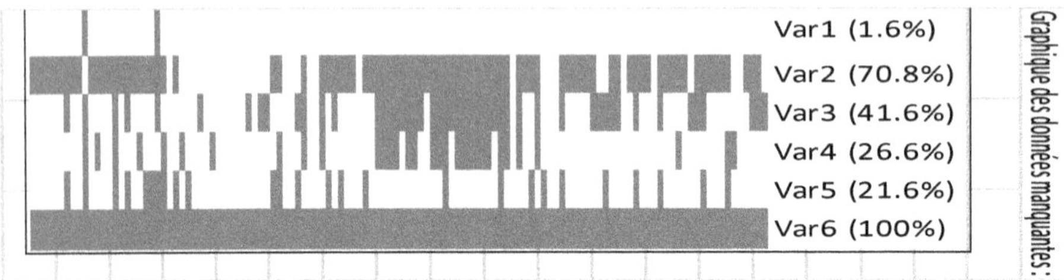

Statistiques descriptives (Avant traitement) :

Variable	Observations	Obs. avec données	Obs. sans données	Minimum	Maximum	Moyenne	Ecart-type
Var1	120	2	118	11,000	100,000	65,322	26,782
Var2	120	85	35	7,000	100,000	53,314	32,481
Var3	120	50	70	8,000	100,000	74,843	26,463
Var4	120	32	88	5,000	70,000	37,011	13,900
Var5	120	26	94	4,000	24,000	17,793	6,939
Var6	120	120	0			0,000	0,000

Pour y arriver, un traitement approfondi des manquantes a été effectué comme indiqué par la manipulation ci-après :

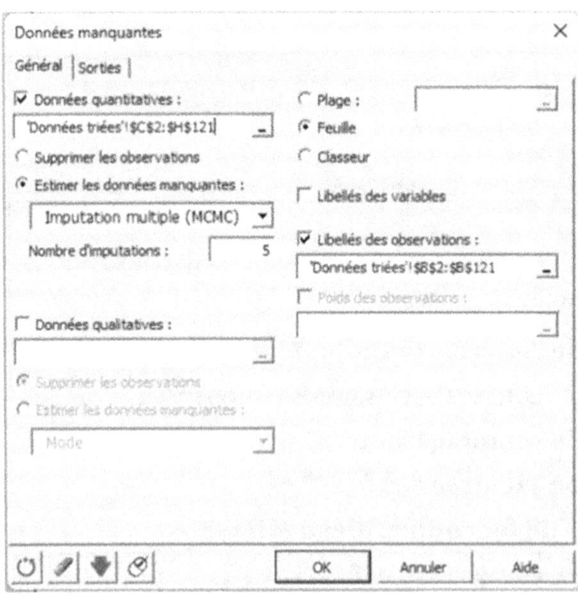

Statistiques descriptives :

Variable	Observations	Obs. avec données manquantes	Obs. sans données manquantes	Minimum	Maximum	Moyenne	Ecart-type
Eau non facturée %	120	0	120	5,000	70,000	36,849	12,406
taux de couverture eau potable %	120	0	120	11,000	100,000	65,256	26,620
Taux de couverture assainissement %	120	0	120	7,000	100,000	55,485	20,618
Heures de fourniture eau (H/J)	120	0	120	4,000	26,046	17,891	6,384
Taux de couverture coûts (E + M) %	120	0	120	8,000	100,153	73,695	21,474
Taux de comptage %	120	0	120	8,000	104,779	75,356	21,652

Il s'en est suivi des tests de normalité dont les résultats sont donnés ci-après sous forme d'histogrammes.

Statistiques descriptives pour les intervalles (Eau non facturée %) :

Borne inférieure	Borne supérieure	Effectif	Fréquence	Densité (Données)	Densité (Distribution)
0,000	13,125	4	0,033	0,003	0,026
13,125	26,250	21	0,175	0,013	0,169
26,250	39,375	42	0,350	0,027	0,384
39,375	52,500	41	0,342	0,026	0,316
52,500	65,625	10	0,083	0,006	0,093
65,625	78,750	2	0,017	0,001	0,010
78,750	91,875	0	0,000	0,000	0,000
91,875	105,000	0	0,000	0,000	0,000

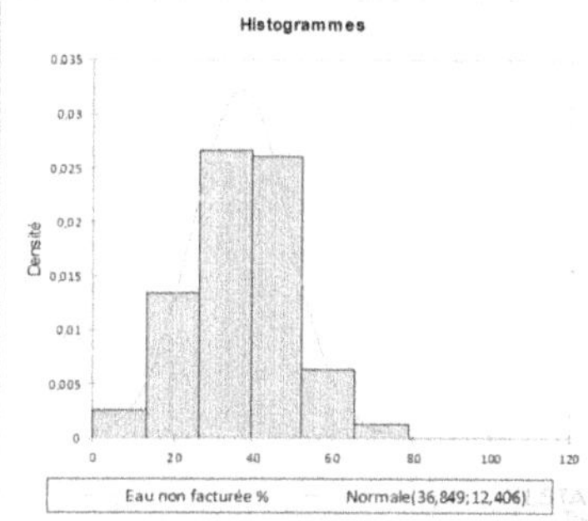

Statistiques descriptives pour les intervalles (taux de couverture eau potable %) :

Borne inférieure	Borne supérieure	Effectif	Fréquence	Densité (Données)	Densité (Distribution)
0,000	13,125	2	0,017	0,001	0,018
13,125	26,250	12	0,100	0,008	0,046
26,250	39,375	11	0,092	0,007	0,094
39,375	52,500	14	0,117	0,009	0,150
52,500	65,625	16	0,133	0,010	0,190
65,625	78,750	22	0,183	0,014	0,188
78,750	91,875	15	0,125	0,010	0,147
91,875	105,000	28	0,233	0,018	0,091

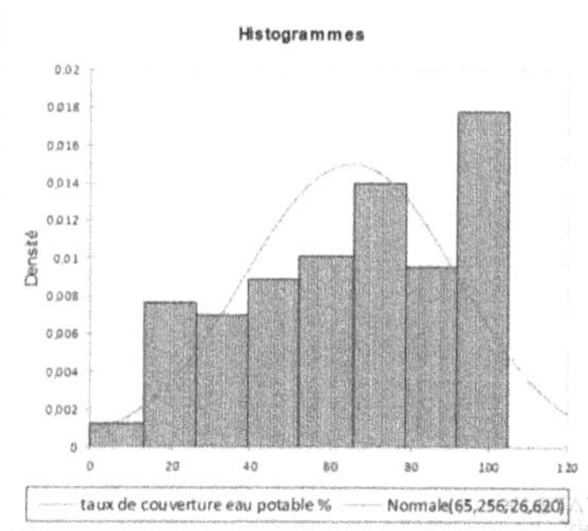

Statistiques descriptives pour les intervalles (Taux de couverture assainissement %) :

Borne inférieure	Borne supérieure	Effectif	Fréquence	Densité (Données)	Densité (Distribution)
0,000	13,125	7	0,058	0,004	0,016
13,125	26,250	5	0,042	0,003	0,058
26,250	39,375	8	0,067	0,005	0,139
39,375	52,500	31	0,258	0,020	0,225
52,500	65,625	27	0,225	0,017	0,246
65,625	78,750	29	0,242	0,018	0,182
78,750	91,875	11	0,092	0,007	0,091
91,875	105,000	2	0,017	0,001	0,031

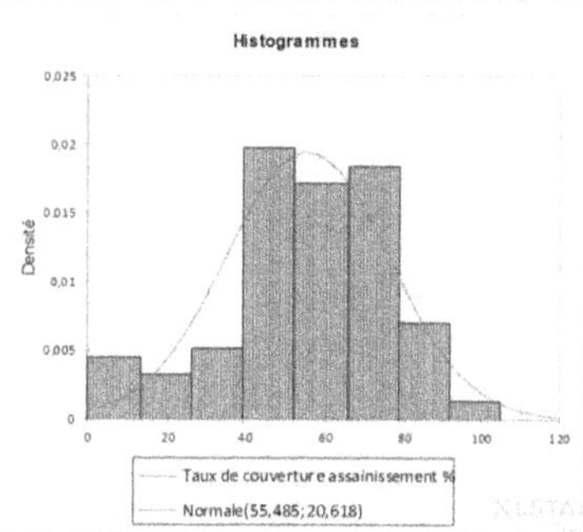

Statistiques descriptives pour les intervalles (Heures de fourniture eau (H/J)) :

Borne inférieure	Borne supérieure	Effectif	Fréquence	Densité (Données)	Densité (Distribution)
0,000	13,125	27	0,225	0,017	0,225
13,125	26,250	93	0,775	0,059	0,677
26,250	39,375	0	0,000	0,000	0,095
39,375	52,500	0	0,000	0,000	0,000
52,500	65,625	0	0,000	0,000	0,000
65,625	78,750	0	0,000	0,000	0,000
78,750	91,875	0	0,000	0,000	0,000
91,875	105,000	0	0,000	0,000	0,000

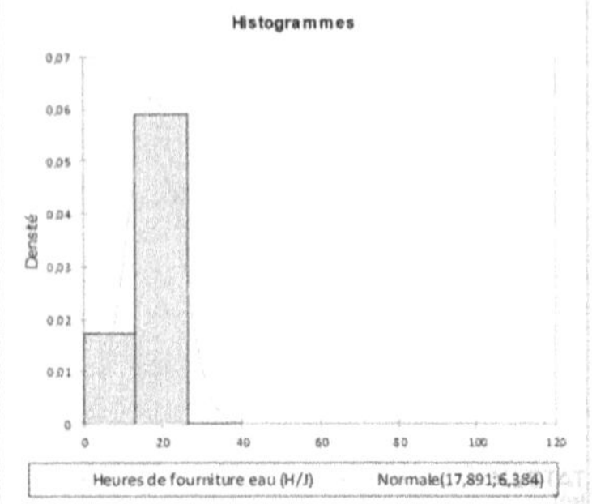

Statistiques descriptives pour les intervalles (Taux de couverture coûts (E + M) %) :

Borne inférieure	Borne supérieure	Effectif	Fréquence	Densité (Données)	Densité (Distribution)
0,000	13,125	1	0,008	0,001	0,002
13,125	26,250	5	0,042	0,003	0,011
26,250	39,375	1	0,008	0,001	0,041
39,375	52,500	10	0,083	0,006	0,107
52,500	65,625	21	0,175	0,013	0,192
65,625	78,750	32	0,267	0,020	0,240
78,750	91,875	21	0,175	0,013	0,208
91,875	105,000	29	0,242	0,018	0,126

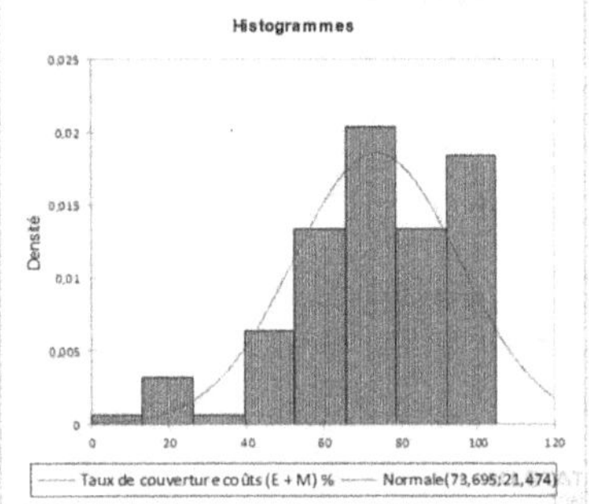

Statistiques descriptives pour les intervalles (Taux de comptage %) :

Borne inférieure	Borne supérieure	Effectif	Fréquence	Densité (Données)	Densité (Distribution)
0,000	13,125	1	0,008	0,001	0,002
13,125	26,250	5	0,042	0,003	0,010
26,250	39,375	1	0,008	0,001	0,037
39,375	52,500	8	0,067	0,005	0,097
52,500	65,625	18	0,150	0,011	0,181
65,625	78,750	30	0,250	0,019	0,236
78,750	91,875	23	0,192	0,015	0,215
91,875	105,000	34	0,283	0,022	0,137

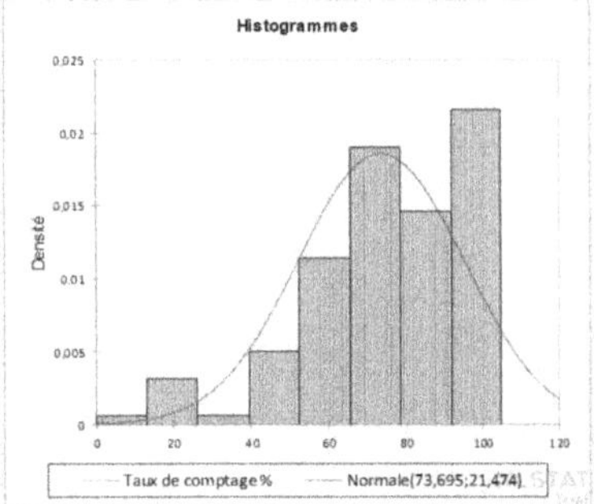

Cet échantillon de données du WSP évaluera les performances des entreprises inscrites, selon l'équation de régression finale et le nombre optimal de variables explicatives.

2.2 La disparité des méthodes de calcul

Il convient de souligner qu'en sus des diverses théories relatives aux concepts de performance et de benchmarking qui seront examinées, il existe une convergence sur l'indispensable nécessité d'établir des repères pour effectuer des COMPARAISONS. Cela implique que les variables quantitatives ou qualitatives conservent une place prépondérante dans ce processus.

Dans la majorité des cas de benchmarking, l'utilisation de données chiffrées accroît la fiabilité et la confiance dans l'établissement des repères comparatifs entre les Sociétés d'Économie Mixte (SEM), bien que les biais, comme mentionné précédemment, ne soient pas éliminés. Il est donc convenu que même si les éléments de comparaison sont accessibles, il est essentiel que les conditions d'application ou de calcul des indicateurs soient clairement définies.

La prise en compte du contexte s'avère particulièrement déterminante dans ce type d'exercice. À titre d'illustration, lorsque l'on compare le prix du mètre cube d'eau entre deux pays distincts, ces prix n'acquièrent un sens réel que s'ils sont appliqués selon différents types de facturation, notamment par tranches complémentaires ou en tant que prix mémoires ; néanmoins, une part inévitable de subjectivité persiste. Par ailleurs, établir un rapport entre les recettes globales et les volumes consommés afin d'obtenir un prix moyen par unité pourrait simplifier cette comparaison.

Le budget national alloué au secteur de l'eau au Burkina Faso (2 %) est plus élevé qu'en Côte d'Ivoire (1 %), et la Côte d'Ivoire a mis en place un fonds tampon pour couvrir une partie des investissements, ce qui n'est pas le cas au Burkina Faso. Cela indique encore une fois que l'organisation institutionnelle ainsi que plusieurs autres déterminants doivent être considérés lors de telles comparaisons.

Ces quelques exemples illustrant des sociétés situées dans des pays différents mettent en lumière un biais potentiel qui pourrait diverger si l'on se risquait à comparer deux sociétés opérant au sein d'un même pays ou encore entre des pays développés et ceux en développement. Il est supposé que les biais liés au benchmarking augmentent suivant une échelle allant d'une localisation au sein d'un même pays vers celle reliant différents continents.

Partant de cette réflexion, les performances évaluées par des structures telles que les agences chargées du suivi des sociétés au sein d'un même pays bénéficieraient d'une plus grande fiabilité si elles demeurent concentrées sur la comparaison entre ces sociétés nationales. C'est notamment le cas pour le WASREB au Kenya, l'OSEA en France ou encore l'OFWAT pour les SEM situées respectivement en Angleterre.

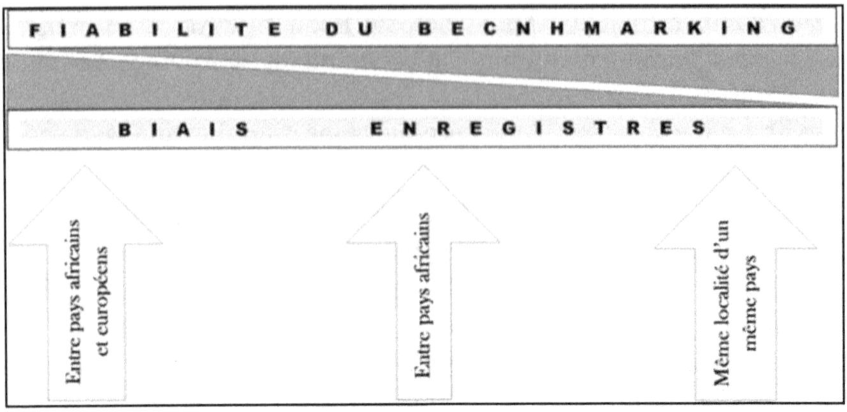

Schéma 4 : Fiabilité et Biais de Benchmarking inversement proportionnels

Source : Auteur, réflexion autour du benchmarking

À côté de cet éventail d'agences, des organismes tels que le JMP, le WSP ou le GWOPA fournissent des mesures de performance qui dépassent le cadre interne des États. Les données présentes dans leurs diverses bases de données révèlent parfois des disparités dont l'explication réside dans les méthodes de calcul employées ou dans la qualité des données brutes collectées.

Un aspect supplémentaire à considérer concernant ces divergences dans les mesures de performance, selon la position de l'entité qui les fournit, est la démarche consistant en un benchmarking spécifique, comme cela a été réalisé par Mme L. S. Guerrin en France. Son objectif était d'élaborer un cadre d'évaluation des performances des systèmes d'eau et d'assainissement (SEA) en intégrant une vision englobant également d'autres domaines tels que l'environnement. Cette particularité met en lumière la difficulté à établir une comparaison fiable entre une entreprise dont la performance est évaluée sur cette base en France et une autre située au Kenya.

Face à ces nombreuses réserves, dont la prise en compte pourrait remettre en question certains acquis dans les référentiels et méthodologies utilisés jusqu'à présent, il est impératif que les experts du domaine se penchent plus attentivement sur ce processus de benchmarking. Une attitude de suffisance est actuellement observée, pour ne pas dire complicité, motivée par la crainte de « transgresser » un équilibre établi et le risque d'un rejet systématique de nouvelles propositions correctives.

C'est dans cette perspective que cette thèse soutient qu'il est nécessaire d'introduire de nouvelles approches pour le calcul des performances des SEA afin de créer des bases comparatives fiables. Cette initiative est justifiable et permettra d'établir les fondements d'une méthode contextualisée pour le benchmarking, visant à minimiser les biais mentionnés.

Il convient également d'effectuer des recoupements judicieux sur les différentes statistiques issues des bases de données variées (WSP, JMP, GLAAS, GWOPA et autres), bien que la tendance actuelle soit souvent d'ignorer les différences dans les orientations comparatives qui ne sont pas uniformes pour tous. Il revient alors à la communauté professionnelle de proposer un cadre pour le calcul de ces performances en fonction des objectifs visés.

Néanmoins, cette situation ne doit pas remettre en cause l'ensemble du travail accompli par les experts pour fournir aux utilisateurs et intervenants du secteur des indicateurs pertinents. Il ne s'agit pas non plus de procéder à une remise en question radicale qui nuirait aux avancées réalisées grâce aux satisfactions générées par cet ordre préétabli. Ce sera plutôt une nouvelle manière de redéfinir les fondements du benchmarking sous son aspect relatif au calcul des performances.

3. La régression

3.1 Généralités

Une régression repose sur le postulat qu'une variable dépendante est influencée par une ou plusieurs variables indépendantes. En présumant l'existence d'une relation causale entre ces deux types de variables, il s'ensuit que la valeur de la variable indépendante impacte celle de la variable dépendante.

Deux scénarios expérimentaux se présentent fréquemment dans le cadre d'une analyse de régression :

• Une validation du modèle, c'est-à-dire une vérification de l'exactitude de la relation Y = f(x) ;

• Une estimation des paramètres qui conditionnent la fonction f, sous l'hypothèse que le modèle est valide.

Dans cette perspective, la modélisation implique plusieurs phases rigoureuses de vérification et d'analyse des données afin d'établir avec précision des équations susceptibles de décrire les phénomènes observés ou même de prédire des valeurs futures. Il est impératif d'adopter certaines précautions pour éviter d'obtenir des résultats non plausibles par rapport à une réalité empirique. Par exemple, en prenant un cas extrême, compte tenu de l'évolution démographique mondiale au cours des dix dernières années, il serait illogique de tenter de prédire la population mondiale pour l'an 3500… Quel en serait l'intérêt ?

Dans le contexte spécifique du calcul des performances des entreprises opérant dans les secteurs de l'eau et de l'assainissement, tant les variables explicatives que la variable expliquée sont quantitatives, ce qui suggère a priori une orientation vers une régression linéaire, comme illustré dans le tableau suivant :

Modélisation	**X_i quantitatives**	**X_i qualitatives**	**X_i quantitatives et qualitatives**
Y quantitative	Linéaire	Analyse de la variance	*Analyse de la covariance*
Y qualitative	Logistique	Régression quali-quali	*Logistique*

D'une manière générale, lorsque Y et les Xi sont quantitatives, le modèle le plus simple, le plus connu et le plus étudié est nommé **régression linéaire**, en anglais « linear regression ». Et si Y est qualitative, le modèle est nommé **régression logistique**, «logistic regression» en anglais, encore que cette régression logistique puisse être multinomiale, polytonique, ordinale, nominale (pour ce dernier cas, le plus simple est la régression logistique binaire ou Y n'a que deux modalités) ...

D'une manière particulière, il n'y aurait pas encore de terme réservé pour désigner l'étude de Y qualitative en fonction de Xi qualitatives, dont le cas le plus simple est l'analyse de tri croisé (via un test du Khi2 d'indépendance), même si on peut effectuer des **régressions logistiques qualitatives ; c**ela tient sans doute au fait que les calculs utilisés sont fort différents de toutes les autres régressions.

Toutes les manipulations de régression faites autour des données sur la base d'une reconnaissance scientifique doivent permettre la production de modèles valides et robustes en gardant à l'esprit que :

- **La dispersion des observations par le biais d'une représentation graphique permet d'avoir une idée sur les données, avant d'entamer des manipulations ;**

- **La comparaison visuelle, à travers une représentation graphique des résultats de mesure et courbes de régression,**

demeure le levier consubstantiel pour vérifier la validité d'une régression linéaire, avec :

- **Un plus de proximité des points à la courbe, même s'il est parfois délicat d'en juger bien à cause des erreurs aléatoires ;**
- **Une absence de cambrure nette dans l'écart des points à la courbe ;**

- **La représentation graphique est la rare façon valable de conclure à la validité d'une régression.**

Le recours aux types de représentations Q-Q plot et P-P plot seront d'une grande utilité sur le processus de validation des modèles, tout comme les vérifications, à postériori, d'hétéroscédasticité ou d'homoscédasticité sur les erreurs ou résidus sera d'une grande utilité

Le choix de s'orienter vers un type de régression s'avère très décisif à l'entame puisque pouvant aider à éviter des allers et retours non productifs même s'il est accepté de procéder par itération pour mieux ajuster un modèle.

Cette résolution de cette question est incontournable même devant le cas le plus simple ou on ne dispose d'une variable **X** explicative d'une variable dépendante **Y**. Il faudrait procéder à un sommaire calcul pour trouver la valeur du coefficient de corrélation **R** dont la valeur la plus grande oriente vers un type de régression, comme indiqué dans le tableau qui suit :

COEFFICIENT DE CORRÉLATION	RELATION (x, y)	TYPE DE RÉGRESSION
R (xi; yi)	$y = \mathbf{ax + b}$	Ajustement linéaire
R (xi; Yi)	$y = b * e^{ax}$	Ajustement exponentiel
R (Xi; Yi)	$y = b * x^{a}$	Ajustement puissance
R (Xi; yi)	$y = a * ln\,(x) + b$	Ajustement logarithmique

Pour y arriver il faudrait, en disposant déjà des **xi** et des **yi** comme données de base, poser $Xi = lnxi$ et $Yi = lnyi$ et de rechercher le coefficient R. En procédant par comparaison des différentes valeurs que prend R, il faut s'orienter vers l'ajustement correspondant au R le plus élevé, avec R compris entre -1 et 1 ($-1 \leq R \geq 1$).

En effet, ce coefficient élevé au carré est compris entre 0 et 1, et croît avec l'adéquation de la régression au modèle. La valeur de la mesure R^2 ajusté est toujours inférieure ou égale à la valeur de R^2. Aussi, la valeur du R^2 ajusté égale à **1** indique un modèle qui prévoit parfaitement les valeurs du champ cible. Une valeur inférieure ou égale à **0** indique un modèle qui n'a pas de valeur prédictive ; logiquement, la valeur R^2 ajustée se situe entre ces valeurs ($0 \leq R^2$ ajusté ≥ 1).

En réalité il n'y a pas de sens inversés les différentes relations (x, y) qui sont indiquées dans le tableau ci-dessus mais des différences sur les formes de présentation dues à des transformations pour avoir l'ajustement le plus adapté.

L'idée est de toujours arriver à disposer d'une forme affine **y=ax+b** comme démontrer ci-après :

- **Pour un justement exponentiel**

$\boldsymbol{y = b * e^{ax}}$ **Alors** $\mathbf{ln}(\boldsymbol{y}) = \mathbf{ln}(\boldsymbol{b} * \boldsymbol{e^{ax}})$ **ou** $\mathbf{ln}(\boldsymbol{y}) = \mathbf{ln(b)} + \mathbf{ln}\, \boldsymbol{e^{ax}}$ **ou** $\mathbf{ln}(\boldsymbol{y}) = \boldsymbol{ln(b) + ax}$

En posant $\boldsymbol{Y} = \ln(\boldsymbol{y})$ et $\boldsymbol{B} = \ln(\boldsymbol{b})$, on retrouve une équation $\boldsymbol{Y} = \mathbf{ax + B}$

- **Pour un ajustement Puissance**

$\boldsymbol{y = b * x^a}$ Alors $\ln(\boldsymbol{y}) = \boldsymbol{ln(b} * x^a)$ ou $\ln(\boldsymbol{y}) = \boldsymbol{ln(b)} + \boldsymbol{ln}(x^a)$ ou $ln\boldsymbol{y} = \boldsymbol{a} * \boldsymbol{ln(x)} + \boldsymbol{ln(b)}$

En posant $\boldsymbol{Y} = ln\boldsymbol{y}$ $\boldsymbol{B} = ln\boldsymbol{b}$ et $\boldsymbol{X} = ln\boldsymbol{x}$, on retrouve une équation $\boldsymbol{Y} = \mathbf{aX + B}$

- **Pour un ajustement Logarithmique**

$$\boldsymbol{y = a * ln\,(x) + b}$$

En posant $\boldsymbol{X} = ln\boldsymbol{x}$ on obtient $\boldsymbol{y} = \mathbf{aX + b}$

Par la suite il sera nécessaire de procéder au calcul, sur toutes les lignes, des éléments qui suivent :

Xi^2	Yi^2	Moyenne X	Moyennes-Y	Écart type (X)	Covariance (X ; Y)	a = Covariance (X ; Y) /Écart type (X)

3.2 La régression linéaire

En rappel, dans bon nombre de cas, la modélisation sert à peaufiner ces systèmes de régression de la performance notée classiquement Y, en fonction de plusieurs autres variables indicatrices notés X. À ce propos du jargon utilisé, il y a d'autres terminologies qui parlent de variables régresseurs et de variable régressée ou encore de variables indépendantes et de variable dépendante, respectivement pour les X et pour le Y.

Cette indépendance est indispensable pour que les modèles théoriques prédisent au mieux les grandeurs physiques X et Y qui soient reliées par une loi s'écrivant mathématiquement sous la forme Y = f(x) avec f est une fonction quelconque connue (***Réponse = (constante + prédicteurs) + erreur*** ou ***Réponse = Déterministe + Stochastique***).

Équation type :

$$Y_i = \beta_0 + \beta_1 x_{1i} + \cdots \ldots + \beta_k x_{ki} + \varepsilon_i$$

Avec :

- ***Yi*** **est la valeur observée pour la variable dépendante pour l'observation i ;**
- X_{ij} **est la valeur prise par la variable j pour l'observation i ;**
- $\mathcal{E}$ **est l'erreur du modèle.**

3.3 La régression non linéaire

En dehors de l'ajustement linéaire, les autres sont relatifs à des modèles de régression non linéaires qui font appel à une spécifique méthode d'estimation.

- **Un modèle peut être non linéaire sur les variables comme sur les paramètres. Si ses paramètres sont non linéaires et que les variables explicatives sont linéaires, on dit du modèle qu'il est intrinsèquement non-linéaires puisque la linéarisation présente des difficultés ; l'on a souvent recouru à certains algorithmes, notamment celui de Gauss-Newton pour trouver une solution. Cependant, pour un modèle intrinsèquement linéaire, il est possible de procéder à une linéarisation par certaines transformations logarithmiques puisque tous les paramètres sont linéaires, même si les variables explicatives sont non linéaires.**
- **Pour ce qui est des méthodes d'estimation, notons ce qui suit :**
  - **Pour les modèles intrinsèquement linéaires, l'on peut appliquer les MCO sur les formes linéaires obtenues après transformation ;**
  - **Pour les modèles intrinsèquement non linéaires, l'on recourt à des méthodes générales de régression non linéaire qui nécessitent des procédures numériques itératives (l'algorithme de Gauss-Newton, celui de Newton-Raphson, l'algorithme de Marquard, etc.).**

À titre illustratif, il existe différents types de modèles non linéaires et les possibilités de leur linéarisation.

Types des modèles non linéaires	Caractéristiques
Modèles log-log ou double log	Présence de logarithme dans les deux membres de l'équation (modèle). Exemple : Fonction de production Cobb-Douglas.
Modèles semi-log	Présence de logarithme dans un seul membre de l'équation si bien qu'un membre reste linéaire et un autre pris en logarithme : soit à gauche (modèle log-lin) ou à droite (modèle lin-log).
Modèles réciproque	Présence des termes (variables) en forme inverse ou réciproque dans le modèle. Exemple : relation inverse inflation et chômage.
Modèles log-inverse ou log-hyperbole ou log-réciproque	C'est des modèles à la fois réciproque et semi-log où la variable dépendante est prise en logarithme et une ou plusieurs variables explicatives sont prises en forme inverse.
Modèles polynomiaux	Présence d'une seule variable explicative dans le membre de droite qui figure avec des puissances différentes.

Encadré 3 : Types de modèles non linéaires

4. Méthodologie

4.1 Processus global

L'exercice de modélisation par régression présentée dans cet ouvrage repose sur deux sources de données, à savoir les données brutes du Programme Eau et Assainissement (WSP) de la Banque mondiale et celles fournies par le « Water Services Regulatory Board » (WASREB). Ces deux échantillons présentent un nombre significatif de données manquantes, bien que des améliorations soient notées concernant les données du WASREB, où les performances sont évaluées selon un système spécifique à cette agence régulatrice au Kenya.

Bien qu'il existe une multitude d'outils statistiques, pour cet exercice particulier, seul Excel est utilisé via les manipulations d'Xlstat d'une part et l'outil d'analyse intégré à Excel d'autre part, qui simplifie les analyses et permet des manipulations complexes. Il suffit d'introduire dans cet outil les données et paramètres requis lors de chaque analyse, après activation des fonctions macro-appropriées, pour calculer et présenter les résultats sous forme de tableau accompagné éventuellement de graphiques.

L'utilisation conjointe des deux outils faciliterait la comparaison de leur efficacité et cohérence vis-à-vis des meilleurs modèles générés à partir d'une rigueur mathématique stricte à l'issue de chaque processus. Cette rigueur va au-delà des coïncidences observées pour tenter d'expliquer les logiques scientifiques sous-jacentes à ces dernières.

L'objectif principal consiste à attribuer des performances aux entreprises figurant dans la base du WSP par le biais d'une régression utilisant une formule plus générale, applicable non seulement à un pays donné mais également sur le continent africain dans son ensemble. Pour ce faire, après avoir préparé les données en s'efforçant d'obtenir le maximum d'indicateurs communs entre les deux échantillons tout en minimisant ceux présentant des valeurs manquantes, les performances du WASREB seront régressées et modélisées.

Cela aboutira à une formule (équation) permettant de calculer les performances de chacune des entreprises présentes dans l'échantillon WSP. Il convient toutefois de noter qu'une préférence a déjà été exprimée pour l'équation de régression élaborée grâce aux données du WASREB, jugées plus complètes par rapport aux autres disponibles. Ce choix témoigne sans doute du souhait de rester dans un cadre économique et social similaire ainsi que dans un contexte comportemental comparable pour les usagers soumis aux mêmes conditions de vie au sein d'un même pays ou sur le continent.

Quoi qu'il en soit, cela annonce un travail considérable impliquant un traitement minutieux des données brutes avec une série continue de tris et l'utilisation de la fonction « données manquantes » afin de maintenir deux échantillons complets issus respectivement du WSP et du WASREB. Cependant, il est empiriquement rare que des sociétés soient engagées simultanément dans la fourniture d'eau potable et celle liée à l'assainissement ; il serait donc illogique de conserver la variable « taux de couverture en assainissement » au détriment d'autres variables pertinentes uniquement liées à l'eau potable.

À ce sujet, pour des raisons pédagogiques, cette variable relative à l'assainissement serait maintenue délibérément afin d'évaluer sa pertinence éventuelle ainsi que sa contribution potentielle dans l'équation finale, sauf si elle venait à être éliminée lors du processus analytique. Le processus sera itératif (démarche pas à pas) ; nous serons constamment en quête du meilleur compromis entre explicativité du modèle et nombre variable d'une part, ainsi que le choix formel le plus simple possible pour l'équation d'autre part. Cette itération impose une révision systématique de la régression chaque fois qu'il y a modification du nombre de variables car tous les facteurs constituants devraient alors être mis à jour immédiatement.

Ce compromis évoqué prend tout son sens lorsqu'on considère le nombre adéquat de variables en relation avec l'évolution du coefficient déterminant multiple R^2 mentionné précédemment. L'augmentation du nombre de variables à la suite des divers tests validant la colinéarité – linéarité – normalité – etc., aura toujours tendance à accroître le taux explicatif concernant la variable dépendante (performances) par rapport aux variables indépendantes.

Inversement, dépasser un certain seuil quantitatif pourrait entraîner un ajustement excessif ; il devient dès lors pertinent d'envisager le recours au calcul d'un indice parcimonieux. Néanmoins, il est impératif de ne jamais s'éloigner de l'objectivité recherchée lors des décisions relatives à l'inclusion ou exclusion des variables au sein d'un modèle analytique. Pour se prémunir contre cela, il convient de trouver un équilibre entre intuition, déduction et synthèse.

Il s'agit véritablement ici d'objectivité entendue comme impartialité particulièrement nécessaire lorsque :

- **On souhaite rendre l'équation utile pour fins prédictives : il est préférable que le modèle intègre autant que possible diverses variables explicatives afin de maximiser son pouvoir explicatif ;**
- **On tient compte du coût élevé associé collecter informations nécessaires relatives nombreuses variables explicatives : idéalement on rechercherait alors un modèle comportant un minimum variabilité explicative.**

Tout ceci ne saurait se réduire strictement aux mathématiques malgré ce que certains pourraient penser ; bien que l'efficacité méthodologique associée aux méthodes régressives soit indiscutablement reconnue, il est conseillé de demeurer vigilant face résultats générés par manipulation de logiciels. Cela justifie, une fois de plus, le choix délibéré d'adopter une approche consistant à travailler simultanément avec utilitaires Excel, ainsi qu'avec module Xlstat spécialisé calculs tests statistiques.

Le point de départ pris avec six (6) variables est dicté par la disponibilité de variables obtenues à la suite des différents tests déjà indiqués et le besoin de garantir la présence significative de ces mêmes variables dans le second échantillon du WSP dont on se propose de trouver les performances non attribuées. Partant de cela, il est loisible d'opter pour une méthode « pas à pas » ascendante ou descendante qui sera retenue dans cet exercice. À ce propos, il est aussi possible d'user de la méthode Stepwise[11] qui allie les deux déjà citées tout comme la Stagewise qui épouse le même principe.

Aussi, avec le truchement de cette orientation de procéder « pas à pas » en sens descendant, avec deux outils en parallèle, naturellement, plusieurs modèles seront produits et pourraient amener à faire des choix difficiles, finalement. Face à ce prévisible imbroglio, il serait nécessaire d'être vigilant sur les valeurs ajustées du coefficient de détermination R^2 qui pourrait servir de critère d'arbitrage. D'autres tests de F partiel, d'AIC[12] ou de BIC[13] pourraient aussi entrer dans ce processus de validation d'un choix de modèle.

Remarque importante :

Pour des raisons de confidentialité, les noms d'observations qui sont en réalité des noms de villes où opèrent les sociétés sont remplacés par « **obsea** » qui est un abrégé de « **observation de société d'eau et/ou d'assainissement** ».

4.2 Régression des performances

4.2.1 Ajustement par variable

En considération de l'échantillon retenu du WASREB comment les variables prises ex nihilo peuvent expliquer la performance, par quelle équation ?

Il faudrait, suivant le principe annoncé au plus haut sur les transformations possibles, trouver d'abord les coefficients de corrélation dont la valeur la plus grande parmi les quatre (4) qui seront obtenus va guider le choix du type de relation (x, y) ou type d'ajustement. De nouvelles performances calculées avec l'équation d'ajustement seront gardées en mémoire et tenter d'obtenir une moyenne harmonique qui

---

[11] À chaque étape, le programme saisit la variable indépendante exclue de l'équation ayant la plus petite probabilité de F, si cette probabilité est suffisamment faible. Les variables déjà comprises dans l'équation de régression sont éliminées si leur probabilité de F devient trop grande. Le processus s'arrête lorsqu'aucune variable ne peut plus être introduite ou supprimée.

[12] Le Akaike Information Criterion est un critère de vraisemblance pénalisée. Ce critère a tendance à surestimer le nombre de composants.

[13] Le Bayesian Information Criterion est un critère de vraisemblance pénalisée. Il s'agit du critère couramment utilisé dans les modèles de mélange.

sera utilisée par la suite ; ceci est une astuce pour mieux rapprocher les explicativité de la performance moyenne par chaque variable.

Les résultats de calcul des coefficients R de ces performances sont déclinés ainsi qu'il suit :

- **Pour le Taux de comptage**

Moyenne x	Moyenne y	Covariance (x;y)
53,101	61,546	397,9887893

variance (x)	variance (y)	r
721,8103881	885,1974299	0,498

Ecat type (x)	Ecat type (y)
26,86652914	29,75226764

Coeff de corrélation	R(xi;yi)	0,474	Ajustement linéaire	Est le plus grand R
Coeff de corrélation	R(xi;lnyi)	0,460	Ajustement exponentiel	
Coeff de corrélation	R(lnxi;lnyi)	0,308	Ajustement puissance	
Coeff de corrélation	R(lnxi;yi)	0,346	Ajustement logarithmique	

Fonction Linéaire y=ax+b

Fonction Exponentielle y=b.e^ax

Fonction Puissance y=b.x^a

Fonction Logarithmique y=a.ln(x)+b

y = b x m^x	b	m_1	**1,0097052**	31,9103759	Confirmé
	se_b	se_1	0,00208362	0,12439534	
Pente m	R^2	se_y	0,2117227	0,51483714	
31,91037588	F	d_f	21,4871286	80	
	ss_{reg}	ss_{resid}	5,69531999	21,2045829	

Fonction Exponentielle
y=b*e^ax

$$y = 31,91e^{0,0097x}$$

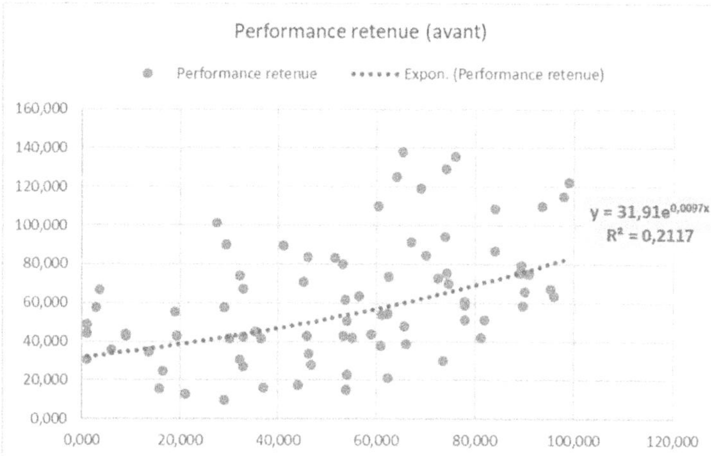

- **Pour le Taux de couverture coût (m+e)**

Moyenne x	Moyenne y	Covariance (x;y)
68,570	61,546	692,8128085

variance (x)	variance (y)	r
1390,264007	885,1974299	0,625

Ecat type (x)	Ecat type (y)
37,2862442	29,75226764

Coeff de corrélation	R(xi;yi)	0,603	Ajustement linéaire	Est le plus grand R
Coeff de corrélation	R(xi;lnyi)	0,547	Ajustement exponentiel	
Coeff de corrélation	R(lnxi;lnyi)	0,518	Ajustement puissance	
Coeff de corrélation	R(lnxi;yi)	0,525	Ajustement logarithmique	

Fonction Linéaire y=ax+b

Fonction Exponentielle y=b.e^ax

Fonction Puissance y=b.x^a

Fonction Logarithmique y=a.ln(x)+b

b	m_1	**1,0084334**	29,9628786	Confirmé
se_b	se_1	0,00143575	0,11209077	
R^2	se_y	0,29955685	0,48530728	
F	d_f	34,2134098	80	
ss_{reg}	ss_{resid}	8,05805029	18,8418526	

Fonction Exponentielle y=b*e^ax
$y = 29{,}963e^{0{,}0084x}$

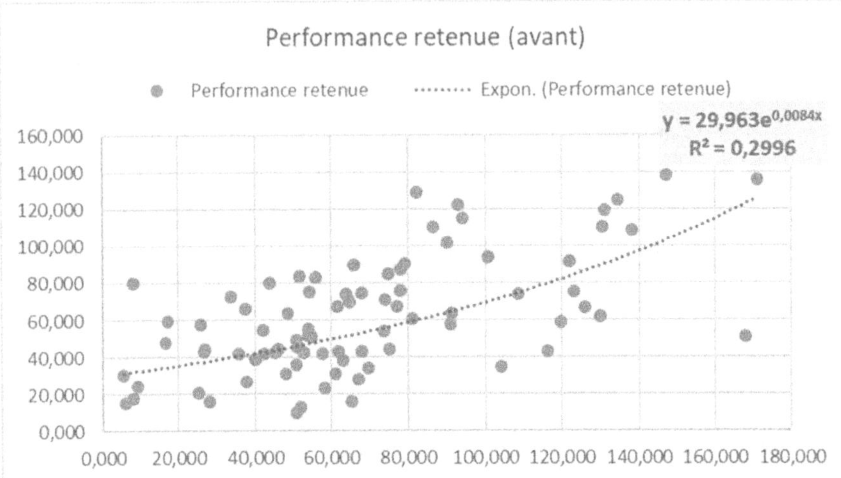

- **Pour l'heure de fourniture**

Moyenne x	Moyenne y		Covariance (x;y)
13,237	61,546		126,5164269
variance (x)	variance (y)		r
36,09370177	885,1974299		0,708
Ecat type (x)	Ecat type (y)		
6,007803407	29,75226764		

b	m_1	**1,0680256**	22,302187	Confirmé
se_b	se_1	0,00763011	0,11101815	
R^2	se_y	0,48184904	0,41740584	
F	d_f	74,3951583	80	
ss_{reg}	ss_{resid}	12,9616923	13,9382106	

Fonction Exponentielle
y=b*e^ax

$y = 22{,}302e^{0{,}0658x}$

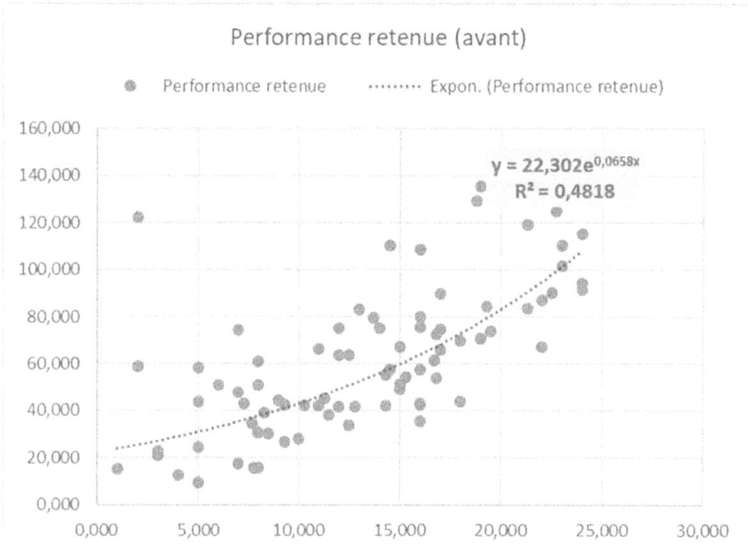

- **Pour le Taux de couverture eau potable**

Moyenne x	Moyenne y	Covariance (x;y)
36,994	61,546	424,2033437

variance (x)	variance (y)	r
399,1608925	885,1974299	0,714

Ecat type (x)	Ecat type (y)
19,9790113	29,75226764

b	m_1	**1,0177941**	27,7523781	Confirmé
se_b	se_1	0,00244799	0,10338335	
R^2	se_y	0,39353171	0,4515797	
F	d_f	51,911267	80	
ss_{reg}	ss_{resid}	10,5859649	16,313938	

Fonction Exponentielle y=b*e^ax
$y = 27{,}752e^{0{,}0176x}$

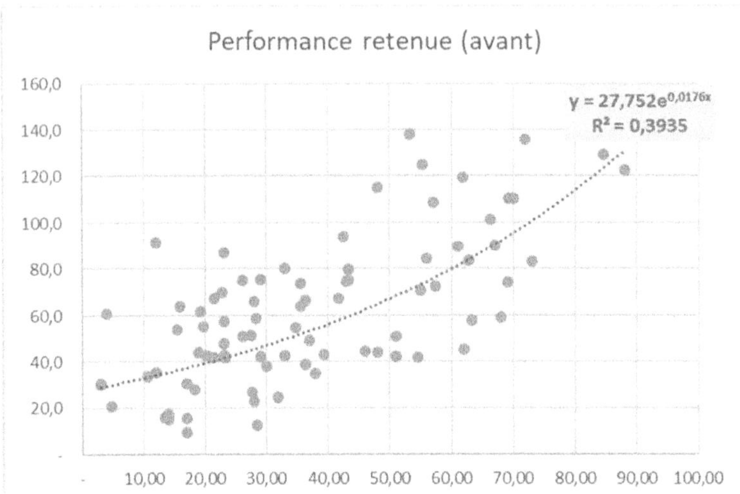

- **Pour le Taux de couverture assainissement**

Moyenne x	Moyenne y	Covariance (x;y)
52,172	61,546	276,1028163

variance (x)	variance (y)	r
661,5632565	885,1974299	0,361

Ecat type (x)	Ecat type (y)
25,720872	29,75226764

b	m_1	**1,0081818**	34,8370847	Confirmé
se_b	se_1	0,00228595	0,13327444	
R^2	se_y	0,13706114	0,53866701	
F	d_f	12,7064521	80	
ss_{reg}	ss_{resid}	3,68693138	23,2129715	

Fonction Exponentielle
y=b*e^ax

$y = 34{,}837e^{0{,}0081x}$

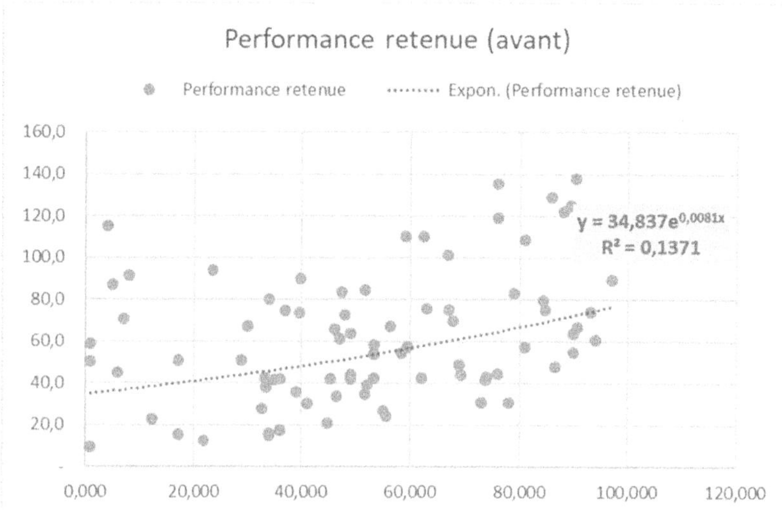

- **Pour l'Eau non facturée**

Moyenne x	Moyenne y	Covariance (x;y)
45,059	61,546	82,99747775

variance (x)	variance (y)	r
311,3138247	885,1974299	0,158

Ecat type (x)	Ecat type (y)
17,64408753	29,75226764

b	m_1	**1,0084724**	36,4397337	Confirmé
se_b	se_1	0,00347143	0,16818167	
R^2	se_y	0,06875525	0,55958012	
F	d_f	5,90652473	80	
ss_{reg}	ss_{resid}	1,84950959	25,0503933	

Fonction Exponentielle y=b*e^ax
$y = 36,44e^{0,0084x}$

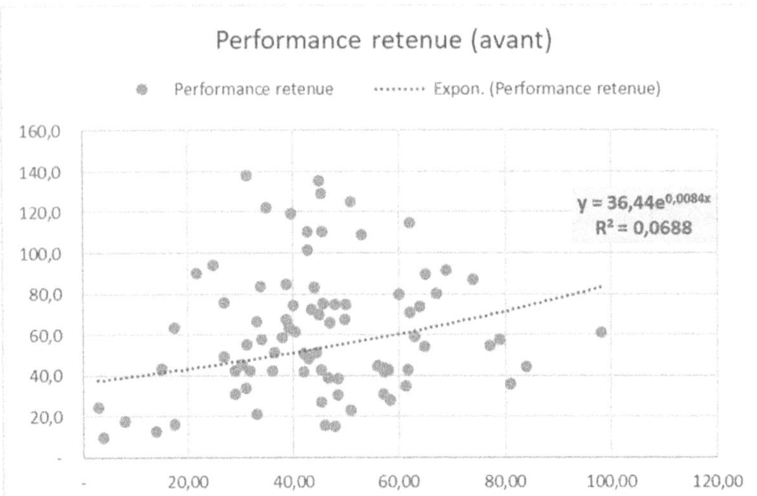

4.2.2 Synthèse équations de performances régressées par variables

	Equation
Eau non facturée	$y = 36,44e^{0,0084x}$
Taux de couverture eau potable	$y = 27,752e^{0,0176x}$
Taux de couverture assainissement	$y = 34,837e^{0,0081x}$
Heures de fourniture	$y = 22,302e^{0,0658x}$
Taux de couverture coûts(E+M)	$y = 29,963e^{0,0084x}$
Taux de comptage	$y = 31,91e^{0,0097x}$

	Performance calculée (eau non facturée)	Performance calculée (taux de couverture eau potablee)	Performance calculée (Taux de couverture assainissement)	Performance calculée (Heures de fourniture eau)	Performance calculée (Taux de couverture coûts (E + M))	Performance calculée (Taux de comptage)	Performance moyenne (harmonique)
Obsea1	53,63	23,62	39,98	37,75	51,85	37,16	37,81
Obsea2	47,28	44,75	50,77	50,76	53,71	49,90	49,36
Obsea3	46,49	5,50	51,81	45,99	46,76	43,82	20,80
Obsea4	48,49	4,13	56,41	57,90	37,24	32,85	16,90
Obsea5	38,97	30,56	46,63	35,35	32,04	48,90	37,55
Obsea6	55,93	4,94	71,81	99,32	92,57	59,37	22,07
Obsea7	53,31	2,82	69,80	76,84	59,66	65,41	13,85
Obsea8	70,76	15,82	67,14	63,91	64,35	42,28	40,79
Obsea9	51,86	13,45	35,12	33,10	122,86	53,88	33,51
Obsea10	65,06	37,49	37,17	108,19	83,48	61,12	56,32
Obsea11	53,49	6,84	69,18	56,03	47,28	65,60	25,68
Obsea12	71,96	37,49	47,78	63,91	45,98	33,82	46,71
Obsea13	53,18	16,00	60,33	72,90	51,63	65,73	41,05
Obsea14	50,69	25,60	72,22	50,76	64,40	55,20	47,63
Obsea15	62,38	8,90	47,97	80,46	74,53	58,51	31,22
Obsea16	53,18	3,48	64,48	77,86	126,00	66,69	16,80
Obsea17	51,86	15,55	63,34	51,78	40,47	45,47	36,28
Obsea18	59,46	21,42	45,40	43,06	52,60	50,19	40,63
Obsea19	83,00	160,91	74,60	37,75	59,16	68,00	66,84
Obsea20	42,21	8,90	51,81	49,12	45,03	80,97	28,53
Obsea21	52,21	3,89	59,85	101,30	63,81	41,58	17,50
Obsea22	52,73	3,42	66,06	52,46	47,96	52,59	15,57
Obsea23	53,31	12,36	54,39	41,13	41,12	43,82	31,66
Obsea24	47,40	19,43	72,22	57,15	47,16	38,33	39,68
Obsea25	55,37	17,30	54,97	59,84	50,35	80,43	41,94
Obsea26	50,44	4,86	52,96	79,41	56,11	62,92	20,64
Obsea27	69,58	9,17	55,86	61,03	42,63	58,39	30,26
Obsea28	50,44	7,19	44,42	94,85	57,21	43,82	25,83
Obsea29	58,33	6,31	64,48	40,32	56,25	32,22	22,66
Obsea30	49,31	11,63	50,28	57,15	43,83	54,40	32,46
Obsea31	37,68	23,62	35,12	30,99	45,98	42,28	34,28
Obsea32	61,19	9,80	45,62	63,91	37,49	49,76	29,60
Obsea33	47,00	4,25	36,57	46,91	46,10	44,94	17,18
Obsea34	42,21	32,07	45,88	37,26	38,00	45,69	39,55
Obsea35	53,31	18,67	53,65	41,13	79,58	53,51	40,95
Obsea36	73,79	20,38	51,81	72,90	44,09	34,82	40,81
Obsea37	55,93	12,19	38,49	27,17	48,89	53,88	29,74
Obsea38	54,08	12,19	50,57	68,26	41,05	76,40	34,80
Obsea39	43,76	3,83	48,09	98,02	58,18	42,40	16,87
Obsea40	51,12	19,96	50,98	66,92	89,29	53,72	44,77
Obsea41	52,96	5,50	39,98	37,75	47,55	70,69	20,89
Obsea42	62,80	26,70	53,65	67,36	55,55	57,66	49,10
Obsea43	54,54	13,45	59,94	49,12	84,19	77,14	38,81
Obsea44	50,14	12,02	53,65	30,99	81,89	76,17	33,44
Obsea45	44,95	7,01	42,14	108,19	69,69	65,29	26,36
Obsea46	48,08	129,93	50,04	27,17	37,05	58,39	46,37
Obsea47	50,99	3,69	73,99	35,35	51,29	43,52	15,99
Obsea48	37,37	10,21	54,61	30,99	32,31	37,45	25,76
Obsea49	58,82	235,65	65,53	37,75	44,84	43,52	55,42
Obsea50	48,40	4,18	51,10	90,58	46,29	49,86	18,05
Obsea51	52,21	3,66	57,80	57,90	89,66	79,03	17,12
Obsea52	41,33	7,77	63,44	36,05	50,43	38,48	24,78
Obsea53	55,46	6,90	47,01	68,26	53,04	76,77	26,00

Obsea54	60,98	8,13	52,96	37,02	71,77	36,45	26,47
Obsea55	56,88	4,75	67,14	63,91	95,49	72,08	21,20
Obsea56	50,78	4,27	64,48	90,58	90,04	62,32	19,49
Obsea57	53,94	8,64	53,08	38,51	41,92	60,53	27,34
Obsea58	67,85	15,82	36,28	94,85	57,69	72,08	40,74
Obsea59	60,32	6,84	68,96	54,93	43,25	75,88	25,88
Obsea60	58,82	5,96	61,07	30,99	37,59	56,56	21,61
Obsea61	47,40	5,19	72,39	108,19	103,25	60,12	22,80
Obsea62	52,51	4,72	51,39	67,36	39,80	64,47	19,60
Obsea63	45,72	8,42	60,92	59,84	45,98	32,22	26,49
Obsea64	40,99	11,90	41,63	29,02	46,37	39,12	28,04
Obsea65	47,56	17,52	46,63	43,92	48,64	70,21	38,18
Obsea66	62,91	4,34	76,43	68,26	52,16	47,49	19,09
Obsea67	48,08	8,64	72,63	45,99	86,34	33,08	28,05
Obsea68	52,29	15,82	70,20	35,35	34,41	60,29	35,19
Obsea69	48,89	2,67	71,06	25,44	65,44	83,36	12,61
Obsea70	59,31	15,82	57,56	63,91	53,04	34,82	37,35
Obsea71	49,51	12,48	44,06	59,84	47,16	68,00	34,16
Obsea72	58,97	5,04	46,26	49,12	42,81	42,69	19,73
Obsea73	54,77	235,65	48,56	39,02	31,38	65,10	51,74
Obsea74	61,86	3,76	35,12	25,44	34,56	68,00	15,24
Obsea75	53,40	3,62	56,18	101,30	61,96	57,27	16,83
Obsea76	63,97	9,80	45,88	63,91	32,04	53,41	29,26
Obsea77	61,34	4,98	36,87	77,86	55,78	49,37	20,32
Obsea78	61,34	5,96	35,98	108,19	65,99	82,56	24,17
Obsea79	54,54	30,56	45,88	23,82	31,51	53,83	36,33
Obsea80	54,77	11,12	45,70	47,53	50,86	57,61	31,90
Obsea81	46,49	23,62	62,93	37,75	50,01	32,22	38,15
Obsea82	45,72	11,63	58,03	63,91	57,69	75,66	35,03

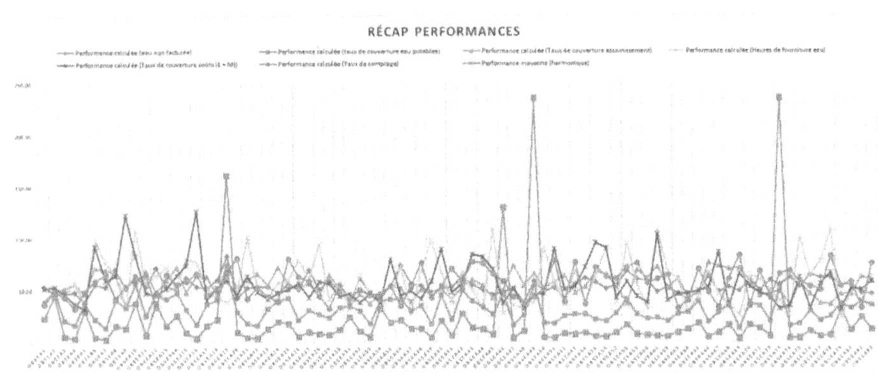

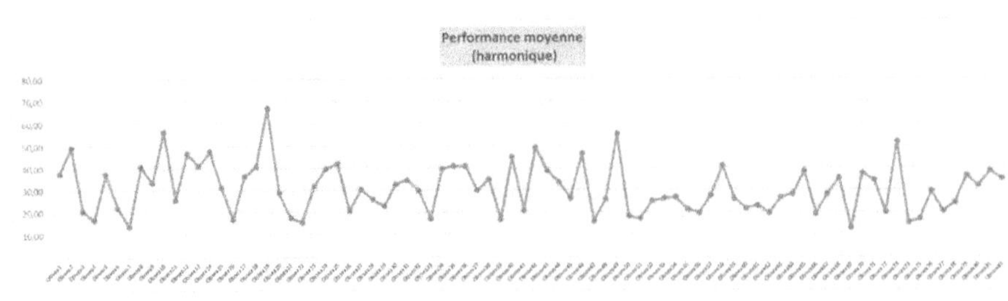

4.2.3 Nouvel échantillon de base (WASREB) à 6 variables

	Eau non facturée %	taux de couverture eau potable %	Taux de couverture assainissement %	Heures de fourniture eau (H/J)	Taux de couverture coûts (E + M) %	Taux de comptage %	Performance considérée
Obsea1	46,000	17,000	17,000	8,000	65,300	15,700	37,812
Obsea2	31,000	10,500	46,500	12,500	69,500	46,100	49,363
Obsea3	29,000	51,000	49,000	11,000	53,000	32,700	20,798
Obsea4	34,000	63,300	59,500	14,500	25,900	3,000	16,905
Obsea5	8,000	14,000	36,000	7,000	8,000	44,000	37,552
Obsea6	51,000	55,300	89,300	22,700	134,300	64,000	22,072
Obsea7	45,300	84,500	85,800	18,800	82,000	74,000	13,853
Obsea8	79,000	23,000	81,000	16,000	91,000	29,000	40,794
Obsea9	42,000	26,000	1,000	6,000	168,000	54,000	33,512
Obsea10	69,000	12,000	8,000	24,000	122,000	67,000	56,320
Obsea11	45,700	43,300	84,700	14,000	54,300	74,300	25,678
Obsea12	81,000	12,000	39,000	16,000	51,000	6,000	46,706
Obsea13	45,000	22,800	67,800	18,000	64,800	74,500	41,051
Obsea14	39,300	16,000	90,000	12,500	91,100	56,500	47,626
Obsea15	64,000	35,500	39,500	19,500	108,500	62,500	31,216
Obsea16	45,000	72,000	76,000	19,000	171,000	76,000	16,799
Obsea17	42,000	23,300	73,800	12,800	35,800	36,500	36,276
Obsea18	58,300	18,300	32,700	10,000	67,000	46,700	40,628
Obsea19	98,000	4,000	94,000	8,000	81,000	78,000	66,842
Obsea20	17,500	35,500	49,000	12,000	48,500	96,000	28,530
Obsea21	42,800	66,300	66,800	23,000	90,000	27,300	17,503
Obsea22	44,000	73,000	79,000	13,000	56,000	51,500	15,568
Obsea23	45,300	27,700	55,000	9,300	37,700	32,700	31,665
Obsea24	31,300	19,700	90,000	14,300	54,000	18,900	39,679
Obsea25	49,800	21,500	56,300	15,000	61,800	95,300	41,939
Obsea26	38,700	56,000	51,700	19,300	74,700	70,000	20,637
Obsea27	77,000	34,700	58,300	15,300	42,000	62,300	30,259
Obsea28	38,700	41,700	30,000	22,000	77,000	32,700	25,826
Obsea29	56,000	46,000	76,000	9,000	75,000	1,000	22,663
Obsea30	36,000	29,000	45,300	14,300	45,300	55,000	32,463
Obsea31	4,000	17,000	1,000	5,000	51,000	29,000	34,283
Obsea32	61,700	33,000	33,300	16,000	26,700	45,800	29,600
Obsea33	30,300	62,000	6,000	11,300	51,300	35,300	17,176
Obsea34	17,500	13,500	34,000	7,800	28,300	37,000	39,548
Obsea35	45,300	20,300	53,300	9,300	116,300	53,300	40,947
Obsea36	84,000	19,000	49,000	18,000	46,000	9,000	40,807
Obsea37	51,000	28,000	12,300	3,000	58,300	54,000	29,742

Obsea38	47,000	28,000	46,000	17,000	37,500	90,000	34,799
Obsea39	21,800	67,000	39,800	22,500	79,000	29,300	16,874
Obsea40	40,300	19,300	47,000	16,700	130,000	53,700	44,766
Obsea41	44,500	51,000	17,000	8,000	55,000	82,000	20,885
Obsea42	64,800	15,500	53,300	16,800	73,500	61,000	49,097
Obsea43	48,000	26,000	67,000	12,000	123,000	91,000	38,812
Obsea44	38,000	28,300	53,300	5,000	119,700	89,700	33,443
Obsea45	25,000	42,500	23,500	24,000	100,500	73,800	26,364
Obsea46	33,000	4,700	44,700	3,000	25,300	62,300	46,368
Obsea47	40,000	69,000	93,000	7,000	64,000	32,000	15,991
Obsea48	3,000	32,000	55,500	5,000	9,000	16,500	25,758
Obsea49	57,000	3,000	78,000	8,000	48,000	32,000	55,416
Obsea50	33,800	62,800	47,300	21,300	51,800	46,000	18,050
Obsea51	42,800	69,300	62,500	14,500	130,500	93,500	17,122
Obsea52	15,000	39,300	74,000	7,300	62,000	19,300	24,780
Obsea53	50,000	43,000	37,000	17,000	68,000	90,500	26,001
Obsea54	61,300	38,000	51,700	7,700	104,000	13,700	26,469
Obsea55	53,000	57,000	81,000	16,000	138,000	84,000	21,196
Obsea56	39,500	61,800	76,000	21,300	131,000	69,000	19,491
Obsea57	46,700	36,300	52,000	8,300	40,000	66,000	27,336
Obsea58	74,000	23,000	5,000	22,000	78,000	84,000	40,742
Obsea59	60,000	43,300	84,300	13,700	43,700	89,300	25,878
Obsea60	57,000	48,000	69,300	5,000	27,000	59,000	21,612
Obsea61	31,300	53,300	90,300	24,000	147,300	65,300	22,801
Obsea62	43,500	57,300	48,000	16,800	33,800	72,500	19,604
Obsea63	27,000	37,000	69,000	15,000	51,000	1,000	26,487
Obsea64	14,000	28,500	22,000	4,000	52,000	21,000	28,036
Obsea65	31,700	21,300	36,000	10,300	57,700	81,300	38,185
Obsea66	65,000	61,000	97,000	17,000	66,000	41,000	19,091
Obsea67	33,000	36,300	90,700	11,000	126,000	3,700	28,051
Obsea68	43,000	23,000	86,500	7,000	16,500	65,600	35,188
Obsea69	35,000	88,000	88,000	2,000	93,000	99,000	12,612
Obsea70	58,000	23,000	62,000	16,000	68,000	9,000	37,346
Obsea71	36,500	27,500	29,000	15,000	54,000	78,000	34,163
Obsea72	57,300	54,500	35,000	12,000	42,500	30,000	19,726
Obsea73	48,500	3,000	41,000	8,500	5,500	73,500	51,742
Obsea74	63,000	68,000	1,000	2,000	17,000	78,000	15,239
Obsea75	45,500	70,000	59,000	23,000	86,500	60,300	16,828
Obsea76	67,000	33,000	34,000	16,000	8,000	53,100	29,264
Obsea77	62,000	55,000	7,000	19,000	74,000	45,000	20,318
Obsea78	62,000	48,000	4,000	24,000	94,000	98,000	24,165
Obsea79	48,000	14,000	34,000	1,000	6,000	53,900	36,329
Obsea80	48,500	30,000	33,500	11,500	63,000	60,900	31,895
Obsea81	29,000	17,000	73,000	8,000	61,000	1,000	38,155
Obsea82	27,000	29,000	63,000	16,000	78,000	89,000	35,034

4.2.3.1 Performances régressées par utilitaire d'analyse Excel

➤ **Corrélation**

	Eau non facturée %	*taux de couverture eau potable %*	*Taux de couverture assainissement %*	*Heures de fourniture eau (H/J)*	*Taux de couverture coûts (E + M) %*	*Taux de comptage %*	*Performance considérée*
Eau non facturée %	1						
taux de couverture eau potable %	-0,0927318	1					
Taux de couverture assainissement %	0,0335413	0,19609586	1				
Heures de fourniture eau (H/J)	0,22273076	0,28997845	0,055877885	1			
Taux de couverture coûts (E + M) %	0,08816573	0,23909656	0,173342717	0,38843796	1		
Taux de comptage %	0,12555319	0,14017366	-0,056727094	0,1447073	0,20525537	1	
Performance considérée	0,25755308	-0,92650441	-0,070140583	-0,15337636	-0,08648159	-0,01426842	1

- **Ce tableau montre des corrélations mitigées comme :**

- **Forte corrélation entre « Performance considérée » et « taux de couverture en eau potable » avec 92,7 % mais dans un sens inverse ;**

- **Moyenne corrélation entre « Performance considérée » et « eau non facturée » avec 25,8 % ou encore « taux de couverture des coûts (E+M) » et « heures de fourniture d'eau » avec 38,9 %.**

- **Très faible corrélation entre « Performance considérée » et « taux de comptage » avec 1,4 %, dans un sens inverse.**

Néanmoins, ces corrélations faibles observées entre les variables explicatives, ainsi qu'entre celles-ci et la variable expliquée, ne révèlent véritablement qu'un lien linéaire de faible intensité. Cela peut suggérer que la variable indépendante n'explique pas de manière adéquate la variation de la variable dépendante.

Dans cette optique, le coefficient de régression se caractérisera par un intervalle de confiance étendu. Cela n'implique pas nécessairement que le modèle soit inapproprié ; cependant, cela peut indiquer qu'il serait pertinent d'explorer d'autres variables ou d'autres types de modèles susceptibles d'offrir une meilleure explication des relations entre les variables.

Statistiques de la régression	
Coefficient de détermination multiple	0,95923025
Coefficient de détermination R^2	**0,92012268**
Coefficient de détermination R^2	0,91373249
Erreur-type	3,32884668
Observations	82

ANALYSE DE VARIANCE					
	Degré de liberté	*Somme des carrés*	*Moyenne des carrés*	*F*	*Valeur critique de F*
Régression	6	9573,5079	1595,58465	143,989977	4,4829E-39
Résidus	75	831,091517	11,0812202		
Total	81	10404,5994			

	Coefficients	*Erreur-type*	*Statistique t*	*Probabilité*	*Limite inférieure pour seuil de confiance = 95%*	*Limite supérieure pour seuil de confiance = 95%*	*Limite inférieure pour seuil de confiance = 95,0%*	*Limite supérieure pour seuil de confiance = 95,0%*
Constante	39,7151947	1,53228747	25,9188928	3,5908E-39	36,6627216	42,7676679	36,6627216	42,7676679
Eau non facturée %	0,08432909	0,0216855	3,88873105	0,00021608	0,04112935	0,12752883	0,04112935	0,12752883
taux de couverture eau potable %	-0,54271645	0,01978295	-27,4335516	7,5782E-41	-0,5821261	-0,5033068	-0,5821261	-0,5033068
Taux de couverture assainissement %	0,04596248	0,01467523	3,13197662	0,00247614	0,01672792	0,07519704	0,01672792	0,07519704
Heures de fourniture eau (H/J)	0,09662774	0,06985585	1,38324486	0,17069373	-0,04253224	0,23578772	-0,04253224	0,23578772
Taux de couverture coûts (E + M) %	0,02404746	0,01106199	2,17388233	0,03286962	0,00201085	0,04608406	0,00201085	0,04608406
Taux de comptage %	0,03663622	0,01403644	2,61007881	0,01092396	0,00867419	0,06459825	0,00867419	0,06459825

- **Par une interprétation, en termes d'élasticité, il est remarqué que la presque totalité des variables contribue très faiblement à l'augmentation de la performance. Par exemple :**
  - **Si le « taux de comptage » augmente de 1 %, alors la performance n'augmente que de 0,04 % ;**
  - **Si les « heures de fourniture » augmente de 1 %, alors la performance va augmenter que de 0,1 % ;**
- **Etc.**

En revanche, si le « taux de couverture » augmente de 1 %, alors la performance va diminuer de 0,54 %.

Cette observation souligne la complexité d'améliorer les performances relatives dans le secteur de l'eau et de l'assainissement simplement par une augmentation des valeurs des variables ou indicateurs. En effet, derrière cette interprétation se dissimule l'effort financier nécessaire pour accroître de 1 % une variable telle que les « heures de fourniture », qui requiert un apport en production d'eau afin d'assurer les volumes indispensables.

Le cas spécifique du « taux de couverture en eau potable » est révélateur : une augmentation de 1 % entraîne une diminution de la performance à hauteur de 0,54 %, ce qui peut être trompeur si l'on considère une assiette de facturation potentiellement élargie (avec une marge sur le prix de l'eau susceptible d'encourager les bénéfices).

Équation 2 : Modèle à 6 variables explicatives

Performance = 39,7151947 + 0,08432909 ***Eau non facturée (%)**-0,54271645 * **taux de couverture eau potable (%)**+ 0,04596248* **Taux de couverture assainissement (%)**+0,09662774 * **Heures de fourniture eau (H/J)**+ 0,02404746 * **Taux de couverture coûts (E + M) (%)**+0,03663622 * **Taux de comptage (%)**

Etant donné le R^2, 92% **de la variabilité de la variable dépendante Performance considérée sont expliqués par les** 6 **variables explicatives.**

ANALYSE DES RÉSIDUS

Observation	*Prévisions Performance considérée*	*Résidus*	*Résidus normalisés*	*Val abs résidus*
1	38,068025	-0,25617163	-0,07997406	0,25617163
2	43,3362041	6,02649275	1,88140686	6,02649275
3	20,2697859	0,52865735	0,16504119	0,52865735
4	13,0970403	3,80770622	1,18872533	3,80770622
5	36,9272142	0,62478819	0,19505222	0,62478819
6	25,8759498	-3,80400949	-1,18757125	3,80400949
7	8,11891694	5,73378773	1,79002747	5,73378773
8	42,4144886	-1,62057138	-0,50592513	1,62057138
9	35,7904465	-2,27874485	-0,71139987	2,27874485
10	47,0964869	9,22367235	2,87953228	9,22367235
11	29,3430708	-3,66486649	-1,14413229	3,66486649
12	44,818072	1,88781896	0,58935698	1,88781896
13	40,2792982	0,77124643	0,24077492	0,77124643
14	43,9510049	3,67462083	1,14717749	3,67462083
15	34,4444945	-3,22891304	-1,00803227	3,22891304
16	16,6599632	0,13857176	0,04326063	0,13857176
17	37,4387107	-1,1625562	-0,36293767	1,1625562
18	40,4912115	0,13706942	0,04279161	0,13706942
19	55,7075446	11,1339819	3,47591057	11,1339819
20	30,0195934	-1,49007919	-0,46518685	1,49007919
21	15,799551	1,70341415	0,53178776	1,70341415
22	11,9279937	3,63960557	1,1362461	3,63960557
23	34,033225	-2,36834066	-0,73937073	2,36834066
24	39,1725686	0,50616238	0,1580185	0,50616238
25	41,2610485	0,67804141	0,21167731	0,67804141

26	21,1886657	-0,55144297	-0,17215462	0,55144297
27	34,8267209	-4,56807542	-1,4261045	4,56807542
28	26,901798	-1,07624726	-0,33599293	1,07624726
29	25,675661	-3,01301453	-0,94063105	3,01301453
30	33,5804841	-1,11706442	-0,34873562	1,11706442
31	33,6443034	0,63850871	0,19933562	0,63850871
32	32,4052574	-2,80536658	-0,87580557	2,80536658
33	12,5165078	4,65928766	1,45457999	4,65928766
34	38,2167858	1,33147311	0,41567173	1,33147311
35	40,6160268	0,33080855	0,10327491	0,33080855
36	41,9145958	-1,10748354	-0,34574457	1,10748354
37	33,0554623	-3,31352532	-1,03444732	3,31352532
38	36,4385869	-1,63933832	-0,51178397	1,63933832
39	12,1681881	4,7059486	1,46914704	4,7059486
40	41,5066841	3,25957706	1,01760525	3,25957706
41	21,6704648	-0,78512923	-0,24510898	0,78512923
42	44,8430589	4,25366815	1,3279499	4,25366815
43	40,1831161	-1,37077904	-0,42794262	1,37077904
44	36,6585134	-3,21571528	-1,00391207	3,21571528
45	27,2776796	-0,91328286	-0,28511718	0,91328286
46	45,182531	1,18547803	0,37009362	1,18547803
47	13,3032247	2,68740673	0,83897976	2,68740673
48	26,4562369	-0,69807234	-0,21793075	0,69807234
49	49,5785362	5,83782554	1,82250697	5,83782554
50	15,6460457	2,40379511	0,75043923	2,40379511
51	16,5516671	0,57014898	0,17799444	0,57014898
52	25,9560022	-1,17644956	-0,36727502	1,17644956
53	28,8889306	-2,88784661	-0,90155496	2,88784661
54	30,3844886	-3,91596894	-1,2225238	3,91596894
55	24,9147956	-3,71899702	-1,16103127	3,71899702

56	20,7357529	-1,24495432	-0,38866148	1,24495432
57	30,5247044	-3,18860893	-0,99544975	3,18860893
58	40,7818361	-0,03981211	-0,01242892	0,03981211
59	30,7962438	-4,91786342	-1,53530459	4,91786342
60	24,9507205	-3,33825758	-1,04216847	3,33825758
61	25,8319221	-3,0307471	-0,94616697	3,0307471
62	19,584333	0,01956429	0,00610776	0,01956429
63	27,7954555	-1,3080947	-0,40837323	1,3080947
64	28,8458972	-0,80958059	-0,25274244	0,80958059
65	37,8445448	0,34019013	0,10620374	0,34019013
66	21,2811319	-2,1900736	-0,68371765	2,1900736
67	31,1946835	-3,14376743	-0,98145071	3,14376743
68	38,3111355	-3,12304785	-0,97498228	3,12304785
69	5,00901874	7,60335074	2,37368513	7,60335074
70	38,4844745	-1,13891357	-0,35555669	1,13891357
71	34,8070203	-0,64404005	-0,20106244	0,64404005
72	19,8585285	-0,13226101	-0,04129048	0,13226101
73	47,7078273	4,0342222	1,25944121	4,0342222
74	11,6288589	3,61038185	1,12712277	3,61038185
75	14,7855106	2,0421632	0,6375416	2,0421632
76	32,7021323	-3,43821173	-1,07337309	3,43821173
77	20,6799998	-0,36248952	-0,11316537	0,36248952
78	27,2469352	-3,08152488	-0,96201925	3,08152488
79	39,9432901	-3,6141675	-1,12830461	3,6141675
80	33,9207601	-2,02538565	-0,63230383	2,02538565
81	38,566373	-0,4118497	-0,12857509	0,4118497
82	35,8313088	-0,79773262	-0,24904363	0,79773262
				199,458872
Moyenne	**2,43242527**	**supérieur à l'écart type 2,0665553**		
Ecart type	**2,0665553**			

4.2.3.2 Performances régressées par XLstat

➢ **Statistiques descriptives**

Statistiques descriptives (Données quantitatives) :

Statistique	Eau non facturée %	taux de couverture eau potable %	Taux de couverture assainissement %	Heures de fourniture eau (H/J)	Taux de couverture coûts (E + M) %	Taux de comptage %	Performance considérée
Nb. d'observations	82	82	82	82	82	82	82
Somme des poids	82	82	82	82	82	82	82
Minimum	-2,363	-1,669	-1,966	-2,026	-1,690	-1,909	-1,607
Maximum	2,974	2,504	1,723	1,782	2,744	1,682	3,208
Eff. du minimum	1	2	3	1	1	3	1
Eff. du maximum	1	1	1	4	1	1	1
Amplitude	5,337	4,173	3,689	3,807	4,434	3,592	4,814
1er Quartile	-0,630	-0,768	-0,689	-0,867	-0,619	-0,767	-0,865
Médiane	-0,003	-0,196	-0,012	0,102	-0,163	0,051	-0,113
3ème Quartile	0,671	0,845	0,837	0,623	0,551	0,774	0,663
Somme	0,000	0,000	0,000	0,000	0,000	0,000	0,000
Moyenne	0,000	0,000	0,000	0,000	0,000	0,000	0,000
Variance (n)	1,000	1,000	1,000	1,000	1,000	1,000	1,000
Variance (n-1)	1,012	1,012	1,012	1,012	1,012	1,012	1,012
Ecart-type (n)	1,000	1,000	1,000	1,000	1,000	1,000	1,000
Ecart-type (n-1)	1,006	1,006	1,006	1,006	1,006	1,006	1,006
Coefficient de variation (n)							
Coefficient de variation (n-1)							
Asymétrie (Pearson)	0,170	0,447	-0,215	-0,007	0,642	-0,245	0,625
Asymétrie (Fisher)	0,173	0,456	-0,219	-0,007	0,654	-0,250	0,637
Asymétrie (Bowley)	0,037	0,291	0,113	-0,300	0,220	-0,062	0,016
Ecart-type de la moyenne	0,111	0,111	0,111	0,111	0,111	0,111	0,111
Ecart-type de la variance	0,159	0,159	0,159	0,159	0,159	0,159	0,159
Moyenne harmonique	-0,224	0,025	-0,385	-4,895	-0,469	-0,004	-4,534

Box plots :

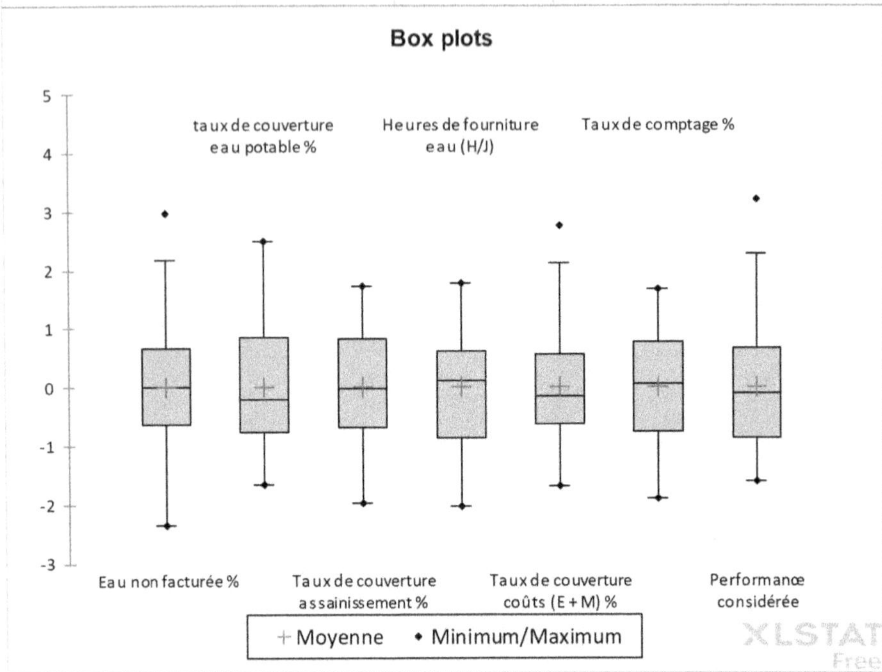
Box plots
taux de couverture eau potable %
Heures de fourniture eau (H/J)
Taux de comptage %
Eau non facturée %
Taux de couverture assainissement %
Taux de couverture coûts (E + M) %
Performance considérée
Moyenne
Minimum/Maximum
XLSTAT Free

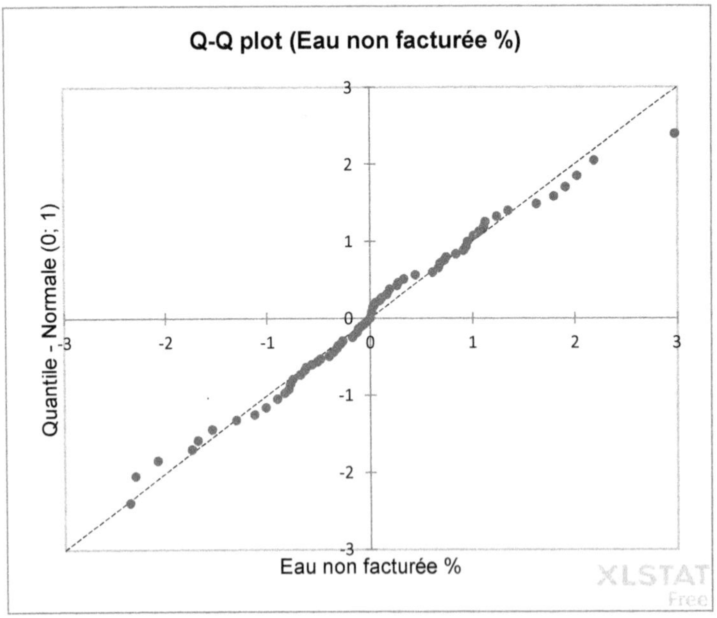
Q-Q plot (Eau non facturée %)
Quantile - Normale (0; 1)
Eau non facturée %
XLSTAT Free

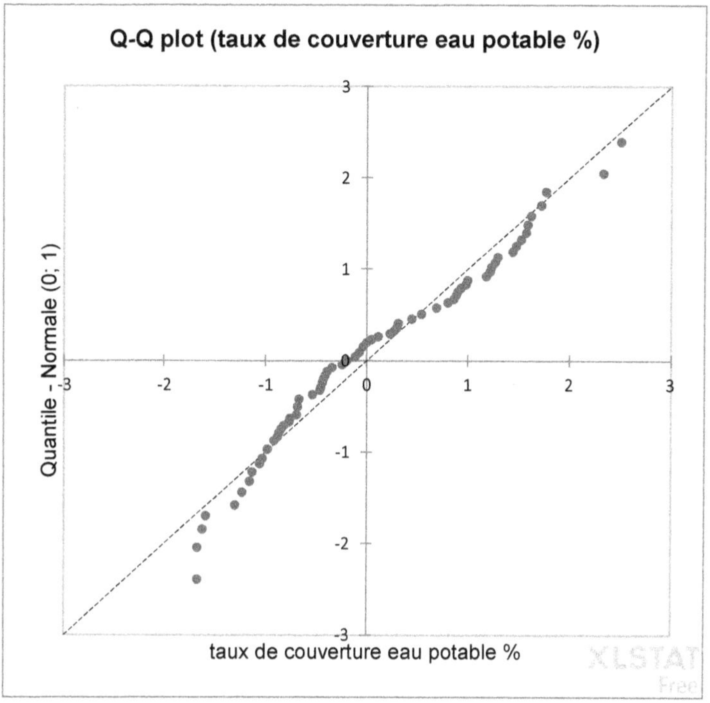
Q-Q plot (taux de couverture eau potable %)
Quantile - Normale (0; 1)
taux de couverture eau potable %
XLSTAT
Free

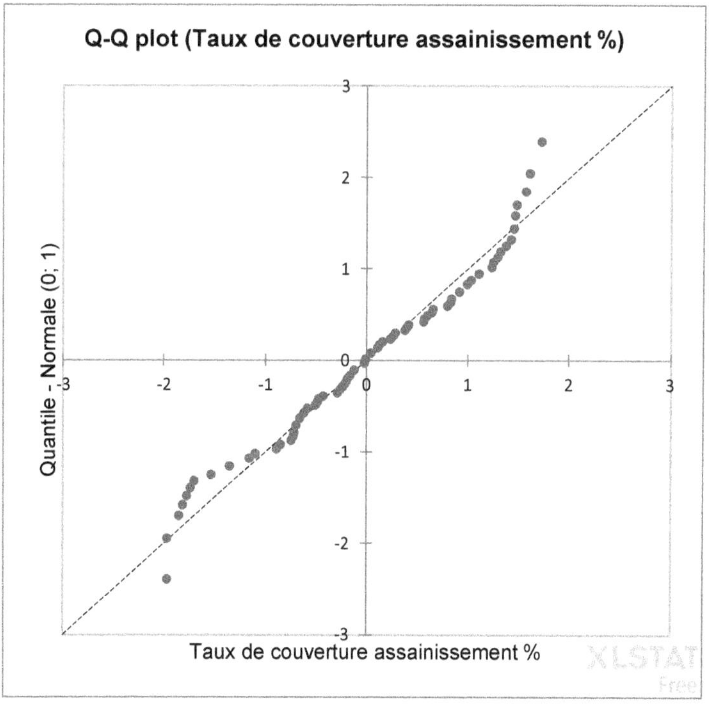
Q-Q plot (Taux de couverture assainissement %)
Quantile - Normale (0; 1)
Taux de couverture assainissement %
XLSTAT
Free

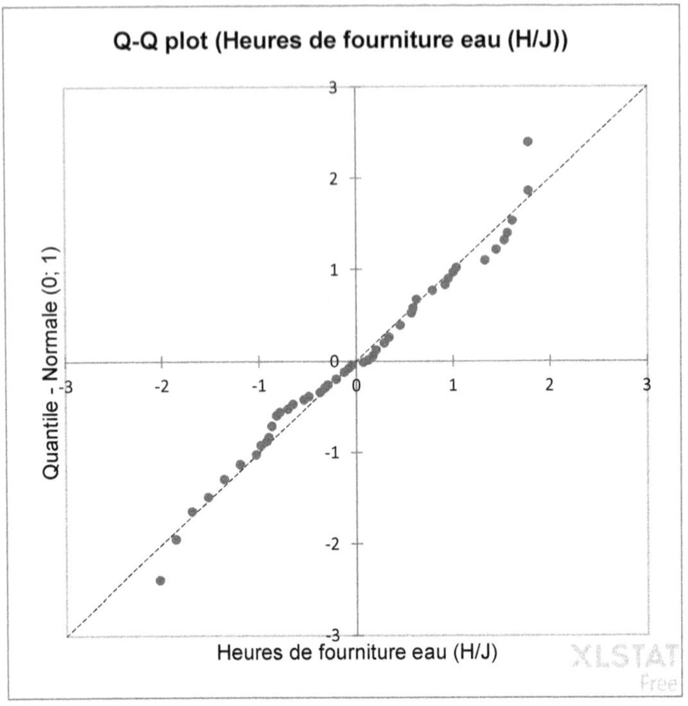
Q-Q plot (Heures de fourniture eau (H/J))
Quantile - Normale (0; 1)
Heures de fourniture eau (H/J)
-3
-2
-1
0
1
2
3
XLSTAT
Free

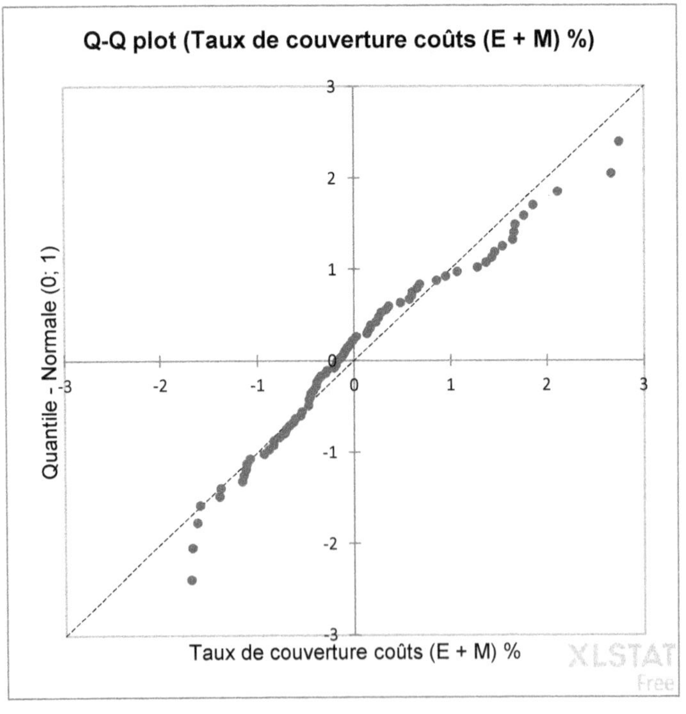
Q-Q plot (Taux de couverture coûts (E + M) %)
Quantile - Normale (0; 1)
Taux de couverture coûts (E + M) %
-3
-2
-1
0
1
2
3
XLSTAT
Free

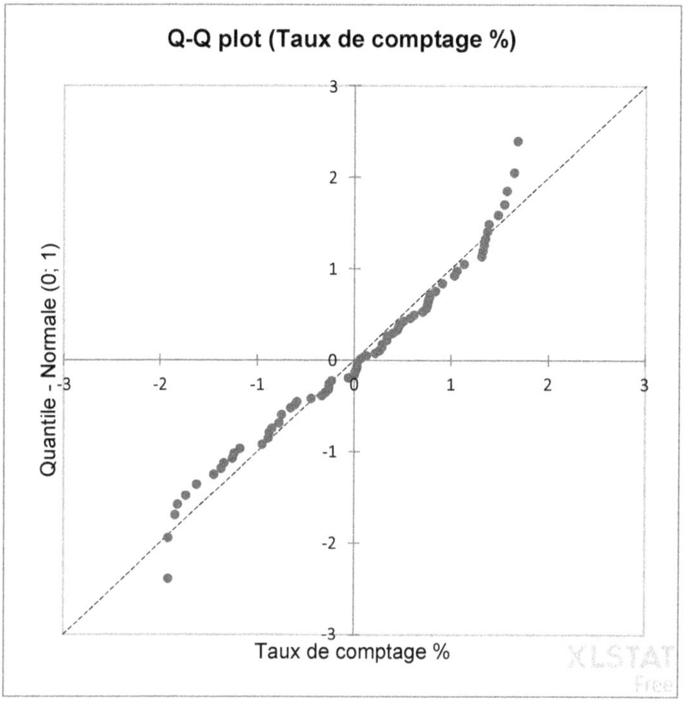
Q-Q plot (Taux de comptage %)
Quantile - Normale (0; 1)
Taux de comptage %
XLSTAT
Free

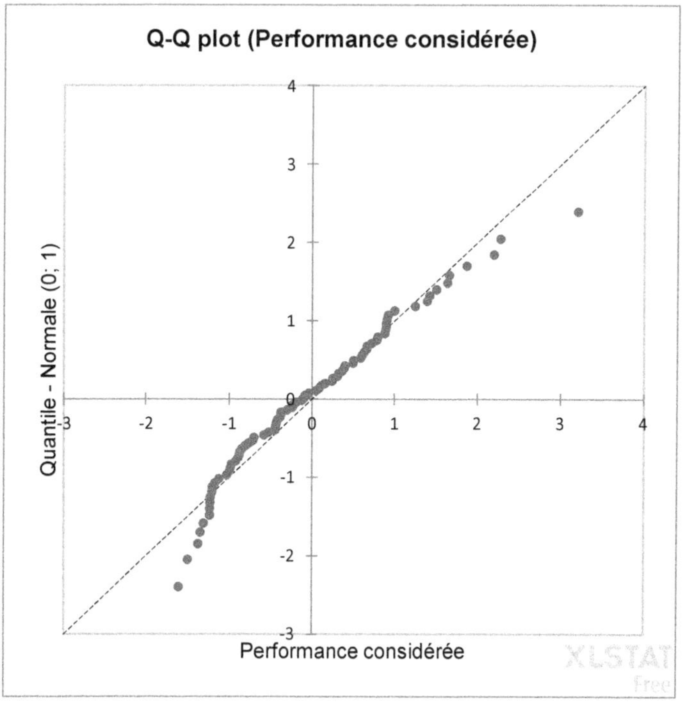
Q-Q plot (Performance considérée)
Quantile - Normale (0; 1)
Performance considérée
XLSTAT
Free

Graphiques des moyennes :

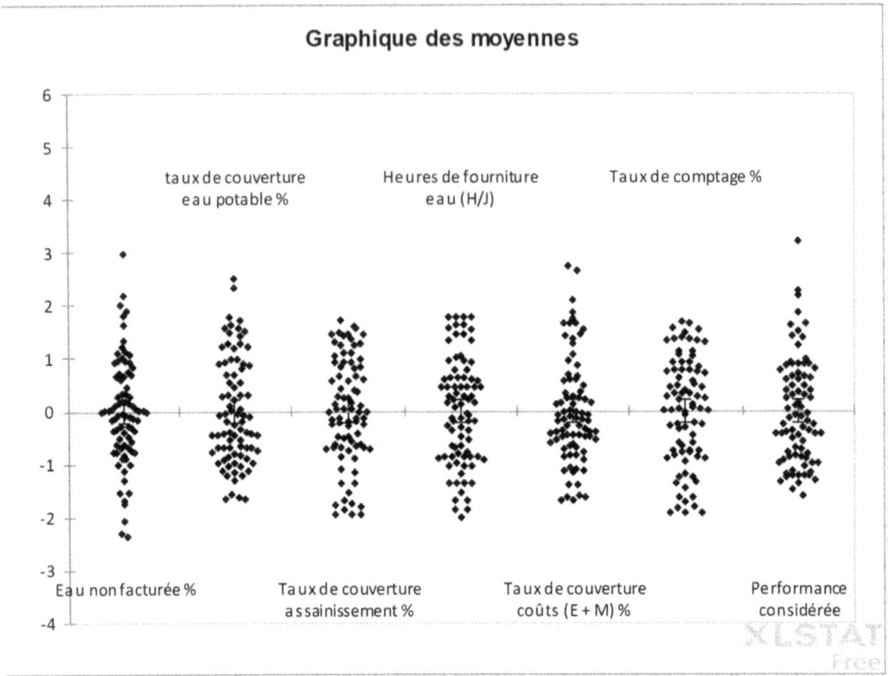

➢ Covariance corrélation

Statistiques descriptives :

Variable	Observations	Obs. avec données manquantes	Obs. sans données manquantes	Minimum	Maximum	Moyenne	Ecart-type
Eau non facturée %	82	0	82	3,000	98,000	45,059	17,911
taux de couverture eau potable %	82	0	82	3,000	88,000	36,994	20,497
Taux de couverture assainissement %	82	0	82	1,000	97,000	52,172	26,183
Heures de fourniture eau (H/J)	82	0	82	1,000	24,000	13,237	6,078
Taux de couverture coûts (E + M) %	82	0	82	5,500	171,000	68,570	37,557
Taux de comptage %	82	0	82	1,000	99,000	53,101	27,454
Performance considérée	82	0	82	12,612	66,842	30,709	11,334

Matrice de corrélation (Pearson) :

Variables	Eau non facturée %	taux de couverture eau potable %	Taux de couverture assainissement %	Heures de fourniture eau (H/J)	Taux de couverture coûts (E + M) %	Taux de comptage %	Performance considérée
Eau non facturée %	**1**	-0,093	0,034	0,223	0,088	0,126	0,258
taux de couverture eau potable %	-0,093	**1**	0,196	0,290	0,239	0,140	-0,927
Taux de couverture assainissement %	0,034	0,196	**1**	0,056	0,173	-0,057	-0,070
Heures de fourniture eau (H/J)	0,223	0,290	0,056	**1**	0,388	0,145	-0,153
Taux de couverture coûts (E + M) %	0,088	0,239	0,173	0,388	**1**	0,205	-0,086
Taux de comptage %	0,126	0,140	-0,057	0,145	0,205	**1**	-0,014
Performance considérée	0,258	-0,927	-0,070	-0,153	-0,086	-0,014	**1**

Intervalles de confiance (95%) / Borne inférieure :

Variables	Eau non facturée %	taux de couverture eau potable %	Taux de couverture assainissement %	Heures de fourniture eau (H/J)	Taux de couverture coûts (E + M) %	Taux de comptage %	Performance considérée
Eau non facturée %	**1**	-0,304	-0,185	0,006	-0,131	-0,094	0,043
taux de couverture eau potable %	-0,304	**1**	-0,022	0,078	0,023	-0,079	-0,952
Taux de couverture assainissement %	-0,185	-0,022	**1**	-0,163	-0,045	-0,270	-0,283
Heures de fourniture eau (H/J)	0,006	0,078	-0,163	**1**	0,187	-0,075	-0,358
Taux de couverture coûts (E + M) %	-0,131	0,023	-0,045	0,187	**1**	-0,012	-0,298
Taux de comptage %	-0,094	-0,079	-0,270	-0,075	-0,012	**1**	-0,231
Performance considérée	0,043	-0,952	-0,283	-0,358	-0,298	-0,231	**1**

Intervalles de confiance (95%) / Borne supérieure :

Variables	Eau non facturée %	taux de couverture eau potable %	Taux de couverture assainissement %	Heures de fourniture eau (H/J)	Taux de couverture coûts (E + M) %	Taux de comptage %	Performance considérée
Eau non facturée %	**1**	0,127	0,249	0,419	0,299	0,333	0,449
taux de couverture eau potable %	0,127	**1**	0,396	0,477	0,434	0,347	-0,888
Taux de couverture assainissement %	0,249	0,396	**1**	0,270	0,376	0,162	0,149
Heures de fourniture eau (H/J)	0,419	0,477	0,270	**1**	0,558	0,351	0,066
Taux de couverture coûts (E + M) %	0,299	0,434	0,376	0,558	**1**	0,404	0,133
Taux de comptage %	0,333	0,347	0,162	0,351	0,404	**1**	0,203
Performance considérée	0,449	-0,888	0,149	0,066	0,133	0,203	**1**

Test t de Student (Pearson) :							
Variables	Eau non facturée %	taux de couverture eau potable %	Taux de couverture assainissement %	Heures de fourniture eau (H/J)	Taux de couverture coûts (E + M) %	Taux de comptage %	Performance considérée
Eau non facturée %		-0,833	0,300	2,043	0,792	1,132	2,384
taux de couverture eau potable %	-0,833		1,789	2,710	2,202	1,266	-22,023
Taux de couverture assainissement %	0,300	1,789		0,501	1,574	-0,508	-0,629
Heures de fourniture eau (H/J)	2,043	2,710	0,501		3,770	1,308	-1,388
Taux de couverture coûts (E + M) %	0,792	2,202	1,574	3,770		1,876	-0,776
Taux de comptage %	1,132	1,266	-0,508	1,308	1,876		-0,128
Performance considérée	2,384	-22,023	-0,629	-1,388	-0,776	-0,128	

Coefficients de détermination (Pearson) :							
Variables	Eau non facturée %	taux de couverture eau potable %	Taux de couverture assainissement %	Heures de fourniture eau (H/J)	Taux de couverture coûts (E + M) %	Taux de comptage %	Performance considérée
Eau non facturée %	**1**	0,009	0,001	0,050	0,008	0,016	0,066
taux de couverture eau potable %	0,009	**1**	0,038	0,084	0,057	0,020	0,858
Taux de couverture assainissement %	0,001	0,038	**1**	0,003	0,030	0,003	0,005
Heures de fourniture eau (H/J)	0,050	0,084	0,003	**1**	0,151	0,021	0,024
Taux de couverture coûts (E + M) %	0,008	0,057	0,030	0,151	**1**	0,042	0,007
Taux de comptage %	0,016	0,020	0,003	0,021	0,042	**1**	0,000
Performance considérée	0,066	0,858	0,005	0,024	0,007	0,000	**1**

➢ Cartes des corrélations

Cartes des corrélations :

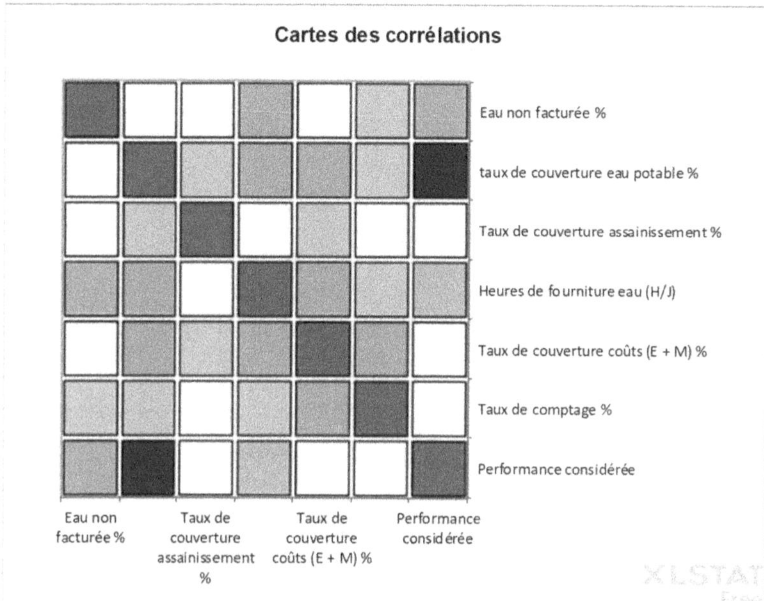

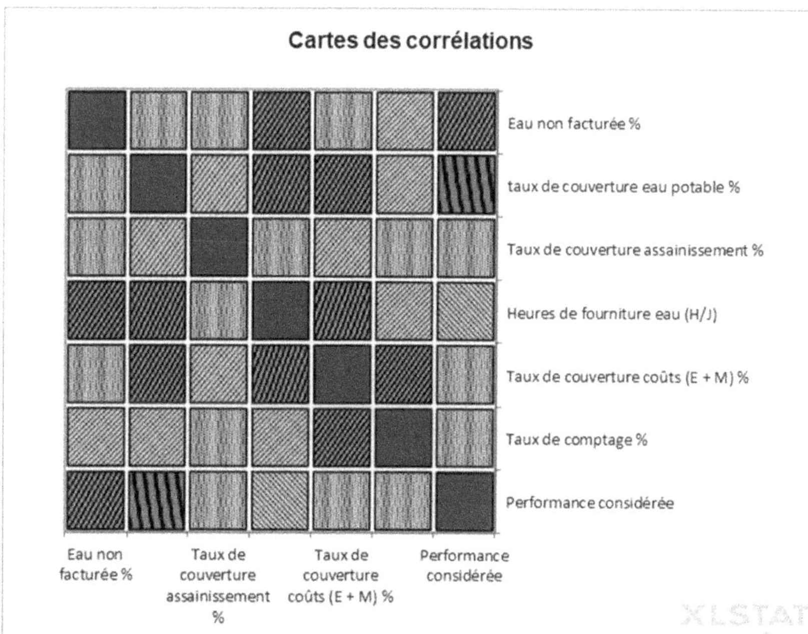

Image de la matrice de corrélation :

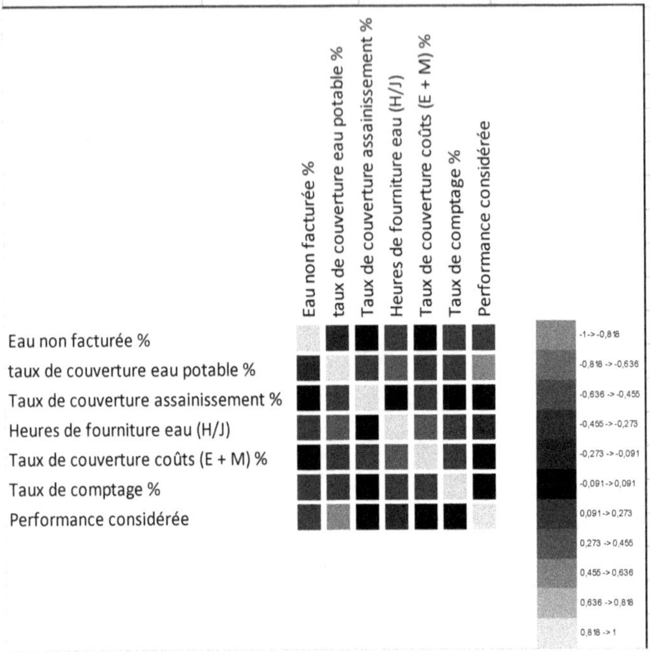

Image de la matrice des coefficients de détermination :

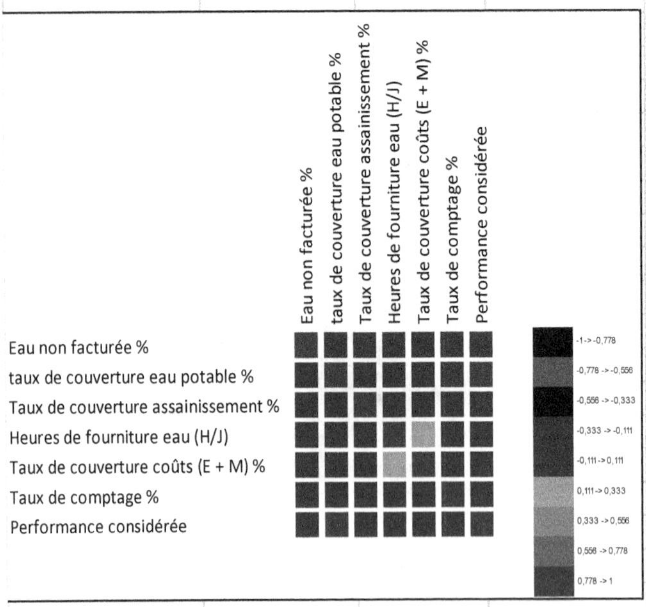

Nuages de points :

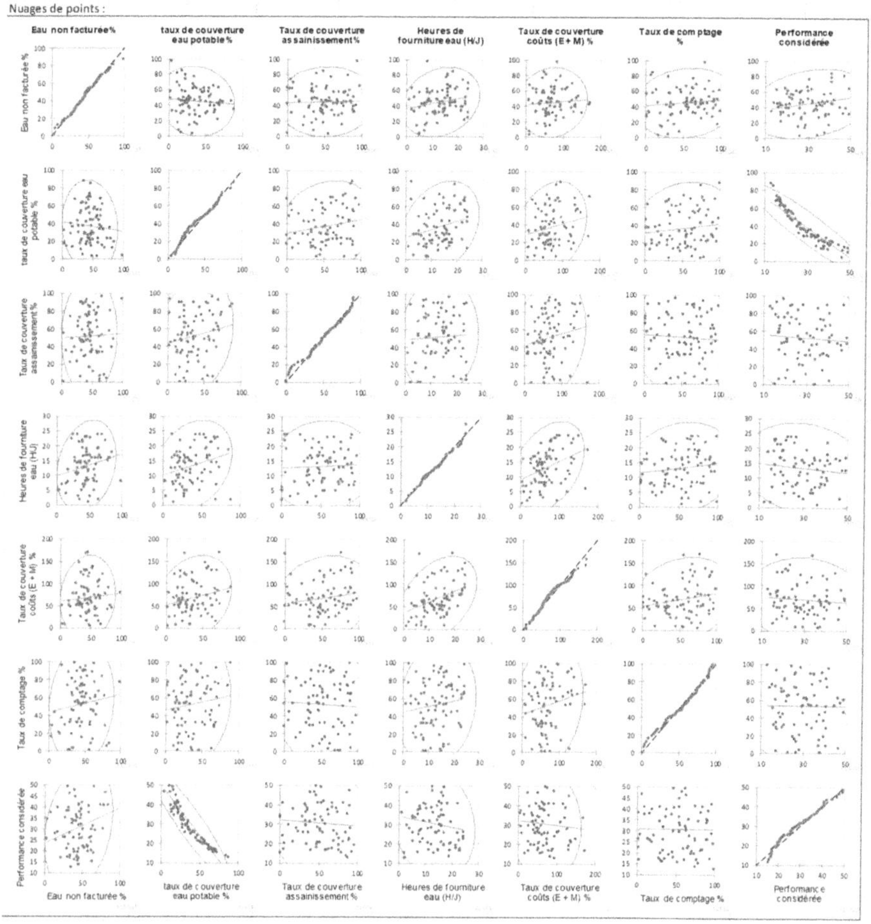

➢ Régression linéaire XLSTAT

Statistiques descriptives :

Variable	Observations	Obs. avec données manquantes	Obs. sans données manquantes	Minimum	Maximum	Moyenne	Ecart-type
Performance considérée	82	0	82	12,612	66,842	30,709	11,334
Eau non facturée %	82	0	82	3,000	98,000	45,059	17,911
taux de couverture eau potable %	82	0	82	3,000	88,000	36,994	20,497
Taux de couverture assainissement %	82	0	82	1,000	97,000	52,172	26,183
Heures de fourniture eau (H/J)	82	0	82	1,000	24,000	13,237	6,078
Taux de couverture coûts (E + M) %	82	0	82	5,500	171,000	68,570	37,557
Taux de comptage %	82	0	82	1,000	99,000	53,101	27,454

Statistiques descriptives (Données quantitatives / Prédiction) :

Variable	Observations	Obs. avec données manquantes	Obs. sans données manquantes	Minimum	Maximum	Moyenne	Ecart-type
Eau non facturée %	82	0	82	3,000	98,000	45,059	17,911
taux de couverture eau potable %	82	0	82	3,000	88,000	36,994	20,497
Taux de couverture assainissement %	82	0	82	1,000	97,000	52,172	26,183
Heures de fourniture eau (H/J)	82	0	82	1,000	24,000	13,237	6,078
Taux de couverture coûts (E + M) %	82	0	82	5,500	171,000	68,570	37,557
Taux de comptage %	82	0	82	1,000	99,000	53,101	27,454

Matrice de corrélation :

	Eau non facturée %	taux de couverture eau potable %	Taux de couverture assainissement %	Heures de fourniture eau (H/J)	Taux de couverture coûts (E + M) %	Taux de comptage %	Performance considérée
Eau non facturée %	**1**	0,000	0,000	0,000	0,000	0,000	0,000
taux de couverture eau potable %	0,000	**1**	0,000	0,000	0,000	0,000	0,000
Taux de couverture assainissement %	0,000	0,000	**1**	0,000	0,000	0,000	0,000
Heures de fourniture eau (H/J)	0,000	0,000	0,000	**1**	0,000	0,000	0,000
Taux de couverture coûts (E + M) %	0,000	0,000	0,000	0,000	**1**	0,000	0,000
Taux de comptage %	0,000	0,000	0,000	0,000	0,000	**1**	0,000
Performance considérée	0,000	0,000	0,000	0,000	0,000	0,000	1

Statistiques de multicolinéarité :

	Eau non facturée %	taux de couverture eau potable %	Taux de couverture assainissement %	Heures de fourniture eau (H/J)	Taux de couverture coûts (E + M) %	Taux de comptage %
Tolérance	1,000	1,000	1,000	1,000	1,000	1,000
VIF	1,000	1,000	1,000	1,000	1,000	1,000

Coefficients d'ajustement (Performance considérée) :

Observations	82
Somme des poids	82
DDL	76
R^2	**0,890**
R^2 ajusté	0,882
MCE	65,770
RMCE	8,110
MAPE	22,208
DW	1,470
Cp	6,000
AIC	349,034
AICC	350,154
SBC	363,474
PC	0,127

Mesures de la taille de l'effet :

R^2	0,890
f^2	8,117

Analyse de la variance (Performance considérée) :

Source	DDL	Somme des carrés	Moyenne des carrés	F	Pr > F	Codes de significatio n des p-
Modèle	6,000	40573,077	6762,180	102,816	**<0,0001**	***
Erreur	76,000	4998,482	65,770			
Total corrigé	82,000	45571,560				

Calculé contre le modèle Y=10

*Codes de signification : 0 < *** < 0.001 < ** < 0.01 < * < 0.05 < . < 0.1 < ° < 1*

Paramètres du modèle (Performance considérée) :							
Source	Valeur	Erreur standard	t	Pr > |t|	Borne inférieure (95%)	Borne supérieure (95%)	Codes de signification des p-valeurs
Constante	10,000						
Eau non facturée %	0,292	0,046	6,358	**<0,0001**	0,201	0,384	***
taux de couverture eau potable %	-0,448	0,047	-9,598	**<0,0001**	-0,541	-0,355	***
Taux de couverture assainissement %	0,155	0,033	4,700	**<0,0001**	0,089	0,221	***
Heures de fourniture eau (H/J)	0,356	0,167	2,130	**0,036**	0,023	0,689	*
Taux de couverture coûts (E + M) %	0,045	0,027	1,664	0,100	-0,009	0,098	°
Taux de comptage %	0,124	0,032	3,813	**0,000**	0,059	0,188	***
*Codes de signification : 0 < *** < 0.001 < ** < 0.01 < * < 0.05 < . < 0.1 < ° < 1*							

:quation du modèle (Performance considérée) :

Performance considérée = 10+0,292045929453607***Eau non facturée (%)**-0,448413042462804***taux de couverture eau potable (%)**+0,155176337198941***Taux de couverture assainissement (%)**+0,355876727968378***Heures de fourniture eau (H/J)**+4,46387372324487E-02***Taux de couverture coûts (E + M) (%)**+0,123553689657256***Taux de comptage (%)**

Etant donné le R^2, 89% de la variabilité de la variable dépendante Performance considérée sont expliqués par les 6 variables explicatives

Coefficients normalisés (Performance considérée) :							
Source	Valeur	Erreur standard	t	Pr > |t|	Borne inférieure (95%)	Borne supérieure (95%)	Codes de signification des p-valeurs
Eau non facturée %	0,600	0,094	6,358	**<0,0001**	0,412	0,788	
taux de couverture eau potable %	-0,803	0,084	-9,598	**<0,0001**	-0,970	-0,637	***
Taux de couverture assainissement %	0,384	0,082	4,700	**<0,0001**	0,221	0,546	***
Heures de fourniture eau (H/J)	0,220	0,103	2,130	**0,036**	0,014	0,425	***
Taux de couverture coûts (E + M) %	0,148	0,089	1,664	0,100	-0,029	0,325	*
Taux de comptage %	0,313	0,082	3,813	**0,000**	0,149	0,476	°
*Codes de signification : 0 < *** < 0.001 < ** < 0.01 < * < 0.05 < . < 0.1 < ° < 1*							

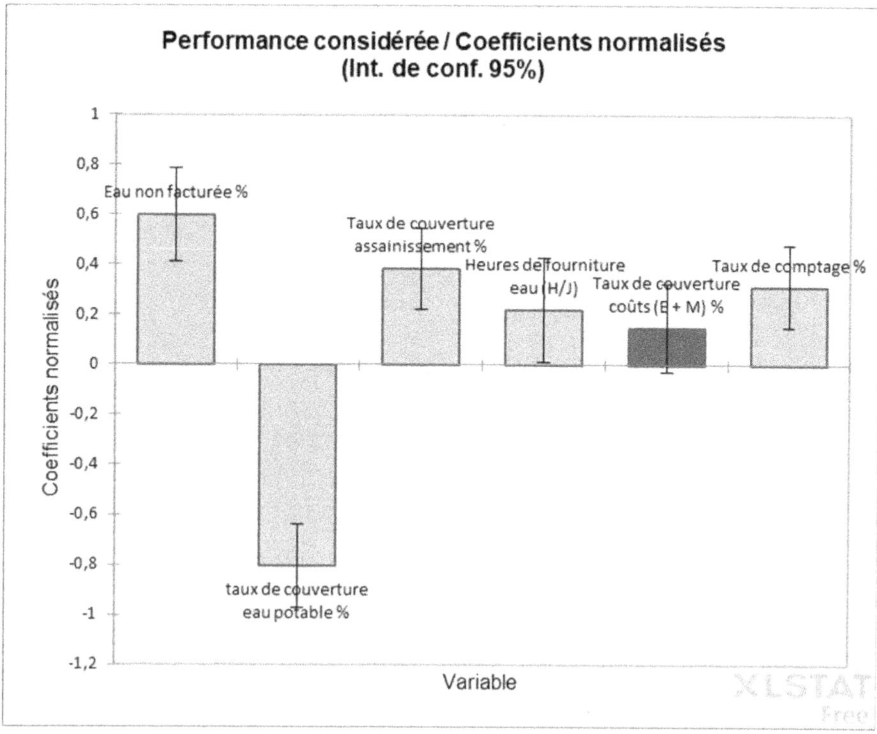
Performance considérée / Coefficients normalisés
(Int. de conf. 95%)
Coefficients normalisés
1
0,8
0,6
0,4
0,2
0
-0,2
-0,4
-0,6
-0,8
-1
-1,2
Eau non facturée %
taux de couverture eau potable %
Taux de couverture assainissement %
Heures de fourniture eau (H/J)
Taux de couverture coûts (E + M) %
Taux de comptage %
Variable
XLSTAT Free

Prédictions et résidus (Performance considérée) :

Observation	Poids	Eau non facturée %	taux de couverture eau potable %	Taux de couverture assainissement %	Heures de fourniture eau (H/J)	Taux de couverture coûts (E + M) %	Taux de comptage %	Performance considérée	Préd(Performance considérée)	Résidu	Résidu std.	Ecart-type sur la préd. (Moyenne)	Borne inférieure 95% (Moyenne)	Borne supérieure 95% (Moyenne)	Ecart-type sur la préd. (Observation)	Borne inférieure 95% (Observation)	Borne supérieure 95% (Observation)	Pred. ajustée
Obsea1	1	46,000	17,000	17,000	8,000	65,300	15,700	37,812	26,151	11,661	1,438	1,639	22,887	29,414	8,274	9,672	42,629	25,655
Obsea2	1	31,000	10,500	46,500	12,500	69,500	46,100	49,363	34,807	14,555	1,795	1,406	32,008	37,607	8,231	18,414	51,200	34,357
Obsea3	1	29,000	51,000	49,000	11,000	53,000	32,700	20,798	13,525	7,274	0,897	1,297	10,941	16,108	8,213	-2,833	29,882	13,334
Obsea4	1	34,000	63,300	59,500	14,500	25,900	3,000	16,905	7,465	9,440	1,164	2,498	2,489	12,441	8,486	-9,436	24,366	6,475
Obsea5	1	8,000	14,000	36,000	7,000	8,000	44,000	37,552	19,930	17,622	2,173	1,524	16,894	22,965	8,252	3,495	36,364	19,284
Obsea6	1	51,000	55,300	89,300	22,700	134,300	64,000	22,072	35,935	-13,863	-1,709	1,871	32,208	39,663	8,323	19,359	52,512	36,715
Obsea7	1	45,300	84,500	85,800	18,800	82,000	74,000	13,853	18,147	-4,294	-0,529	2,152	13,861	22,433	8,390	1,436	34,858	18,472
Obsea8	1	79,000	23,000	81,000	16,000	91,000	29,000	40,794	48,667	-7,873	-0,971	2,337	44,012	53,321	8,440	31,857	65,476	49,380
Obsea9	1	42,000	26,000	1,000	6,000	168,000	54,000	33,512	27,069	6,443	0,794	3,917	19,268	34,870	9,006	9,132	45,006	25,109
Obsea10	1	69,000	12,000	8,000	24,000	122,000	67,000	56,320	48,277	8,043	0,992	3,088	42,126	54,427	8,678	30,993	65,560	46,913
Obsea11	1	45,700	43,300	84,700	14,000	54,300	74,300	25,678	33,660	-7,982	-0,984	1,712	30,251	37,069	8,289	17,152	50,168	34,032
Obsea12	1	81,000	12,000	39,000	16,000	51,000	6,000	46,706	43,039	3,667	0,452	2,852	37,358	48,720	8,597	25,916	60,161	42,521
Obsea13	1	45,000	22,800	67,800	18,000	64,800	74,500	41,051	41,942	-0,892	-0,110	1,871	38,216	45,669	8,323	25,366	58,519	41,992
Obsea14	1	39,300	16,000	90,000	12,500	91,100	56,500	47,626	43,764	3,861	0,476	2,164	39,455	48,074	8,394	27,047	60,482	43,469
Obsea15	1	64,000	35,500	39,500	19,500	108,500	62,500	31,216	38,407	-7,191	-0,887	1,689	35,042	41,772	8,284	21,908	54,906	38,733
Obsea16	1	45,000	72,000	76,000	19,000	171,000	76,000	16,799	26,435	-9,636	-1,188	2,550	21,356	31,513	8,501	9,503	43,366	27,492
Obsea17	1	42,000	23,300	73,800	12,800	35,800	36,500	36,276	33,933	2,343	0,289	1,632	30,682	37,184	8,272	17,457	50,409	33,834
Obsea18	1	58,300	18,300	32,700	10,000	67,000	46,700	40,628	36,214	4,414	0,544	1,485	33,256	39,172	8,245	19,793	52,635	36,061
Obsea19	1	98,000	4,000	94,000	8,000	81,000	78,000	66,842	67,513	-0,672	-0,083	3,452	60,639	74,388	8,814	49,959	85,068	67,662
Obsea20	1	17,500	35,500	49,000	12,000	48,500	96,000	28,530	25,092	3,437	0,424	2,363	20,386	29,799	8,447	8,269	41,916	24,774
Obsea21	1	42,800	66,300	66,800	23,000	90,000	27,300	17,503	18,711	-1,208	-0,149	2,238	14,255	23,168	8,413	1,956	35,467	18,811
Obsea22	1	44,000	73,000	79,000	13,000	56,000	51,500	15,568	15,864	-0,296	-0,037	2,049	11,783	19,945	8,365	-0,796	32,524	15,884
Obsea23	1	45,300	27,700	55,000	9,300	37,700	32,700	31,665	28,376	3,289	0,406	1,136	26,113	30,639	8,189	12,066	44,686	28,310
Obsea24	1	31,300	19,700	90,000	14,300	54,000	18,900	39,679	34,108	5,571	0,687	2,268	29,590	38,626	8,421	17,336	50,880	33,635
Obsea25	1	49,800	21,500	56,300	15,000	61,800	95,300	41,939	43,511	-1,572	-0,194	1,983	39,562	47,460	8,349	26,883	60,139	43,611
Obsea26	1	38,700	56,000	51,700	19,300	74,700	70,000	20,637	23,065	-2,428	-0,299	1,557	19,965	26,166	8,258	6,618	39,512	23,158
Obsea27	1	77,000	34,700	58,300	15,300	42,000	62,300	30,259	40,992	-10,733	-1,323	1,909	37,189	44,794	8,332	24,398	57,585	41,621
Obsea28	1	38,700	41,700	30,000	22,000	77,000	32,700	25,826	22,565	3,260	0,402	2,004	18,573	26,557	8,354	5,927	39,203	22,353
Obsea29	1	56,000	46,000	76,000	9,000	75,000	1,000	22,663	24,195	-1,533	-0,189	2,464	19,287	29,103	8,476	7,314	41,077	24,351
Obsea30	1	36,000	29,000	45,300	14,300	45,300	55,000	32,463	28,446	4,018	0,495	1,161	26,134	30,757	8,192	12,129	44,762	28,362
Obsea31	1	4,000	17,000	1,000	5,000	51,000	29,000	34,283	11,339	22,943	2,829	1,167	9,015	13,664	8,193	-4,979	27,658	10,854
Obsea32	1	61,700	33,000	33,300	16,000	26,700	45,800	29,600	30,934	-1,334	-0,164	1,850	27,250	34,617	8,318	14,367	47,501	31,007
Obsea33	1	30,300	62,000	6,000	11,300	51,300	35,300	17,176	2,651	14,525	1,791	2,253	-1,836	7,139	8,417	-14,113	19,415	1,436
Obsea34	1	17,500	13,500	34,000	7,800	28,300	37,000	39,548	22,944	16,604	2,047	0,910	21,131	24,757	8,161	6,690	39,197	22,732
Obsea35	1	45,300	20,300	53,300	9,300	116,300	53,300	40,947	37,484	3,462	0,427	1,968	33,564	41,404	8,345	20,863	54,105	37,268
Obsea36	1	84,000	19,000	49,000	18,000	46,000	9,000	40,807	43,187	-2,380	-0,293	2,891	37,429	48,945	8,610	26,039	60,335	43,533
Obsea37	1	51,000	28,000	12,300	3,000	58,300	54,000	29,742	24,589	5,153	0,635	2,140	20,326	28,852	8,388	7,884	41,295	24,204
Obsea38	1	47,000	28,000	46,000	17,000	37,500	90,000	34,799	37,152	-2,353	-0,290	2,089	32,992	41,313	8,375	20,473	53,832	37,320
Obsea39	1	21,800	67,000	39,800	22,500	79,000	29,300	16,874	7,653	9,221	1,137	2,569	2,536	12,769	8,507	-9,290	24,596	6,624

Obsea40	1	40,300	19,300	47,000	16,700	130,000	53,700	44,766	38,789	5,977	0,737	2,157	34,494	43,085	8,392	22,076	55,503	38,334
Obsea41	1	44,500	51,000	17,000	8,000	55,000	82,000	20,885	18,199	2,687	0,331	2,163	13,891	22,506	8,393	1,482	34,915	17,993
Obsea42	1	64,800	15,500	53,300	16,800	73,500	61,000	49,097	47,042	2,055	0,253	1,711	43,634	50,449	8,288	30,534	63,549	46,946
Obsea43	1	48,000	26,000	67,000	12,000	123,000	91,000	38,812	43,761	-4,948	-0,610	2,199	39,380	48,141	8,403	27,025	60,496	44,154
Obsea44	1	38,000	28,300	53,300	5,000	119,700	89,700	33,443	34,884	-1,441	-0,178	2,664	29,577	40,191	8,536	17,882	51,886	35,058
Obsea45	1	25,000	42,500	23,500	24,000	100,500	73,800	26,364	24,036	2,329	0,287	2,591	18,875	29,196	8,514	7,079	40,992	23,771
Obsea46	1	33,000	4,700	44,700	3,000	25,300	62,300	46,368	34,361	12,007	1,481	1,795	30,786	37,935	8,306	17,818	50,904	33,742
Obsea47	1	40,000	69,000	93,000	7,000	64,000	32,000	15,991	14,474	1,516	0,187	2,554	9,389	19,560	8,502	-2,459	31,408	14,308
Obsea48	1	3,000	32,000	55,500	5,000	9,000	16,500	25,758	9,359	16,399	2,022	1,709	5,955	12,763	8,288	-7,148	25,866	8,597
Obsea49	1	57,000	3,000	78,000	8,000	48,000	32,000	55,416	46,349	9,068	1,118	2,214	41,938	50,759	8,407	29,605	63,092	45,618
Obsea50	1	33,800	62,800	47,300	21,300	51,800	46,000	18,050	14,627	3,423	0,422	2,157	10,331	18,922	8,392	-2,087	31,340	14,366
Obsea51	1	42,800	69,300	62,500	14,500	130,500	93,500	17,122	23,661	-6,539	-0,806	2,201	19,278	28,044	8,403	6,925	40,397	24,181
Obsea52	1	15,000	39,300	74,000	7,300	62,000	19,300	24,780	15,991	8,788	1,084	1,798	12,410	19,573	8,307	-0,553	32,536	15,537
Obsea53	1	50,000	43,000	37,000	17,000	68,000	90,500	26,001	31,329	-5,328	-0,657	1,656	28,031	34,627	8,277	14,844	47,814	31,561
Obsea54	1	61,300	38,000	51,700	7,700	104,000	13,700	26,469	27,961	-1,492	-0,184	2,598	22,785	33,136	8,516	11,000	44,922	28,131
Obsea55	1	53,000	57,000	81,000	16,000	138,000	84,000	21,196	34,721	-13,525	-1,668	1,862	31,012	38,430	8,321	18,148	51,293	35,474
Obsea56	1	39,500	61,800	76,000	21,300	131,000	69,000	19,491	27,570	-8,080	-0,996	1,914	23,758	31,382	8,333	10,974	44,166	28,047
Obsea57	1	46,700	36,300	52,000	8,300	40,000	66,000	27,336	28,324	-0,988	-0,122	1,393	25,551	31,098	8,229	11,936	44,713	28,354
Obsea58	1	74,000	23,000	5,000	22,000	78,000	84,000	40,742	43,763	-3,021	-0,373	2,739	38,308	49,219	8,560	26,715	60,812	44,153
Obsea59	1	60,000	43,300	84,300	13,700	43,700	89,300	25,878	39,047	-13,169	-1,624	2,038	34,989	43,106	8,362	22,393	55,702	39,935
Obsea60	1	57,000	48,000	69,300	5,000	27,000	59,000	21,612	26,151	-4,538	-0,560	2,261	21,648	30,653	8,419	9,383	42,919	26,533
Obsea61	1	31,300	53,300	90,300	24,000	147,300	65,300	22,801	32,437	-9,636	-1,188	2,630	27,199	37,675	8,526	15,457	49,418	33,570
Obsea62	1	43,500	57,300	48,000	16,800	33,800	72,500	19,604	20,904	-1,300	-0,160	1,925	17,070	24,738	8,335	4,303	37,504	20,981
Obsea63	1	27,000	37,000	69,000	15,000	51,000	1,000	26,487	19,739	6,748	0,832	2,008	15,740	23,738	8,355	3,100	36,379	19,299
Obsea64	1	14,000	28,500	22,000	4,000	52,000	21,000	28,036	11,062	16,974	2,093	1,045	8,981	13,144	8,177	-5,224	27,348	10,775
Obsea65	1	31,700	21,300	36,000	10,300	57,700	81,300	38,185	31,579	6,606	0,815	1,625	28,343	34,815	8,271	15,106	48,052	31,303
Obsea66	1	65,000	61,000	97,000	17,000	66,000	41,000	19,091	30,744	-11,653	-1,437	2,026	26,708	34,779	8,359	14,095	47,392	31,520
Obsea67	1	33,000	36,300	90,700	11,000	126,000	3,700	28,051	27,431	0,620	0,076	2,823	21,808	33,054	8,587	10,328	44,534	27,345
Obsea68	1	43,000	23,000	86,500	7,000	16,500	65,600	35,188	37,000	-1,812	-0,223	2,371	32,278	41,722	8,449	20,172	53,828	37,169
Obsea69	1	35,000	88,000	88,000	2,000	93,000	99,000	12,612	11,512	1,101	0,136	3,800	3,943	19,081	8,956	-6,326	29,349	11,202
Obsea70	1	58,000	23,000	62,000	16,000	68,000	9,000	37,346	36,088	1,258	0,155	2,016	32,073	40,102	8,357	19,444	52,731	36,005
Obsea71	1	36,500	27,500	29,000	15,000	54,000	78,000	34,163	30,214	3,949	0,487	1,610	27,007	33,422	8,268	13,747	46,682	30,052
Obsea72	1	57,300	54,500	35,000	12,000	42,500	30,000	19,726	17,601	2,125	0,262	2,025	13,567	21,635	8,359	0,953	34,249	17,460
Obsea73	1	48,500	3,000	41,000	8,500	5,500	73,500	51,742	41,533	10,209	1,259	2,269	37,015	46,051	8,421	24,761	58,305	40,666
Obsea74	1	63,000	68,000	1,000	2,000	17,000	78,000	15,239	9,170	6,069	0,748	3,931	1,341	16,998	9,012	-8,779	27,119	7,306
Obsea75	1	45,500	70,000	59,000	23,000	86,500	60,300	16,828	20,551	-3,724	-0,459	1,908	16,752	24,351	8,331	3,958	37,144	20,769
Obsea76	1	67,000	33,000	34,000	16,000	8,000	53,100	29,264	32,657	-3,393	-0,418	2,304	28,068	37,247	8,431	15,866	49,449	32,955
Obsea77	1	62,000	55,000	7,000	19,000	74,000	45,000	20,318	20,155	0,162	0,020	2,489	15,198	25,112	8,483	3,260	37,051	20,138
Obsea78	1	62,000	48,000	4,000	24,000	94,000	98,000	24,165	32,049	-7,884	-0,972	2,765	26,542	37,556	8,568	14,984	49,114	33,086
Obsea79	1	48,000	14,000	34,000	1,000	6,000	53,900	36,329	30,300	6,029	0,743	2,012	26,292	34,308	8,356	13,658	46,942	29,904
Obsea80	1	48,500	30,000	33,500	11,500	63,000	60,900	31,895	30,339	1,556	0,192	1,093	28,163	32,515	8,183	14,041	46,638	30,311
Obsea81	1	29,000	17,000	73,000	8,000	61,000	1,000	38,155	27,868	10,287	1,268	1,904	24,076	31,659	8,330	11,276	44,459	27,268
Obsea82	1	27,000	29,000	63,000	16,000	78,000	89,000	35,034	34,829	0,204	0,025	2,157	30,534	39,125	8,392	18,116	51,543	34,814

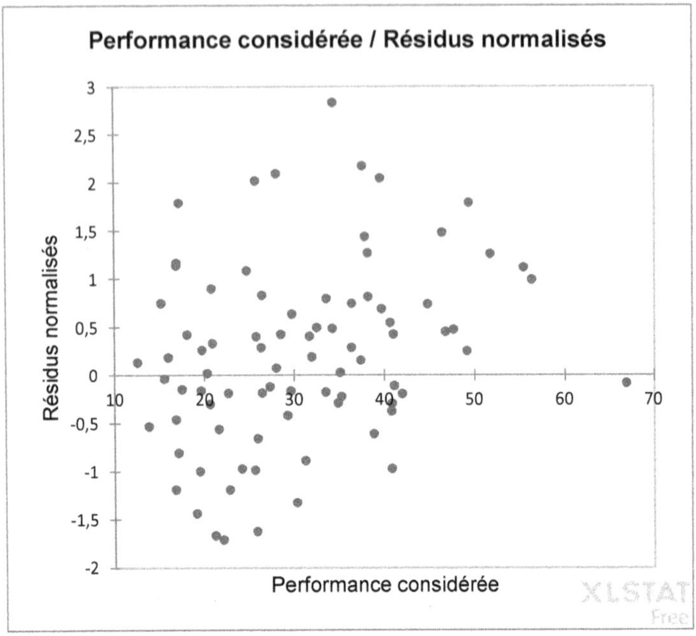
Performance considérée / Résidus normalisés
3
2,5
2
1,5
1
0,5
0
-0,5
-1
-1,5
-2
10
20
30
40
50
60
70
Résidus normalisés
Performance considérée
XLSTAT
Free

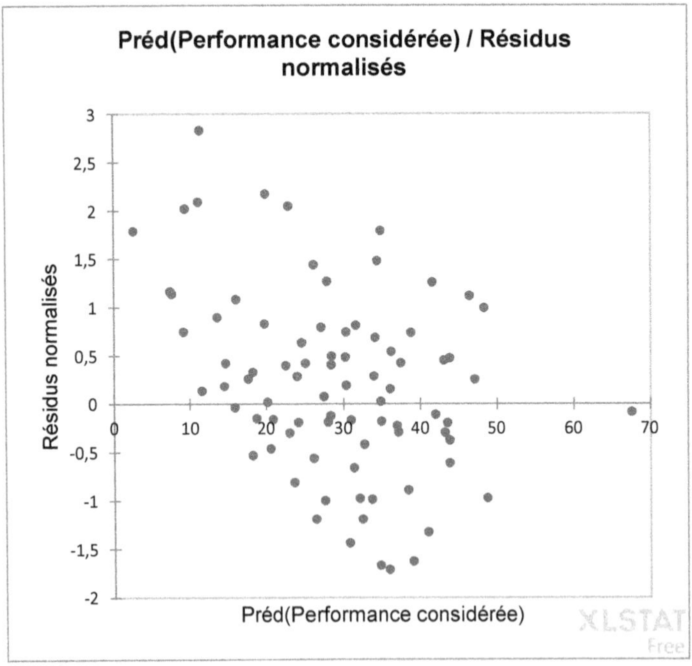
Préd(Performance considérée) / Résidus normalisés
3
2,5
2
1,5
1
0,5
0
-0,5
-1
-1,5
-2
0
10
20
30
40
50
60
70
Résidus normalisés
Préd(Performance considérée)
XLSTAT
Free

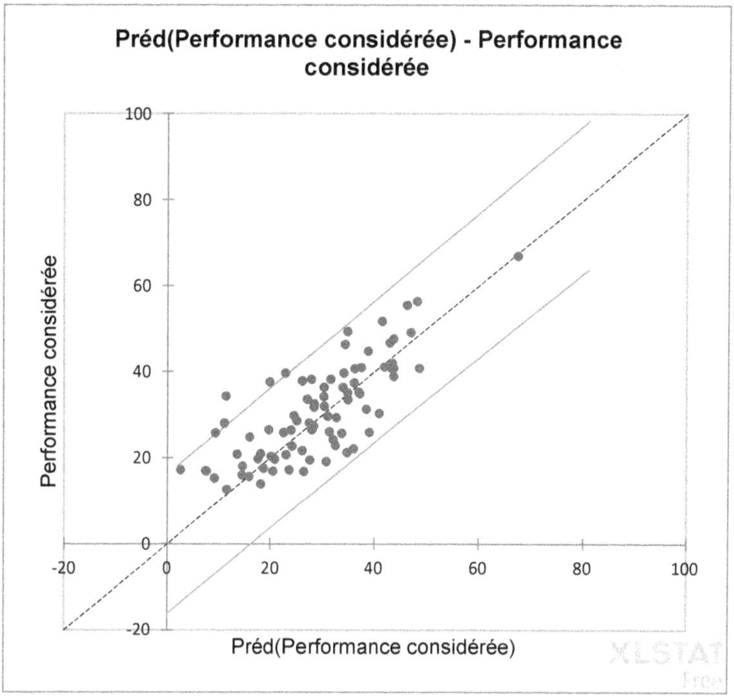
Préd(Performance considérée) - Performance considérée
Performance considérée
Préd(Performance considérée)
100
80
60
40
20
0
-20
-20
0
20
40
60
80
100
XLSTAT Free

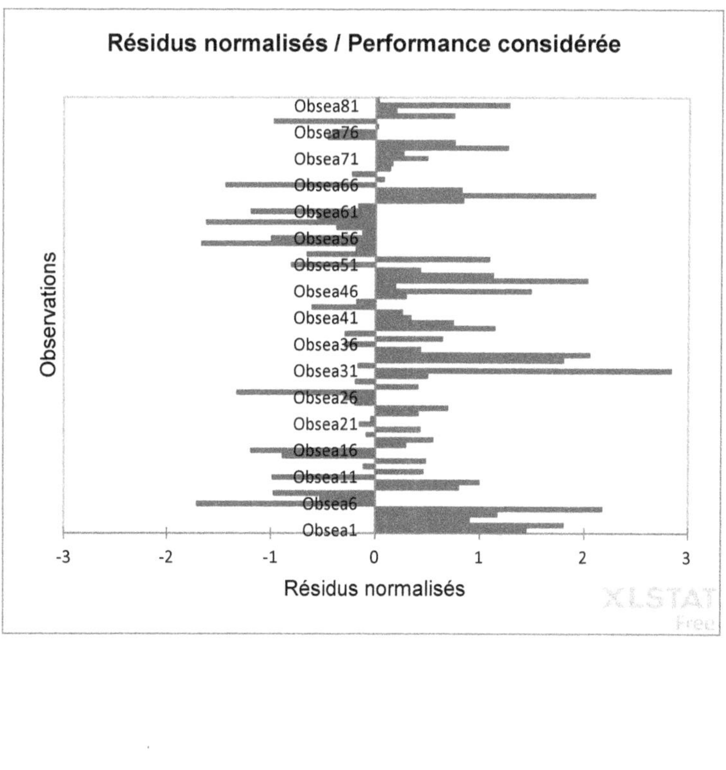
Résidus normalisés / Performance considérée
Observations
Obsea81
Obsea76
Obsea71
Obsea66
Obsea61
Obsea56
Obsea51
Obsea46
Obsea41
Obsea36
Obsea31
Obsea26
Obsea21
Obsea16
Obsea11
Obsea6
Obsea1
-3
-2
-1
0
1
2
3
Résidus normalisés
XLSTAT Free

Diagnostics d'influence (Performance considérée) :

Observation	Poids	Résidu	Résidu std.	Résidus studentisés	Deleted	StuDeleted	Leverage centré	Mahalanobis	D de Cook	CovRatio	DFFits	DFFits(Std)
Obsea1	1,000	11,661	1,438	1,468	12,157	1,511	0,041	3,347	0,015	0,950	0,496	0,305
Obsea2	1,000	14,555	1,795	1,822	15,006	1,880	0,030	2,464	0,017	0,854	0,451	0,326
Obsea3	1,000	7,274	0,897	0,909	7,465	0,919	0,026	2,097	0,004	1,041	0,191	0,147
Obsea4	1,000	9,440	1,164	1,223	10,429	1,290	0,095	7,781	0,026	1,062	0,990	0,397
Obsea5	1,000	17,622	2,173	2,212	18,268	2,313	0,035	2,896	0,030	0,753	0,645	0,435
Obsea6	1,000	-13,863	-1,709	-1,757	-14,643	-1,831	0,053	4,367	0,029	0,892	-0,780	-0,423
Obsea7	1,000	-4,294	-0,529	-0,549	-4,619	-0,567	0,070	5,774	0,004	1,137	-0,325	-0,150
Obsea8	1,000	-7,873	-0,971	-1,014	-8,586	-1,059	0,083	6,809	0,016	1,088	-0,713	-0,305
Obsea9	1,000	6,443	0,794	0,907	8,403	1,035	0,233	19,126	0,042	1,323	1,960	0,500
Obsea10	1,000	8,043	0,992	1,073	9,408	1,161	0,145	11,890	0,033	1,156	1,364	0,442
Obsea11	1,000	-7,982	-0,984	-1,007	-8,354	-1,030	0,045	3,653	0,008	1,045	-0,372	-0,217
Obsea12	1,000	3,667	0,452	0,483	4,185	0,513	0,124	10,144	0,005	1,213	0,518	0,181
Obsea13	1,000	-0,892	-0,110	-0,113	-0,942	-0,115	0,053	4,365	0,000	1,142	-0,050	-0,027
Obsea14	1,000	3,861	0,476	0,494	4,157	0,510	0,071	5,838	0,003	1,143	0,296	0,136
Obsea15	1,000	-7,191	-0,887	-0,907	-7,517	-0,926	0,043	3,559	0,006	1,060	-0,326	-0,193
Obsea16	1,000	-9,636	-1,188	-1,252	-10,693	-1,324	0,099	8,107	0,029	1,060	-1,057	-0,416
Obsea17	1,000	2,343	0,289	0,295	2,442	0,299	0,041	3,322	0,001	1,121	0,099	0,060
Obsea18	1,000	4,414	0,544	0,554	4,567	0,561	0,034	2,751	0,002	1,093	0,153	0,103
Obsea19	1,000	-0,672	-0,083	-0,092	-0,820	-0,101	0,181	14,853	0,000	1,321	-0,149	-0,043
Obsea20	1,000	3,437	0,424	0,443	3,756	0,461	0,085	6,962	0,003	1,165	0,319	0,134
Obsea21	1,000	-1,208	-0,149	-0,155	-1,308	-0,160	0,076	6,242	0,000	1,170	-0,100	-0,044
Obsea22	1,000	-0,296	-0,037	-0,038	-0,317	-0,039	0,064	5,236	0,000	1,156	-0,020	-0,010
Obsea23	1,000	3,289	0,406	0,410	3,355	0,411	0,020	1,610	0,001	1,090	0,066	0,058
Obsea24	1,000	5,571	0,687	0,715	6,044	0,743	0,078	6,415	0,007	1,128	0,473	0,208
Obsea25	1,000	-1,572	-0,194	-0,200	-1,672	-0,205	0,060	4,902	0,000	1,148	-0,100	-0,050
Obsea26	1,000	-2,428	-0,299	-0,305	-2,521	-0,309	0,037	3,021	0,001	1,116	-0,093	-0,059
Obsea27	1,000	-10,733	-1,323	-1,362	-11,362	-1,409	0,055	4,544	0,018	0,988	-0,630	-0,332
Obsea28	1,000	3,260	0,402	0,415	3,472	0,426	0,061	5,009	0,002	1,138	0,212	0,105
Obsea29	1,000	-1,533	-0,189	-0,198	-1,689	-0,207	0,092	7,571	0,001	1,189	-0,156	-0,063
Obsea30	1,000	4,018	0,495	0,501	4,102	0,503	0,020	1,679	0,001	1,084	0,084	0,072
Obsea31	1,000	22,943	2,829	2,859	23,429	3,038	0,021	1,698	0,029	0,559	0,485	0,437
Obsea32	1,000	-1,334	-0,164	-0,169	-1,407	-0,172	0,052	4,265	0,000	1,140	-0,073	-0,039
Obsea33	1,000	14,525	1,791	1,864	15,739	1,974	0,077	6,329	0,048	0,886	1,215	0,548
Obsea34	1,000	16,604	2,047	2,060	16,816	2,120	0,013	1,033	0,009	0,777	0,212	0,238
Obsea35	1,000	3,462	0,427	0,440	3,679	0,451	0,059	4,830	0,002	1,133	0,217	0,110
Obsea36	1,000	-2,380	-0,293	-0,314	-2,726	-0,334	0,127	10,420	0,002	1,231	-0,346	-0,119
Obsea37	1,000	5,153	0,635	0,659	5,538	0,680	0,070	5,712	0,005	1,124	0,386	0,180
Obsea38	1,000	-2,353	-0,290	-0,300	-2,520	-0,309	0,066	5,441	0,001	1,151	-0,167	-0,080
Obsea39	1,000	9,221	1,137	1,199	10,250	1,268	0,100	8,228	0,027	1,073	1,028	0,402

Observation	DFBeta(Constante)	DFBeta_Eau non facturée %	DFBeta_taux de couverture eau potable %	DFBeta_Taux de couverture assainissement %	DFBeta_Heures de fourniture eau (H/J)	DFBeta_Taux de couverture coûts (E + M) %	DFBeta_Taux de comptage %	DFBetaStd(Constante)	DFBetaStd(Eau non facturée %)	DFBetaStd(taux de couverture eau potable %)	DFBetaStd(Taux de couverture assainissement %)	DFBetaStd(Heures de fourniture eau (H/J))	DFBetaStd(Taux de couverture coûts (E + M) %)	DFBetaStd(Taux de comptage %)
Obsea1		0,010	0,000	-0,005	-0,012	0,004	-0,005		0,226	0,007	-0,140	-0,075	0,158	-0,159
Obsea2		-0,005	-0,012	0,004	0,022	0,002	0,002		-0,102	-0,253	0,114	0,133	0,084	0,078
Obsea3		-0,001	0,005	0,000	-0,001	0,000	-0,001		-0,016	0,113	0,013	-0,005	-0,017	-0,041
Obsea4		0,001	0,012	0,002	0,016	-0,004	-0,007		0,026	0,253	0,056	0,095	-0,165	-0,227
Obsea5		-0,012	-0,005	0,007	0,028	-0,006	0,009		-0,258	-0,113	0,227	0,173	-0,240	0,288
Obsea6		0,008	0,003	-0,004	-0,021	-0,005	0,003		0,170	0,056	-0,127	-0,130	-0,176	0,080
Obsea7		0,002	-0,005	-0,001	-0,001	0,001	0,000		0,046	-0,101	-0,028	-0,004	0,041	-0,007
Obsea8		-0,008	0,005	-0,003	0,001	-0,001	0,005		-0,180	0,108	-0,081	0,007	-0,055	0,165
Obsea9		0,005	0,001	-0,008	-0,040	0,012	-0,001		0,101	0,014	-0,247	-0,237	0,451	-0,023
Obsea10		0,004	-0,009	-0,008	0,030	0,004	0,000		0,095	-0,202	-0,241	0,181	0,161	-0,005
Obsea11		0,002	0,001	-0,005	-0,003	0,003	-0,003		0,054	0,016	-0,144	-0,016	0,103	-0,095
Obsea12		0,006	-0,002	-0,001	0,006	0,000	-0,004		0,138	-0,038	-0,026	0,034	-0,009	-0,107
Obsea13		0,000	0,001	0,000	-0,002	0,000	0,000		0,009	0,017	-0,012	-0,014	0,008	-0,012
Obsea14		-0,002	-0,004	0,003	0,001	0,001	0,001		-0,040	-0,088	0,101	0,006	0,033	0,023
Obsea15		-0,003	0,002	0,003	-0,007	-0,002	0,001		-0,063	0,039	0,095	-0,043	-0,081	0,024
Obsea16		0,006	-0,005	0,001	0,015	-0,008	0,001		0,126	-0,104	0,039	0,090	-0,312	0,031
Obsea17		0,000	-0,001	0,002	0,004	-0,001	0,000		-0,001	-0,021	0,046	0,021	-0,029	-0,004
Obsea18		0,004	-0,001	-0,001	-0,005	0,001	0,000		0,079	-0,024	-0,031	-0,029	0,029	-0,006
Obsea19		-0,001	0,001	0,000	0,003	0,000	0,000		-0,025	0,021	-0,014	0,019	-0,003	-0,005
Obsea20		-0,004	-0,001	0,001	0,004	-0,001	0,004		-0,084	-0,014	0,029	0,024	-0,036	0,116
Obsea21		0,000	-0,001	0,000	-0,004	0,000	0,001		0,008	-0,017	-0,001	-0,023	0,001	0,025
Obsea22		0,000	0,000	0,000	0,000	0,000	0,000		0,000	-0,007	-0,003	0,002	0,003	0,001
Obsea23		0,001	0,000	0,001	-0,001	-0,001	0,000		0,030	0,002	0,026	-0,007	-0,021	-0,014
Obsea24		-0,003	-0,004	0,006	0,014	-0,001	-0,002		-0,059	-0,088	0,172	0,085	-0,031	-0,054
Obsea25		0,000	0,001	0,000	-0,002	0,000	-0,001		0,008	0,027	-0,010	-0,011	0,013	-0,039
Obsea26		0,001	-0,001	0,000	-0,005	0,000	-0,001		0,026	-0,018	0,006	-0,030	0,014	-0,016
Obsea27		-0,010	0,001	0,000	-0,002	0,005	0,000		-0,229	0,015	0,000	-0,012	0,171	-0,003
Obsea28		-0,001	0,000	-0,001	0,014	0,000	-0,001		-0,015	0,007	-0,036	0,081	0,001	-0,037
Obsea29		-0,001	-0,001	0,000	0,004	0,000	0,002		-0,032	-0,021	-0,015	0,024	-0,014	0,047
Obsea30		-0,001	-0,001	0,000	0,007	-0,001	0,001		-0,019	-0,017	0,015	0,044	-0,035	0,029
Obsea31		-0,008	0,003	-0,007	-0,003	0,007	0,004		-0,179	0,061	-0,218	-0,018	0,287	0,132
Obsea32		-0,001	0,000	0,000	-0,002	0,001	0,000		-0,022	-0,004	0,010	-0,015	0,023	0,004
Obsea33		0,004	0,022	-0,012	-0,006	0,000	-0,003		0,089	0,470	-0,360	-0,037	0,001	-0,097
Obsea34		-0,005	-0,005	0,004	0,017	-0,002	0,004		-0,119	-0,110	0,126	0,106	-0,079	0,136
Obsea35		0,001	-0,002	0,000	-0,008	0,002	0,000		0,014	-0,038	0,006	-0,046	0,090	0,002
Obsea36		-0,004	0,001	0,000	-0,005	0,001	0,002		-0,086	0,020	0,008	-0,031	0,022	0,071
Obsea37		0,006	0,003	-0,003	-0,021	0,001	0,001		0,122	0,054	-0,092	-0,128	0,055	0,026
Obsea38		0,001	0,001	0,000	-0,006	0,001	-0,002		0,014	0,025	-0,006	-0,037	0,045	-0,055
Obsea39		-0,008	0,008	-0,003	0,040	0,000	-0,004		-0,166	0,179	-0,078	0,240	-0,018	-0,129

Obsea40	1,000	5,977	0,737	0,765	6,432	0,791	0,071	5,800	0,007	1,112	0,455	0,210		-0,002	-0,005	0,000	0,006	0,004	0,000		-0,042	-0,110	-0,011	0,038	0,157	-0,004
Obsea41	1,000	2,687	0,331	0,344	2,892	0,355	0,071	5,831	0,002	1,155	0,206	0,095		0,001	0,002	-0,002	-0,007	0,000	0,001		0,025	0,052	-0,052	-0,042	-0,003	0,045
Obsea42	1,000	2,055	0,253	0,259	2,151	0,264	0,045	3,650	0,001	1,127	0,096	0,056		0,001	-0,002	0,000	0,003	0,000	0,000		0,020	-0,037	0,004	0,017	-0,001	0,005
Obsea43	1,000	-4,948	-0,610	-0,634	-5,341	-0,656	0,074	6,031	0,005	1,132	-0,393	-0,178		0,001	0,004	-0,001	0,009	-0,003	-0,003		0,028	0,079	-0,031	0,055	-0,101	-0,087
Obsea44	1,000	-1,441	-0,178	-0,188	-1,616	-0,198	0,108	8,851	0,001	1,210	-0,174	-0,065		0,000	0,000	0,000	0,007	-0,001	-0,001		0,005	0,009	-0,002	0,041	-0,041	-0,031
Obsea45	1,000	2,329	0,287	0,303	2,593	0,318	0,102	8,371	0,002	1,197	0,265	0,102		-0,003	-0,001	-0,001	0,012	0,000	0,001		-0,057	-0,011	-0,034	0,070	0,013	0,026
Obsea46	1,000	12,007	1,481	1,518	12,626	1,571	0,049	4,015	0,020	0,946	0,618	0,348		0,001	-0,007	0,005	-0,019	-0,002	0,008		0,029	-0,155	0,148	-0,114	-0,065	0,246
Obsea47	1,000	1,516	0,187	0,197	1,683	0,206	0,099	8,130	0,001	1,198	0,167	0,065		0,000	0,002	0,001	-0,006	0,000	-0,001		0,006	0,041	0,028	-0,033	-0,001	-0,019
Obsea48	1,000	16,399	2,022	2,069	17,161	2,164	0,044	3,642	0,033	0,800	0,762	0,456		-0,010	0,006	0,011	0,007	-0,005	0,000		-0,225	0,139	0,334	0,040	-0,198	0,009
Obsea49	1,000	9,068	1,118	1,162	9,798	1,211	0,075	6,113	0,018	1,051	0,730	0,331		0,006	-0,009	0,007	-0,008	0,000	-0,001		0,130	-0,189	0,209	-0,046	-0,014	-0,040
Obsea50	1,000	3,423	0,422	0,438	3,684	0,452	0,071	5,800	0,002	1,148	0,261	0,120		-0,002	0,002	0,000	0,013	-0,001	0,000		-0,037	0,053	-0,012	0,077	-0,052	-0,015
Obsea51	1,000	-6,539	-0,806	-0,838	-7,059	-0,869	0,074	6,038	0,009	1,106	-0,520	-0,236		0,003	-0,004	0,001	0,016	-0,003	-0,003		0,062	-0,096	0,040	0,095	-0,116	-0,078
Obsea52	1,000	8,788	1,084	1,111	9,243	1,141	0,049	4,031	0,011	1,032	0,454	0,253		-0,005	0,003	0,006	-0,007	0,001	-0,002		-0,101	0,056	0,179	-0,043	0,046	-0,065
Obsea53	1,000	-5,328	-0,657	-0,671	-5,560	-0,683	0,042	3,419	0,003	1,090	-0,232	-0,139		0,000	0,000	0,002	-0,006	0,001	-0,003		0,010	-0,004	0,049	-0,034	0,034	-0,093
Obsea54	1,000	-1,492	-0,184	-0,194	-1,663	-0,204	0,103	8,418	0,001	1,203	-0,171	-0,065		-0,002	-0,001	0,000	0,006	-0,001	0,001		-0,041	-0,016	0,009	0,036	-0,038	0,040
Obsea55	1,000	-13,525	-1,668	-1,714	-14,278	-1,784	0,053	4,323	0,027	0,902	-0,753	-0,410		0,004	-0,001	-0,002	0,025	-0,007	-0,002		0,079	-0,028	-0,050	0,151	-0,259	-0,070
Obsea56	1,000	-8,080	-0,996	-1,025	-8,556	-1,055	0,056	4,567	0,010	1,055	-0,477	-0,249		0,006	-0,001	-0,001	-0,010	-0,003	0,000		0,140	-0,026	-0,028	-0,062	-0,107	0,005
Obsea57	1,000	-0,988	-0,122	-0,124	-1,018	-0,125	0,029	2,418	0,000	1,114	-0,030	-0,021		0,000	0,000	0,000	0,001	0,000	0,000		-0,006	-0,005	-0,004	0,009	0,008	-0,011
Obsea58	1,000	-3,021	-0,373	-0,396	-3,410	-0,418	0,114	9,356	0,003	1,207	-0,389	-0,141		-0,002	0,002	0,003	-0,009	0,000	-0,001		-0,050	0,037	0,091	-0,054	0,006	-0,031
Obsea59	1,000	-13,169	-1,624	-1,678	-14,057	-1,755	0,063	5,178	0,032	0,922	-0,888	-0,441		-0,001	0,001	-0,007	0,004	0,007	-0,007		-0,023	0,027	-0,210	0,026	0,262	-0,233
Obsea60	1,000	-4,538	-0,560	-0,583	-4,921	-0,604	0,078	6,372	0,005	1,143	-0,382	-0,168		-0,004	-0,003	-0,001	0,017	0,002	-0,001		-0,079	-0,072	-0,043	0,100	0,064	-0,023
Obsea61	1,000	-9,636	-1,188	-1,256	-10,769	-1,333	0,105	8,623	0,031	1,067	-1,132	-0,432		0,013	0,004	-0,005	-0,029	-0,005	0,000		0,295	0,089	-0,137	-0,173	-0,180	0,013
Obsea62	1,000	-1,300	-0,160	-0,165	-1,377	-0,169	0,056	4,620	0,000	1,145	-0,078	-0,040		0,000	-0,001	0,000	-0,002	0,001	0,000		0,005	-0,017	0,003	-0,013	0,028	-0,014
Obsea63	1,000	6,748	0,832	0,859	7.189	0,885	0,061	5,027	0,008	1,088	0,441	0,219		-0,002	0,001	0,004	0,017	-0,001	-0,004		-0,044	0,016	0,110	0,104	-0,030	-0,138
Obsea64	1,000	16,974	2,093	2,111	17,261	2,179	0,017	1,362	0,013	0,766	0,287	0,281		-0,001	0,008	-0,002	-0,025	0,005	-0,001		-0,012	0,168	-0,055	-0,151	0,180	-0,047
Obsea65	1,000	6,606	0,815	0,831	6,882	0,847	0,040	3,291	0,005	1,068	0,276	0,170		-0,002	-0,003	0,000	0,001	0,000	0,005		-0,050	-0,059	0,005	0,006	-0,005	0,152
Obsea66	1,000	-11,653	-1,437	-1,484	-12,428	-1,545	0,062	5,119	0,024	0,968	-0,776	-0,386		-0,005	-0,006	-0,006	0,000	0,003	0,006		-0,105	-0,129	-0,178	0,001	0,131	0,175
Obsea67	1,000	0,620	0,076	0,082	0,706	0,086	0,121	9,939	0,000	1,231	0,086	0,030		0,000	0,000	0,000	-0,001	0,001	-0,001		-0,003	-0,002	0,013	-0,006	0,019	-0,017
Obsea68	1,000	-1,812	-0,223	-0,234	-1,981	-0,243	0,085	7,008	0,001	1,179	-0,169	-0,071		0,000	0,001	-0,002	0,002	0,001	-0,001		0,001	0,016	-0,053	0,010	0,037	-0,031
Obsea69	1,000	1,101	0,136	0,154	1,410	0,173	0,220	18,006	0,001	1,385	0,310	0,081		0,000	0,002	0,000	-0,010	0,000	0,001		-0,007	0,047	0,012	-0,059	0,011	0,026
Obsea70	1,000	1,258	0,155	0,160	1,341	0,164	0,062	5,066	0,000	1,152	0,083	0,041		0,001	0,000	0,000	0,002	0,000	-0,001		0,018	-0,010	0,009	0,012	0,002	-0,029
Obsea71	1,000	3,949	0,487	0,497	4,111	0,504	0,039	3,233	0,002	1,105	0,162	0,100		-0,001	-0,001	-0,001	0,007	-0,001	0,002		-0,027	-0,025	-0,021	0,044	-0,025	0,073
Obsea72	1,000	2,125	0,262	0,271	2,266	0,278	0,062	5,114	0,001	1,148	0,141	0,069		0,002	0,002	-0,001	-0,002	0,000	-0,001		0,045	0,048	-0,026	-0,011	-0,016	-0,030
Obsea73	1,000	10,209	1,259	1,311	11,076	1,372	0,078	6,417	0,024	1,024	0,867	0,384		0,003	-0,009	0,003	0,007	-0,006	0,008		0,075	-0,184	0,091	0,040	-0,214	0,244
Obsea74	1,000	6,069	0,748	0,856	7,933	0,976	0,235	19,262	0,037	1,335	1,863	0,473		0,012	0,015	-0,008	-0,044	-0,002	0,003		0,256	0,324	-0,241	-0,261	-0,089	0,089
Obsea75	1,000	-3,724	-0,459	-0,472	-3,942	-0,484	0,055	4,537	0,002	1,126	-0,218	-0,114		0,001	-0,003	0,001	-0,010	0,001	0,001		0,032	-0,054	0,018	-0,059	0,021	0,016
Obsea76	1,000	-3,393	-0,418	-0,436	-3,691	-0,453	0,081	6,620	0,003	1,160	-0,298	-0,129		-0,003	-0,001	0,001	-0,007	0,003	0,000		-0,068	-0,011	0,024	-0,042	0,093	-0,004
Obsea77	1,000	0,162	0,020	0,021	0,179	0,022	0,094	7,722	0,000	1,195	0,017	0,007		0,000	0,000	0,000	0,000	0,000	0,000		0,003	0,003	-0,005	0,001	0,000	-0,002
Obsea78	1,000	-7,884	-0,972	-1,034	-8,921	-1,101	0,116	9,533	0,023	1,125	-1,037	-0,375		-0,001	-0,001	0,009	-0,024	0,000	-0,004		-0,030	-0,022	0,284	-0,141	0,000	-0,118
Obsea79	1,000	6,029	0,743	0,767	6,425	0,790	0,062	5,049	0,006	1,101	0,396	0,196		0,006	0,000	0,001	-0,018	-0,002	0,003		0,121	0,003	0,017	-0,109	-0,068	0,079
Obsea80	1,000	1,556	0,192	0,194	1,585	0,194	0,018	1,488	0,000	1,099	0,029	0,026		0,001	0,000	0,000	-0,001	0,000	0,000		0,012	0,000	-0,011	-0,004	0,002	0,010
Obsea81	1,000	10,287	1,268	1,305	10,887	1,349	0,055	4,519	0,017	1,000	0,600	0,317		0,000	-0,004	0,007	-0,001	0,002	-0,006		0,002	-0,081	0,228	-0,008	0,080	-0,175
Obsea82	1,000	0,204	0,025	0,026	0,220	0,027	0,071	5,800	0,000	1,165	0,016	0,007		0,000	0,000	0,000	0,000	0,000	0,000		-0,005	-0,003	0,003	0,002	0,000	0,005

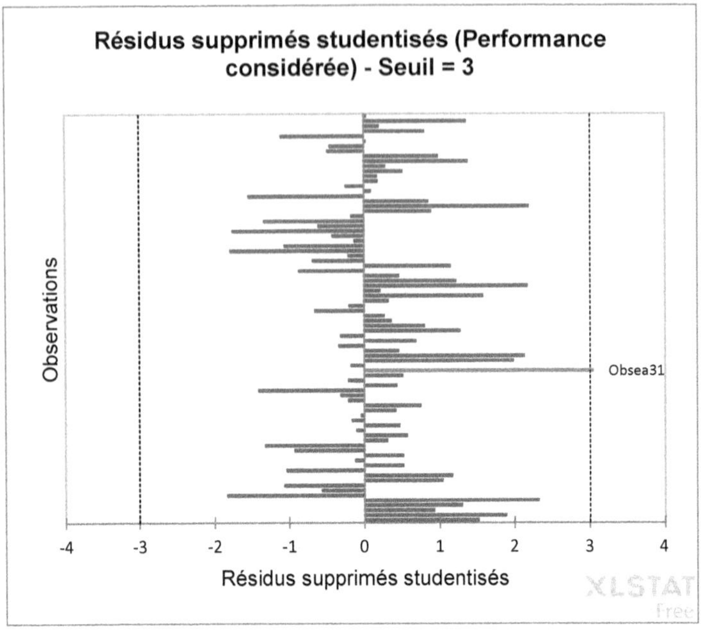
Résidus supprimés studentisés (Performance considérée) - Seuil = 3
Observations
Obsea31
-4
-3
-2
-1
0
1
2
3
4
Résidus supprimés studentisés
XLSTAT Free

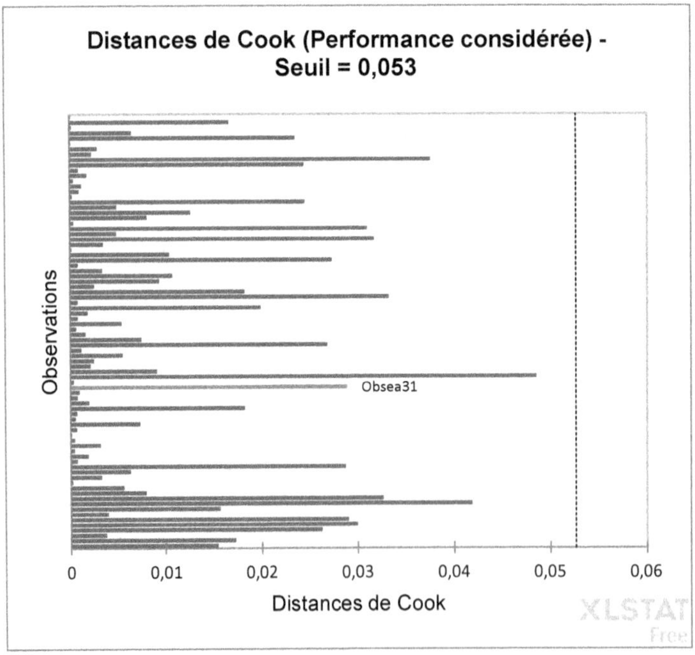
Distances de Cook (Performance considérée) - Seuil = 0,053
Observations
Obsea31
0
0,01
0,02
0,03
0,04
0,05
0,06
Distances de Cook
XLSTAT Free

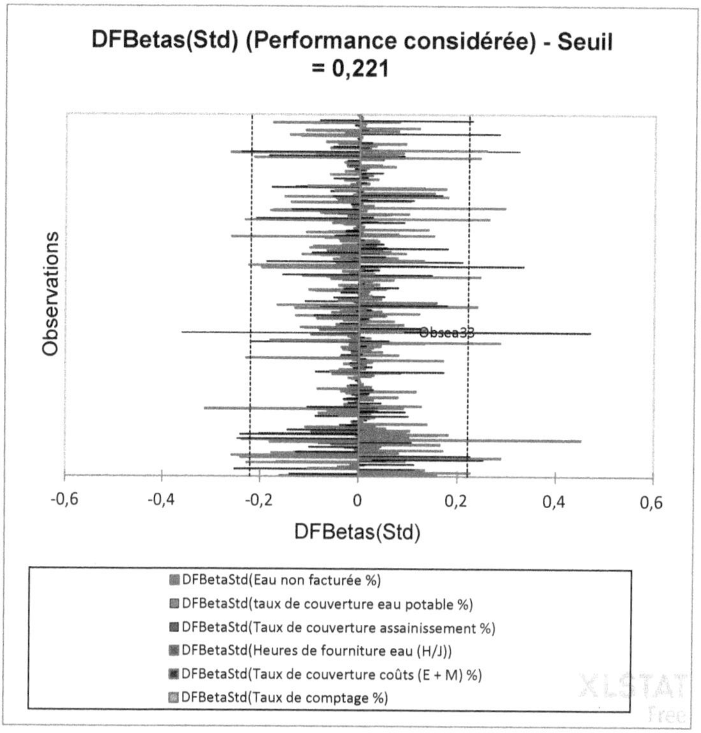

Bien qu'ayant obtenu une **explicativité de 89 % de la variabilité de la Performance** attribuée à partir de **6 variables,** par régression linéaire multiple, plus de robustesse pourrait encore être recherchée à travers une régression non-linéaire.

Cette orientation est guidée par l'intention de procéder à une fusion des deux échantillons (WASREB et WSP) déjà normalisés mais le handicap est la non-attribution de performances dans l'échantillon du WSP.

Par ailleurs, le choix peut aussi être orienté vers l'astuce avec les transformations pour améliorer la linéarité du nouvel échantillon s'il y avait fusion. Cette alternative consisterait à utiliser une transformation de la variable prédictive afin d'améliorer la linéarité, puis d'utiliser cette variable prédictive transformée lors de la modélisation. Plusieurs hypothèses devraient, par la suite, être vérifiées pour juger de la fiabilité et validité du modèle obtenu avec la transformation utilisée.

À ce propos, les potentielles principales transformations sont le log et la racine carrée qui ont tendance à améliorer la normalité et l'homogénéité des résidus ; il s'agit, en pratique, de la fonction “log10” (logarithme en base 10) ou de la fonction “log” (logarithme népérien) peuvent être employées.

Cependant cette dernière alternative ne doit être envisagée que lorsque l’évaluation du lien linéaire est indispensable. Donc cette tentative d’amélioration ne serait admise et les résultats qui en découlent (modélisation) ne sont retenus que si l’amélioration est avérée.

Dans le cas contraire, il serait mieux de demeurer dans la régression linéaire qui a déjà donné une satisfaction (89 % d’explicativité) avec les seules données du WASREB et avec 6 variables qui pourraient réduire à 5, voire 4.

Prédictions pour les nouvelles observations (Performance considérée) :

Observation	Eau non facturée %	taux de couverture eau potable %	Taux de couverture assainissement %	Heures de fourniture eau (H/J)	Taux de couverture coûts (E + M) %	Taux de comptage %	Préd(Performance considérée)	Ecart-type sur la préd. (Moyenne)	Borne inférieure 95% (Moyenne)	Borne supérieure 95% (Moyenne)	Ecart-type sur la préd. (Observation)	Borne inférieure 95% (Observation)	Borne supérieure 95% (Observation)
Obsea1	46,000	17,000	17,000	8,000	65,300	15,700	26,151	1,639	22,887	29,414	8,274	9,672	42,629
Obsea2	31,000	10,500	46,500	12,500	69,500	46,100	34,807	1,406	32,008	37,607	8,231	18,414	51,200
Obsea3	29,000	51,000	49,000	11,000	53,000	32,700	13,525	1,297	10,941	16,108	8,213	-2,833	29,882
Obsea4	34,000	63,300	59,500	14,500	25,900	3,000	7,465	2,498	2,489	12,441	8,486	-9,436	24,366
Obsea5	8,000	14,000	36,000	7,000	8,000	44,000	19,930	1,524	16,894	22,965	8,252	3,495	36,364
Obsea6	51,000	55,300	89,300	22,700	134,300	64,000	35,935	1,871	32,208	39,663	8,323	19,359	52,512
Obsea7	45,300	84,500	85,800	18,800	82,000	74,000	18,147	2,152	13,861	22,433	8,390	1,436	34,858
Obsea8	79,000	23,000	81,000	16,000	91,000	29,000	48,667	2,337	44,012	53,321	8,440	31,857	65,476
Obsea9	42,000	26,000	1,000	6,000	168,000	54,000	27,069	3,917	19,268	34,870	9,006	9,132	45,006
Obsea10	69,000	12,000	8,000	24,000	122,000	67,000	48,277	3,088	42,126	54,427	8,678	30,993	65,560
Obsea11	45,700	43,300	84,700	14,000	54,300	74,300	33,660	1,712	30,251	37,069	8,289	17,152	50,168
Obsea12	81,000	12,000	39,000	16,000	51,000	6,000	43,039	2,852	37,358	48,720	8,597	25,916	60,161
Obsea13	45,000	22,800	67,800	18,000	64,800	74,500	41,942	1,871	38,216	45,669	8,323	25,366	58,519
Obsea14	39,300	16,000	90,000	12,500	91,100	56,500	43,764	2,164	39,455	48,074	8,394	27,047	60,482
Obsea15	64,000	35,500	39,500	19,500	108,500	62,500	38,407	1,689	35,042	41,772	8,284	21,908	54,906
Obsea16	45,000	72,000	76,000	19,000	171,000	76,000	26,435	2,550	21,356	31,513	8,501	9,503	43,366
Obsea17	42,000	23,300	73,800	12,800	35,800	36,500	33,933	1,632	30,682	37,184	8,272	17,457	50,409
Obsea18	58,300	18,300	32,700	10,000	67,000	46,700	36,214	1,485	33,256	39,172	8,245	19,793	52,635
Obsea19	98,000	4,000	94,000	8,000	81,000	78,000	67,513	3,452	60,639	74,388	8,814	49,959	85,068
Obsea20	17,500	35,500	49,000	12,000	48,500	96,000	25,092	2,363	20,386	29,799	8,447	8,269	41,916
Obsea21	42,800	66,300	66,800	23,000	90,000	27,300	18,711	2,238	14,255	23,168	8,413	1,956	35,467
Obsea22	44,000	73,000	79,000	13,000	56,000	51,500	15,864	2,049	11,783	19,945	8,365	-0,796	32,524
Obsea23	45,300	27,700	55,000	9,300	37,700	32,700	28,376	1,136	26,113	30,639	8,189	12,066	44,686
Obsea24	31,300	19,700	90,000	14,300	54,000	18,900	34,108	2,268	29,590	38,626	8,421	17,336	50,880
Obsea25	49,800	21,500	56,300	15,000	61,800	95,300	43,511	1,983	39,562	47,460	8,349	26,883	60,139
Obsea26	38,700	56,000	51,700	19,300	74,700	70,000	23,065	1,557	19,965	26,166	8,258	6,618	39,512
Obsea27	77,000	34,700	58,300	15,300	42,000	62,300	40,992	1,909	37,189	44,794	8,332	24,398	57,585

Obsea28	38,700	41,700	30,000	22,000	77,000	32,700	22,565	2,004	18,573	26,557	8,354	5,927	39,203
Obsea29	56,000	46,000	76,000	9,000	75,000	1,000	24,195	2,464	19,287	29,103	8,476	7,314	41,077
Obsea30	36,000	29,000	45,300	14,300	45,300	55,000	28,446	1,161	26,134	30,757	8,192	12,129	44,762
Obsea31	4,000	17,000	1,000	5,000	51,000	29,000	11,339	1,167	9,015	13,664	8,193	-4,979	27,658
Obsea32	61,700	33,000	33,300	16,000	26,700	45,800	30,934	1,850	27,250	34,617	8,318	14,367	47,501
Obsea33	30,300	62,000	6,000	11,300	51,300	35,300	2,651	2,253	-1,836	7,139	8,417	-14,113	19,415
Obsea34	17,500	13,500	34,000	7,800	28,300	37,000	22,944	0,910	21,131	24,757	8,161	6,690	39,197
Obsea35	45,300	20,300	53,300	9,300	116,300	53,300	37,484	1,968	33,564	41,404	8,345	20,863	54,105
Obsea36	84,000	19,000	49,000	18,000	46,000	9,000	43,187	2,891	37,429	48,945	8,610	26,039	60,335
Obsea37	51,000	28,000	12,300	3,000	58,300	54,000	24,589	2,140	20,326	28,852	8,388	7,884	41,295
Obsea38	47,000	28,000	46,000	17,000	37,500	90,000	37,152	2,089	32,992	41,313	8,375	20,473	53,832
Obsea39	21,800	67,000	39,800	22,500	79,000	29,300	7,653	2,569	2,536	12,769	8,507	-9,290	24,596
Obsea40	40,300	19,300	47,000	16,700	130,000	53,700	38,789	2,157	34,494	43,085	8,392	22,076	55,503
Obsea41	44,500	51,000	17,000	8,000	55,000	82,000	18,199	2,163	13,891	22,506	8,393	1,482	34,915
Obsea42	64,800	15,500	53,300	16,800	73,500	61,000	47,042	1,711	43,634	50,449	8,288	30,534	63,549
Obsea43	48,000	26,000	67,000	12,000	123,000	91,000	43,761	2,199	39,380	48,141	8,403	27,025	60,496
Obsea44	38,000	28,300	53,300	5,000	119,700	89,700	34,884	2,664	29,577	40,191	8,536	17,882	51,886
Obsea45	25,000	42,500	23,500	24,000	100,500	73,800	24,036	2,591	18,875	29,196	8,514	7,079	40,992
Obsea46	33,000	4,700	44,700	3,000	25,300	62,300	34,361	1,795	30,786	37,935	8,306	17,818	50,904
Obsea47	40,000	69,000	93,000	7,000	64,000	32,000	14,474	2,554	9,389	19,560	8,502	-2,459	31,408
Obsea48	3,000	32,000	55,500	5,000	9,000	16,500	9,359	1,709	5,955	12,763	8,288	-7,148	25,866
Obsea49	57,000	3,000	78,000	8,000	48,000	32,000	46,349	2,214	41,938	50,759	8,407	29,605	63,092
Obsea50	33,800	62,800	47,300	21,300	51,800	46,000	14,627	2,157	10,331	18,922	8,392	-2,087	31,340
Obsea51	42,800	69,300	62,500	14,500	130,500	93,500	23,661	2,201	19,278	28,044	8,403	6,925	40,397
Obsea52	15,000	39,300	74,000	7,300	62,000	19,300	15,991	1,798	12,410	19,573	8,307	-0,553	32,536
Obsea53	50,000	43,000	37,000	17,000	68,000	90,500	31,329	1,656	28,031	34,627	8,277	14,844	47,814
Obsea54	61,300	38,000	51,700	7,700	104,000	13,700	27,961	2,598	22,785	33,136	8,516	11,000	44,922
Obsea55	53,000	57,000	81,000	16,000	138,000	84,000	34,721	1,862	31,012	38,430	8,321	18,148	51,293
Obsea56	39,500	61,800	76,000	21,300	131,000	69,000	27,570	1,914	23,758	31,382	8,333	10,974	44,166
Obsea57	46,700	36,300	52,000	8,300	40,000	66,000	28,324	1,393	25,551	31,098	8,229	11,936	44,713

Obsea58	74,000	23,000	5,000	22,000	78,000	84,000	43,763	2,739	38,308	49,219	8,560	26,715	60,812
Obsea59	60,000	43,300	84,300	13,700	43,700	89,300	39,047	2,038	34,989	43,106	8,362	22,393	55,702
Obsea60	57,000	48,000	69,300	5,000	27,000	59,000	26,151	2,261	21,648	30,653	8,419	9,383	42,919
Obsea61	31,300	53,300	90,300	24,000	147,300	65,300	32,437	2,630	27,199	37,675	8,526	15,457	49,418
Obsea62	43,500	57,300	48,000	16,800	33,800	72,500	20,904	1,925	17,070	24,738	8,335	4,303	37,504
Obsea63	27,000	37,000	69,000	15,000	51,000	1,000	19,739	2,008	15,740	23,738	8,355	3,100	36,379
Obsea64	14,000	28,500	22,000	4,000	52,000	21,000	11,062	1,045	8,981	13,144	8,177	-5,224	27,348
Obsea65	31,700	21,300	36,000	10,300	57,700	81,300	31,579	1,625	28,343	34,815	8,271	15,106	48,052
Obsea66	65,000	61,000	97,000	17,000	66,000	41,000	30,744	2,026	26,708	34,779	8,359	14,095	47,392
Obsea67	33,000	36,300	90,700	11,000	126,000	3,700	27,431	2,823	21,808	33,054	8,587	10,328	44,534
Obsea68	43,000	23,000	86,500	7,000	16,500	65,600	37,000	2,371	32,278	41,722	8,449	20,172	53,828
Obsea69	35,000	88,000	88,000	2,000	93,000	99,000	11,512	3,800	3,943	19,081	8,956	-6,326	29,349
Obsea70	58,000	23,000	62,000	16,000	68,000	9,000	36,088	2,016	32,073	40,102	8,357	19,444	52,731
Obsea71	36,500	27,500	29,000	15,000	54,000	78,000	30,214	1,610	27,007	33,422	8,268	13,747	46,682
Obsea72	57,300	54,500	35,000	12,000	42,500	30,000	17,601	2,025	13,567	21,635	8,359	0,953	34,249
Obsea73	48,500	3,000	41,000	8,500	5,500	73,500	41,533	2,269	37,015	46,051	8,421	24,761	58,305
Obsea74	63,000	68,000	1,000	2,000	17,000	78,000	9,170	3,931	1,341	16,998	9,012	-8,779	27,119
Obsea75	45,500	70,000	59,000	23,000	86,500	60,300	20,551	1,908	16,752	24,351	8,331	3,958	37,144
Obsea76	67,000	33,000	34,000	16,000	8,000	53,100	32,657	2,304	28,068	37,247	8,431	15,866	49,449
Obsea77	62,000	55,000	7,000	19,000	74,000	45,000	20,155	2,489	15,198	25,112	8,483	3,260	37,051
Obsea78	62,000	48,000	4,000	24,000	94,000	98,000	32,049	2,765	26,542	37,556	8,568	14,984	49,114
Obsea79	48,000	14,000	34,000	1,000	6,000	53,900	30,300	2,012	26,292	34,308	8,356	13,658	46,942
Obsea80	48,500	30,000	33,500	11,500	63,000	60,900	30,339	1,093	28,163	32,515	8,183	14,041	46,638
Obsea81	29,000	17,000	73,000	8,000	61,000	1,000	27,868	1,904	24,076	31,659	8,330	11,276	44,459
Obsea82	27,000	29,000	63,000	16,000	78,000	89,000	34,829	2,157	30,534	39,125	8,392	18,116	51,543

Interprétation (Performance considérée) :

Etant donné le R^2, 89% de la variabilité de la variable dépendante Performance considérée sont expliqués par les 6

4.2.4 Nouvel échantillon de base (WASREB) à 5 variables

	Eau non facturée %	taux de couverture eau potable %	Heures de fourniture eau (H/J)	Taux de couverture coûts (E + M) %	Taux de comptage %	Performance considérée
Obsea1	46,000	17,000	8,000	65,300	15,700	37,812
Obsea2	31,000	10,500	12,500	69,500	46,100	49,363
Obsea3	29,000	51,000	11,000	53,000	32,700	20,798
Obsea4	34,000	63,300	14,500	25,900	3,000	16,905
Obsea5	8,000	14,000	7,000	8,000	44,000	37,552
Obsea6	51,000	55,300	22,700	134,300	64,000	22,072
Obsea7	45,300	84,500	18,800	82,000	74,000	13,853
Obsea8	79,000	23,000	16,000	91,000	29,000	40,794
Obsea9	42,000	26,000	6,000	168,000	54,000	33,512
Obsea10	69,000	12,000	24,000	122,000	67,000	56,320
Obsea11	45,700	43,300	14,000	54,300	74,300	25,678
Obsea12	81,000	12,000	16,000	51,000	6,000	46,706
Obsea13	45,000	22,800	18,000	64,800	74,500	41,051
Obsea14	39,300	16,000	12,500	91,100	56,500	47,626
Obsea15	64,000	35,500	19,500	108,500	62,500	31,216
Obsea16	45,000	72,000	19,000	171,000	76,000	16,799
Obsea17	42,000	23,300	12,800	35,800	36,500	36,276
Obsea18	58,300	18,300	10,000	67,000	46,700	40,628
Obsea19	98,000	4,000	8,000	81,000	78,000	66,842
Obsea20	17,500	35,500	12,000	48,500	96,000	28,530
Obsea21	42,800	66,300	23,000	90,000	27,300	17,503
Obsea22	44,000	73,000	13,000	56,000	51,500	15,568
Obsea23	45,300	27,700	9,300	37,700	32,700	31,665
Obsea24	31,300	19,700	14,300	54,000	18,900	39,679
Obsea25	49,800	21,500	15,000	61,800	95,300	41,939
Obsea26	38,700	56,000	19,300	74,700	70,000	20,637
Obsea27	77,000	34,700	15,300	42,000	62,300	30,259
Obsea28	38,700	41,700	22,000	77,000	32,700	25,826
Obsea29	56,000	46,000	9,000	75,000	1,000	22,663
Obsea30	36,000	29,000	14,300	45,300	55,000	32,463
Obsea31	4,000	17,000	5,000	51,000	29,000	34,283
Obsea32	61,700	33,000	16,000	26,700	45,800	29,600
Obsea33	30,300	62,000	11,300	51,300	35,300	17,176
Obsea34	17,500	13,500	7,800	28,300	37,000	39,548
Obsea35	45,300	20,300	9,300	116,300	53,300	40,947
Obsea36	84,000	19,000	18,000	46,000	9,000	40,807
Obsea37	51,000	28,000	3,000	58,300	54,000	29,742
Obsea38	47,000	28,000	17,000	37,500	90,000	34,799
Obsea39	21,800	67,000	22,500	79,000	29,300	16,874

Obsea40	40,300	19,300	16,700	130,000	53,700	44,766
Obsea41	44,500	51,000	8,000	55,000	82,000	20,885
Obsea42	64,800	15,500	16,800	73,500	61,000	49,097
Obsea43	48,000	26,000	12,000	123,000	91,000	38,812
Obsea44	38,000	28,300	5,000	119,700	89,700	33,443
Obsea45	25,000	42,500	24,000	100,500	73,800	26,364
Obsea46	33,000	4,700	3,000	25,300	62,300	46,368
Obsea47	40,000	69,000	7,000	64,000	32,000	15,991
Obsea48	3,000	32,000	5,000	9,000	16,500	25,758
Obsea49	57,000	3,000	8,000	48,000	32,000	55,416
Obsea50	33,800	62,800	21,300	51,800	46,000	18,050
Obsea51	42,800	69,300	14,500	130,500	93,500	17,122
Obsea52	15,000	39,300	7,300	62,000	19,300	24,780
Obsea53	50,000	43,000	17,000	68,000	90,500	26,001
Obsea54	61,300	38,000	7,700	104,000	13,700	26,469
Obsea55	53,000	57,000	16,000	138,000	84,000	21,196
Obsea56	39,500	61,800	21,300	131,000	69,000	19,491
Obsea57	46,700	36,300	8,300	40,000	66,000	27,336
Obsea58	74,000	23,000	22,000	78,000	84,000	40,742
Obsea59	60,000	43,300	13,700	43,700	89,300	25,878
Obsea60	57,000	48,000	5,000	27,000	59,000	21,612
Obsea61	31,300	53,300	24,000	147,300	65,300	22,801
Obsea62	43,500	57,300	16,800	33,800	72,500	19,604
Obsea63	27,000	37,000	15,000	51,000	1,000	26,487
Obsea64	14,000	28,500	4,000	52,000	21,000	28,036
Obsea65	31,700	21,300	10,300	57,700	81,300	38,185
Obsea66	65,000	61,000	17,000	66,000	41,000	19,091
Obsea67	33,000	36,300	11,000	126,000	3,700	28,051
Obsea68	43,000	23,000	7,000	16,500	65,600	35,188
Obsea69	35,000	88,000	2,000	93,000	99,000	12,612
Obsea70	58,000	23,000	16,000	68,000	9,000	37,346
Obsea71	36,500	27,500	15,000	54,000	78,000	34,163
Obsea72	57,300	54,500	12,000	42,500	30,000	19,726
Obsea73	48,500	3,000	8,500	5,500	73,500	51,742
Obsea74	63,000	68,000	2,000	17,000	78,000	15,239
Obsea75	45,500	70,000	23,000	86,500	60,300	16,828
Obsea76	67,000	33,000	16,000	8,000	53,100	29,264
Obsea77	62,000	55,000	19,000	74,000	45,000	20,318
Obsea78	62,000	48,000	24,000	94,000	98,000	24,165
Obsea79	48,000	14,000	1,000	6,000	53,900	36,329
Obsea80	48,500	30,000	11,500	63,000	60,900	31,895
Obsea81	29,000	17,000	8,000	61,000	1,000	38,155
Obsea82	27,000	29,000	16,000	78,000	89,000	35,034

4.2.4.1 Performances régressées par utilitaire d'analyse Excel

- **Corrélation**

	Eau non facturée %	*taux de couverture eau potable %*	*Heures de fourniture eau (H/J)*	*Taux de couverture coûts (E + M) %*	*Taux de comptage %*	*Performance considérée*
Eau non facturée %	1					
taux de couverture eau potable %	-0,0927318	1				
Heures de fourniture eau (H/J)	0,22273076	0,28997845	1			
Taux de couverture coûts (E + M) %	0,08816573	0,23909656	0,38843796	1		
Taux de comptage %	0,12555319	0,14017366	0,1447073	0,20525537	1	
Performance considérée	0,25755308	-0,92650441	-0,15337636	-0,08648159	-0,01426842	1

Statistiques de la régression	
Coefficient de détermination multiple	0,9537691
Coefficient de détermination R^2	**0,9096755**
Coefficient de détermination R^2	0,90373309
Erreur-type	3,51648427
Observations	82

ANALYSE DE VARIANCE					
	Degré de liberté	*Somme des carrés*	*Moyenne des carrés*	*F*	*Valeur critique de F*
Régression	5	9464,80914	1892,96183	153,082131	3,3705E-38
Résidus	76	939,790282	12,3656616		
Total	81	10404,5994			

	Coefficients	*Erreur-type*	*Statistique t*	*Probabilité*	*Limite inférieure pour seuil de confiance = 95%*	*Limite supérieure pour seuil de confiance = 95%*	*Limite inférieure pour seuil de confiance = 95,0%*	*Limite supérieure pour seuil de confiance = 95,0%*
Constante	41,5568706	1,49472527	27,802347	1,4221E-41	38,5798672	44,533874	38,5798672	44,533874
Eau non facturée %	0,08877075	0,02285882	3,88343606	0,00021809	0,04324347	0,13429803	0,04324347	0,13429803
taux de couverture eau potable %	-0,5311514	0,02053078	-25,8709754	2,0184E-39	-0,572042	-0,4902608	-0,572042	-0,4902608
Heures de fourniture eau (H/J)	0,08378856	0,07366625	1,13740775	0,25894114	-0,06293049	0,23050761	-0,06293049	0,23050761
Taux de couverture coûts (E + M) %	0,02948985	0,01154044	2,55534811	0,0126059	0,00650506	0,05247463	0,00650506	0,05247463
Taux de comptage %	0,03145876	0,01472445	2,13649851	0,03585735	0,00213248	0,06078504	0,00213248	0,06078504

Équation 3 : Modèle à 5 variables explicatives

Performance = 41,5568706+ 0,08877075***Eau non facturée (%)**-0,5311514* **taux de couverture eau potable (%)**+0,08378856* **Heures de fourniture eau (H/J)**+ 0,02948985* **Taux de couverture coûts (E + M) (%)**+0,03145876* **Taux de comptage (%)**

Etant donné le R^2, 91% de la variabilité de la variable dépendante Performance considérée sont expliqués par les 5 variables explicatives.

ANALYSE DES RÉSIDUS					RÉPARTITION DES PROBABILITÉS	
Observation	***Prévisions Performance considérée***	***Résidus***	***Résidus normalisés***	***Val abs résidus***	***Centile***	***Performance considérée***
1	39,70064927	-1,888795885	-0,554513421	1,888795885	0,609756098	12,61236948
2	43,27882428	6,083872615	1,786105659	6,083872615	1,829268293	13,85270467
3	20,55583853	0,2426047	0,071223981	0,2426047	3,048780488	15,23924076
4	13,02629007	3,878456422	1,138638726	3,878456422	4,268292683	15,56759923
5	37,03754113	0,514461233	0,151035727	0,514461233	5,487804878	15,99063146
6	24,58735384	-2,515413566	-0,738476081	2,515413566	6,707317073	16,79853491
7	7,017233005	6,835471662	2,006760397	6,835471662	7,926829268	16,82767377
8	41,28977463	-0,495857449	-0,14557402	0,495857449	9,146341463	16,87413669
9	38,63110431	-5,11940264	-1,502956194	5,11940264	10,36585366	16,90474649
10	49,02465909	7,295500128	2,14181573	7,295500128	11,58536585	17,12181609
11	27,72656264	-2,048358338	-0,601357828	2,048358338	12,80487805	17,17579545
12	45,40683617	1,299054818	0,381377012	1,299054818	14,02439024	17,50296515
13	39,20411614	1,846428499	0,542075188	1,846428499	15,24390244	18,04984081
14	42,05844059	5,567185151	1,634416355	5,567185151	16,46341463	19,09105827
15	35,18202165	-3,966440153	-1,164469024	3,966440153	17,68292683	19,49079861
16	16,33426583	0,464269083	0,136300296	0,464269083	18,90243902	19,60389725
17	36,18588928	0,090265177	0,026500085	0,090265177	20,12195122	19,72626746
18	41,29496405	-0,666683131	-0,19572509	0,666683131	21,34146341	20,31751033
19	53,64456763	13,19695881	3,874368239	13,19695881	22,56097561	20,63722269
20	29,71024527	-1,180731064	-0,346639479	1,180731064	23,7804878	20,79844323
21	15,58096824	1,921996909	0,564260591	1,921996909	25	20,88533557
22	11,04954035	4,518058875	1,32641346	4,518058875	26,2195122	21,19579853
23	33,78499407	-2,120109699	-0,62242262	2,120109699	27,43902439	21,61246296
24	37,2569112	2,42181982	0,710998793	2,42181982	28,65853659	22,07194027
25	40,63521951	1,303870413	0,382790777	1,303870413	29,87804878	22,66264643

26	21,26994424	-0,632721555	-0,185754637	0,632721555	31,09756098	22,80117503
27	34,44168399	-4,183038457	-1,228058037	4,183038457	32,31707317	24,16541029
28	27,98605327	-2,160502556	-0,63428117	2,160502556	33,53658537	24,77955269
29	25,09236257	-2,429716132	-0,713316996	2,429716132	34,75609756	25,6782043
30	33,61352526	-1,150105541	-0,337648427	1,150105541	35,97560976	25,75816454
31	35,71760884	-1,434796767	-0,421228186	1,434796767	37,19512195	25,82555071
32	33,07483673	-3,474945901	-1,020175953	3,474945901	38,41463415	25,87838036
33	14,88537174	2,290423711	0,672423473	2,290423711	39,63414634	26,00108394
34	38,59190236	0,956356559	0,280767526	0,956356559	40,85365854	26,36439672
35	40,68146679	0,265368589	0,077907012	0,265368589	42,07317073	26,46851968
36	42,06959281	-1,262480505	-0,370639512	1,262480505	43,29268293	26,48736076
37	34,88133639	-5,139399429	-1,508826859	5,139399429	44,51219512	27,33609552
38	36,21841976	-1,419171231	-0,416640835	1,419171231	45,73170732	28,03631659
39	13,04161147	3,832525211	1,125154224	3,832525211	46,95121951	28,05091607
40	41,8053942	2,960866952	0,869252457	2,960866952	48,17073171	28,5295142
41	23,29031595	-2,404980383	-0,706055065	2,404980383	49,3902439	29,26392057
42	44,5705043	4,526222728	1,328810207	4,526222728	50,6097561	29,59989082
43	39,50339115	-0,691054118	-0,202879933	0,691054118	51,82926829	29,74193696
44	36,66930264	-3,2265045	-0,947238431	3,2265045	53,04878049	30,25864553
45	28,49851641	-2,134119691	-0,626535679	2,134119691	54,26829268	31,2155815
46	44,94723322	1,420775775	0,417111898	1,420775775	55,48780488	31,66488437
47	11,93880455	4,051826911	1,189536901	4,051826911	56,70731707	31,8953744
48	26,02975909	-0,271594558	-0,079734835	0,271594558	57,92682927	32,46341971
49	48,11585049	7,300511287	2,143286908	7,300511287	59,14634146	33,44279814
50	15,96038749	2,089453319	0,613422508	2,089453319	60,36585366	33,51170167
51	16,55221992	0,569596175	0,167222264	0,569596175	61,58536585	34,16298025
52	25,06136297	-0,281810279	-0,08273397	0,281810279	62,80487805	34,28281208
53	29,43263075	-3,431546813	-1,007434832	3,431546813	64,02439024	34,79924853
54	30,95786537	-4,489345687	-1,317983831	4,489345687	65,24390244	35,0335762
55	24,03884222	-2,843043682	-0,834661856	2,843043682	66,46341463	35,18808764

56	20,05667947	-0,565880859	-0,16613152	0,565880859	67,68292683	36,27615446
57	30,37298586	-3,036890341	-0,891571433	3,036890341	68,90243902	36,32912261
58	42,69551599	-1,953491976	-0,573506925	1,953491976	70,12195122	37,34556094
59	29,13013678	-3,251756424	-0,9546519	3,251756424	71,34146341	37,55200236
60	24,19277165	-2,580308698	-0,757528019	2,580308698	72,56097561	37,81185339
61	24,43406241	-1,632887382	-0,479383705	1,632887382	73,7804878	38,15452329
62	19,66858778	-0,064690537	-0,018991873	0,064690537	75	38,18473492
63	27,09334848	-0,605987715	-0,177906106	0,605987715	76,2195122	38,81233703
64	30,19110648	-2,154789886	-0,632604042	2,154789886	77,43902439	39,54825892
65	38,17956201	0,005172908	0,001518664	0,005172908	78,65853659	39,67873102
66	19,58727857	-0,496220306	-0,145680548	0,496220306	79,87804878	40,62828092
67	29,95930185	-1,90838578	-0,560264631	1,90838578	81,09756098	40,74202402
68	36,29432764	-1,106239998	-0,324770364	1,106239998	82,31707317	40,79391718
69	3,947073868	8,665295612	2,543960815	8,665295612	83,53658537	40,8071123
70	38,11814726	-0,772586325	-0,22681619	0,772586325	84,75609756	40,94683538
71	35,49340284	-1,330422591	-0,390585975	1,330422591	85,97560976	41,05054464
72	20,89822734	-1,171959879	-0,344064432	1,171959879	87,19512195	41,93908992
73	47,45541342	4,286636056	1,25847226	4,286636056	88,41463415	44,76626115
74	14,15382048	1,085420285	0,318658104	1,085420285	89,63414634	46,368009
75	14,79031368	2,037360087	0,598128957	2,037360087	90,85365854	46,70589099
76	33,2235105	-3,959589926	-1,162457932	3,959589926	92,07317073	47,62562574
77	23,03720564	-2,719695317	-0,798449196	2,719695317	93,29268293	49,09672703
78	29,43131938	-5,265909089	-1,545967614	5,265909089	94,51219512	49,3626969
79	40,33810172	-4,008979112	-1,176957628	4,008979112	95,73170732	51,74204948
80	34,66497721	-2,769602806	-0,813101056	2,769602806	96,95121951	55,41636177
81	37,60229645	0,552226834	0,162122966	0,552226834	98,17073171	56,32015922
82	34,99094486	0,04263134	0,012515725	0,04263134	99,3902439	66,84152644
				208,8378893		
			Moyenne	**2,54680353**	**inférieur à l'écart type**	
			Ecart type	**2,24411771**		

4.2.4.2 Performances régressées par XLstat

➤ **Statistiques descriptives**

Statistiques descriptives (Données quantitatives) :

Statistique	Eau non facturée %	taux de couverture eau potable %	Heures de fourniture eau (H/J)	Taux de couverture coûts (E + M) %	Taux de comptage %	Performance considérée
Nb. d'observations	82	82	82	82	82	82
Somme des poids	82	82	82	82	82	82
Minimum	-2,363	-1,669	-2,026	-1,690	-1,909	-1,607
Maximum	2,974	2,504	1,782	2,744	1,682	3,208
Eff. du minimum	1	2	1	1	3	1
Eff. du maximum	1	1	4	1	1	1
Amplitude	5,337	4,173	3,807	4,434	3,592	4,814
1er Quartile	-0,630	-0,768	-0,867	-0,619	-0,767	-0,865
Médiane	-0,003	-0,196	0,102	-0,163	0,051	-0,113
3ème Quartile	0,671	0,845	0,623	0,551	0,774	0,663
Somme	0,000	0,000	0,000	0,000	0,000	0,000
Moyenne	0,000	0,000	0,000	0,000	0,000	0,000
Variance (n)	1,000	1,000	1,000	1,000	1,000	1,000
Variance (n-1)	1,012	1,012	1,012	1,012	1,012	1,012
Ecart-type (n)	1,000	1,000	1,000	1,000	1,000	1,000
Ecart-type (n-1)	1,006	1,006	1,006	1,006	1,006	1,006
Coefficient de variation (n)						
Coefficient de variation (n-1)						
Asymétrie (Pearson)	0,170	0,447	-0,007	0,642	-0,245	0,625
Asymétrie (Fisher)	0,173	0,456	-0,007	0,654	-0,250	0,637
Asymétrie (Bowley)	0,037	0,291	-0,300	0,220	-0,062	0,016
Ecart-type de la moyenne	0,111	0,111	0,111	0,111	0,111	0,111
Ecart-type de la variance	0,159	0,159	0,159	0,159	0,159	0,159
Moyenne harmonique	-0,224	0,025	-4,895	-0,469	-0,004	-4,534

Box plots :

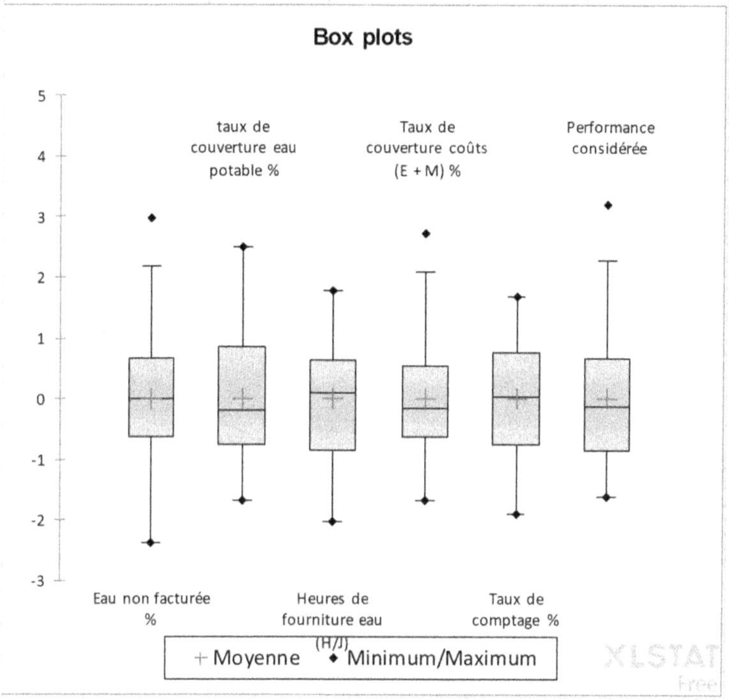
Box plots
5
4
3
2
1
0
-1
-2
-3
taux de couverture eau potable %
Taux de couverture coûts (E + M) %
Performance considérée
Eau non facturée %
Heures de fourniture eau (H/J)
Taux de comptage %
+ Moyenne
◆ Minimum/Maximum
XLSTAT Free

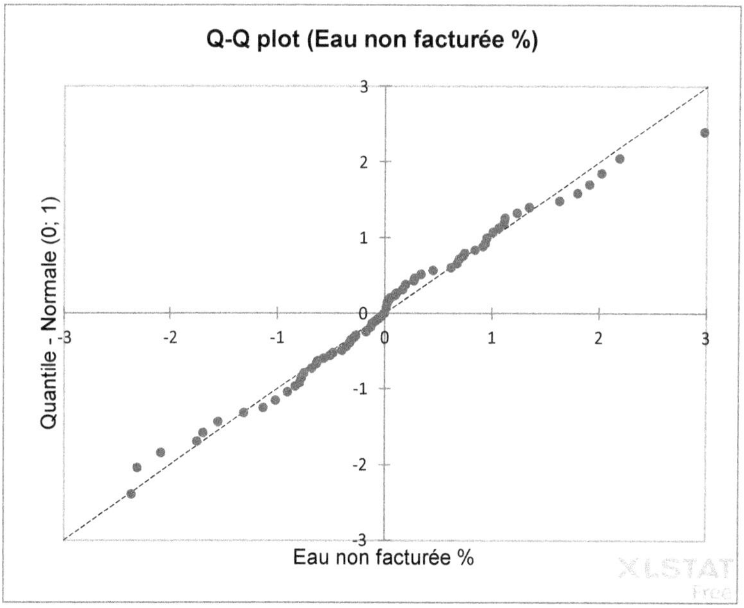
Q-Q plot (Eau non facturée %)
Quantile - Normale (0; 1)
Eau non facturée %
-3
-2
-1
0
1
2
3
XLSTAT Free

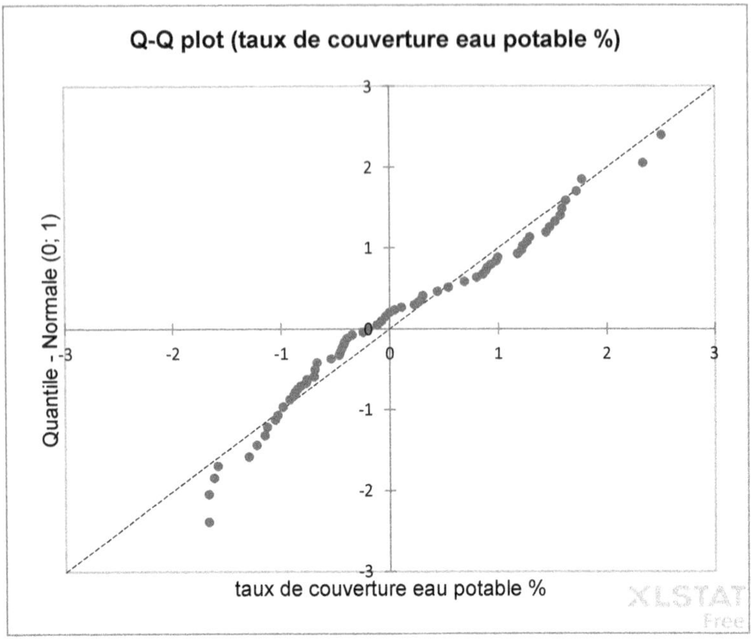
Q-Q plot (taux de couverture eau potable %)
Quantile - Normale (0; 1)
taux de couverture eau potable %
-3
-2
-1
0
1
2
3
XLSTAT
Free

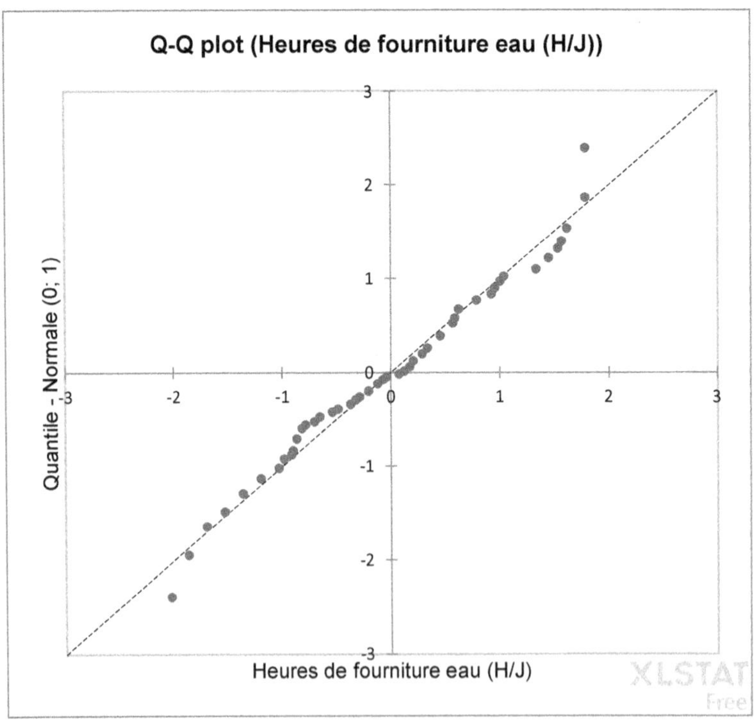
Q-Q plot (Heures de fourniture eau (H/J))
Quantile - Normale (0; 1)
Heures de fourniture eau (H/J)
-3
-2
-1
0
1
2
3
XLSTAT
Free

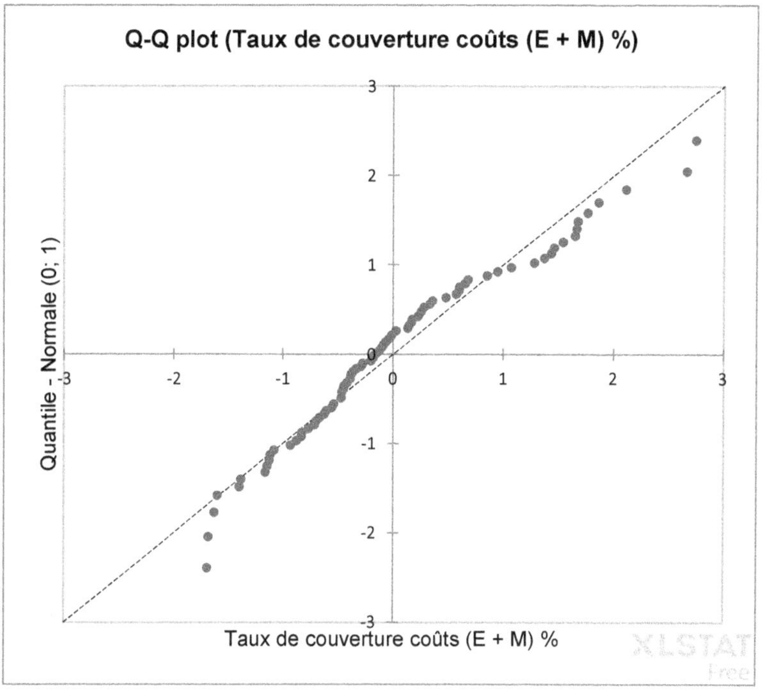
Q-Q plot (Taux de couverture coûts (E + M) %)
Quantile - Normale (0; 1)
Taux de couverture coûts (E + M) %
-3
-2
-1
0
1
2
3
XLSTAT
Free

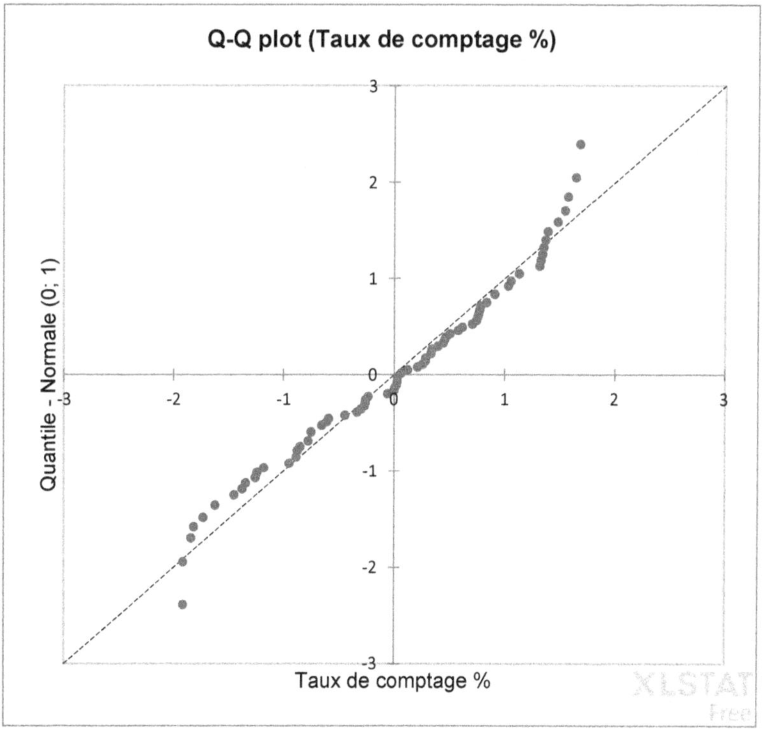
Q-Q plot (Taux de comptage %)
Quantile - Normale (0; 1)
Taux de comptage %
-3
-2
-1
0
1
2
3
XLSTAT
Free

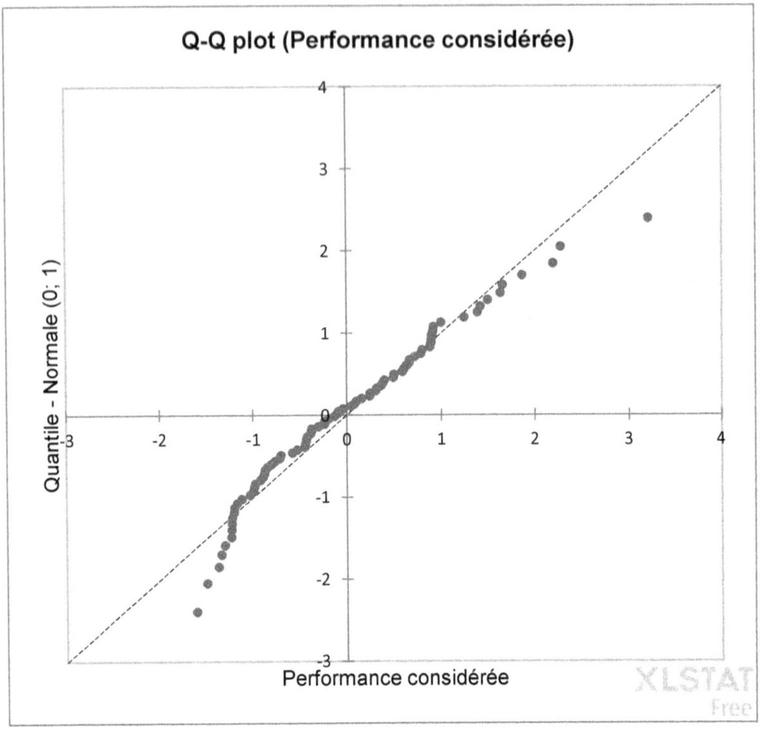

Graphiques des moyennes :

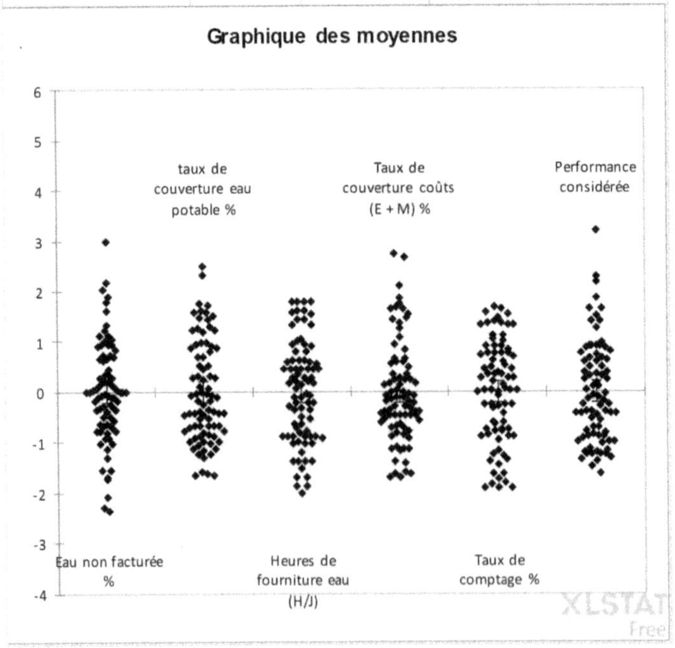

➢ Covariance corrélation

Statistiques descriptives :

Variable	Observations	Obs. avec données manquantes	Obs. sans données manquantes	Minimum	Maximum	Moyenne	Ecart-type
Eau non facturée %	82	0	82	3,000	98,000	45,059	17,911
taux de couverture eau potable %	82	0	82	3,000	88,000	36,994	20,497
Heures de fourniture eau (H/J)	82	0	82	1,000	24,000	13,237	6,078
Taux de couverture coûts (E + M) %	82	0	82	5,500	171,000	68,570	37,557
Taux de comptage %	82	0	82	1,000	99,000	53,101	27,454
Performance considérée	82	0	82	12,612	66,842	30,709	11,334

Matrice de corrélation (Pearson) :

Variables	Eau non facturée %	taux de couverture eau potable %	Heures de fourniture eau (H/J)	Taux de couverture coûts (E + M) %	Taux de comptage %	Performance considérée
Eau non facturée %	**1**	-0,093	0,223	0,088	0,126	0,258
taux de couverture eau potable %	-0,093	**1**	0,290	0,239	0,140	-0,927
Heures de fourniture eau (H/J)	0,223	0,290	**1**	0,388	0,145	-0,153
Taux de couverture coûts (E + M) %	0,088	0,239	0,388	**1**	0,205	-0,086
Taux de comptage %	0,126	0,140	0,145	0,205	**1**	-0,014
Performance considérée	0,258	-0,927	-0,153	-0,086	-0,014	**1**

Intervalles de confiance (95%) / Borne inférieure :

Variables	Eau non facturée %	taux de couverture eau potable %	Heures de fourniture eau (H/J)	Taux de couverture coûts (E + M) %	Taux de comptage %	Performance considérée
Eau non facturée %	**1**	-0,304	0,006	-0,131	-0,094	0,043
taux de couverture eau potable %	-0,304	**1**	0,078	0,023	-0,079	-0,952
Heures de fourniture eau (H/J)	0,006	0,078	**1**	0,187	-0,075	-0,358
Taux de couverture coûts (E + M) %	-0,131	0,023	0,187	**1**	-0,012	-0,298
Taux de comptage %	-0,094	-0,079	-0,075	-0,012	**1**	-0,231
Performance considérée	0,043	-0,952	-0,358	-0,298	-0,231	**1**

Intervalles de confiance (95%) / Borne supérieure :

Variables	Eau non facturée %	taux de couverture eau potable %	Heures de fourniture eau (H/J)	Taux de couverture coûts (E + M) %	Taux de comptage %	Performance considérée
Eau non facturée %	**1**	0,127	0,419	0,299	0,333	0,449
taux de couverture eau potable %	0,127	**1**	0,477	0,434	0,347	-0,888
Heures de fourniture eau (H/J)	0,419	0,477	**1**	0,558	0,351	0,066
Taux de couverture coûts (E + M) %	0,299	0,434	0,558	**1**	0,404	0,133
Taux de comptage %	0,333	0,347	0,351	0,404	**1**	0,203
Performance considérée	0,449	-0,888	0,066	0,133	0,203	**1**

Test t de Student (Pearson) :

Variables	Eau non facturée %	taux de couverture eau potable %	Heures de fourniture eau (H/J)	Taux de couverture coûts (E + M) %	Taux de comptage %	Performance considérée
Eau non facturée %		-0,833	2,043	0,792	1,132	2,384
taux de couverture eau potable %	-0,833		2,710	2,202	1,266	-22,023
Heures de fourniture eau (H/J)	2,043	2,710		3,770	1,308	-1,388
Taux de couverture coûts (E + M) %	0,792	2,202	3,770		1,876	-0,776
Taux de comptage %	1,132	1,266	1,308	1,876		-0,128
Performance considérée	2,384	-22,023	-1,388	-0,776	-0,128	

Coefficients de détermination (Pearson) :

Variables	Eau non facturée %	taux de couverture eau potable %	Heures de fourniture eau (H/J)	Taux de couverture coûts (E + M) %	Taux de comptage %	Performance considérée
Eau non facturée %	**1**	0,009	0,050	0,008	0,016	0,066
taux de couverture eau potable %	0,009	**1**	0,084	0,057	0,020	0,858
Heures de fourniture eau (H/J)	0,050	0,084	**1**	0,151	0,021	0,024
Taux de couverture coûts (E + M) %	0,008	0,057	0,151	**1**	0,042	0,007
Taux de comptage %	0,016	0,020	0,021	0,042	**1**	0,000
Performance considérée	0,066	0,858	0,024	0,007	0,000	**1**

➢ Cartes des corrélations

Cartes des corrélations :

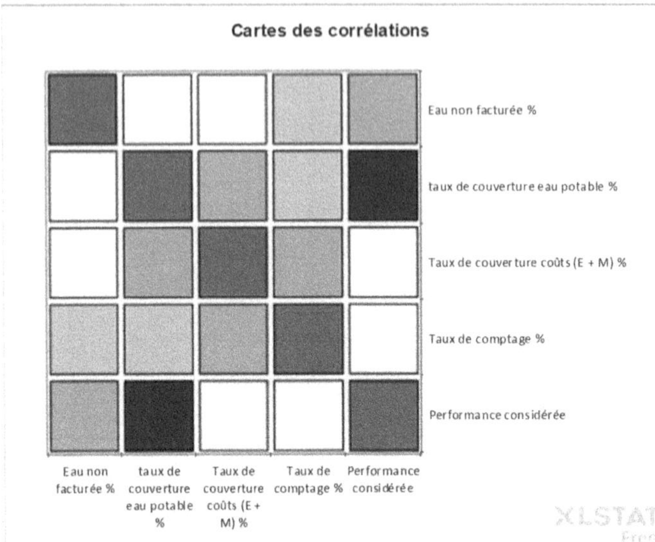

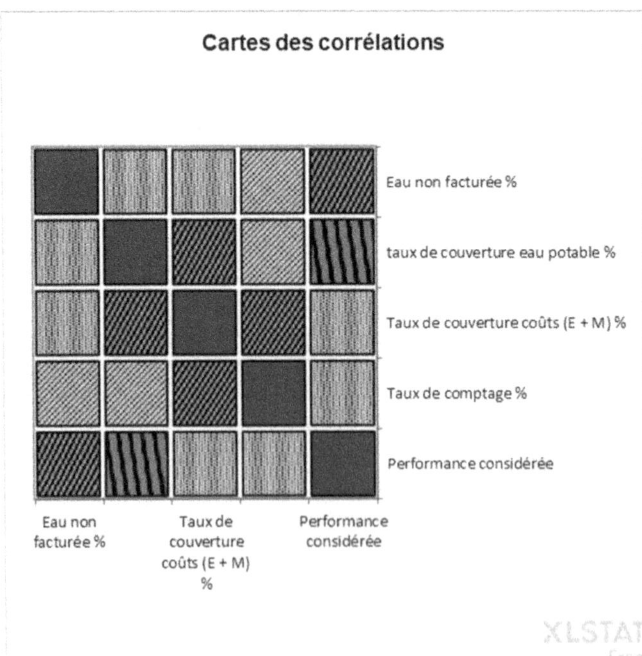

Image de la matrice de corrélation :

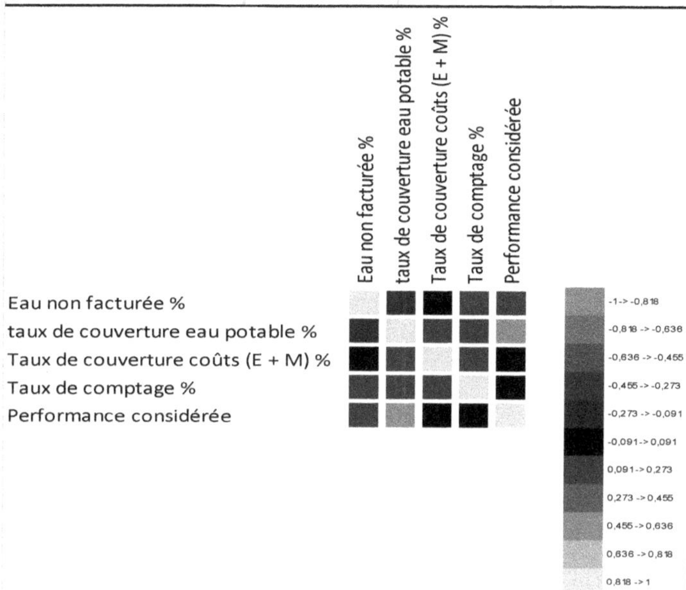

Image de la matrice des coefficients de détermination :

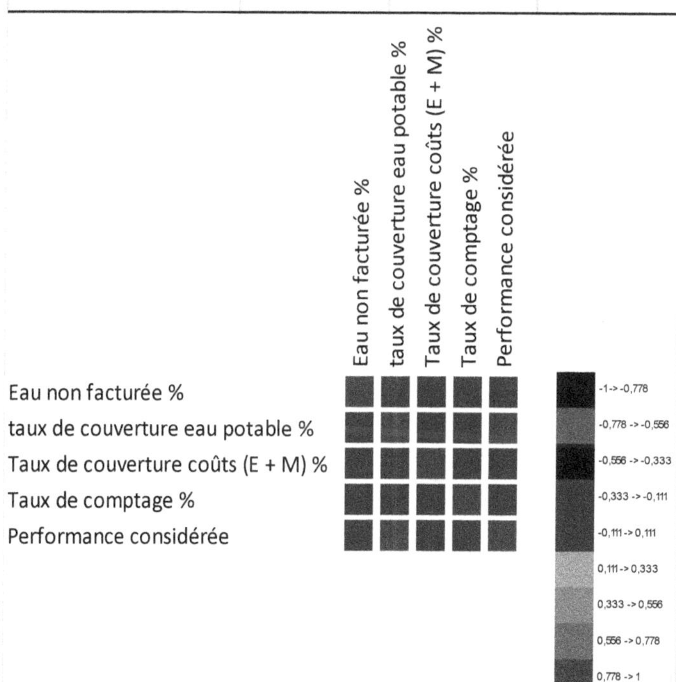

Nuages de points :

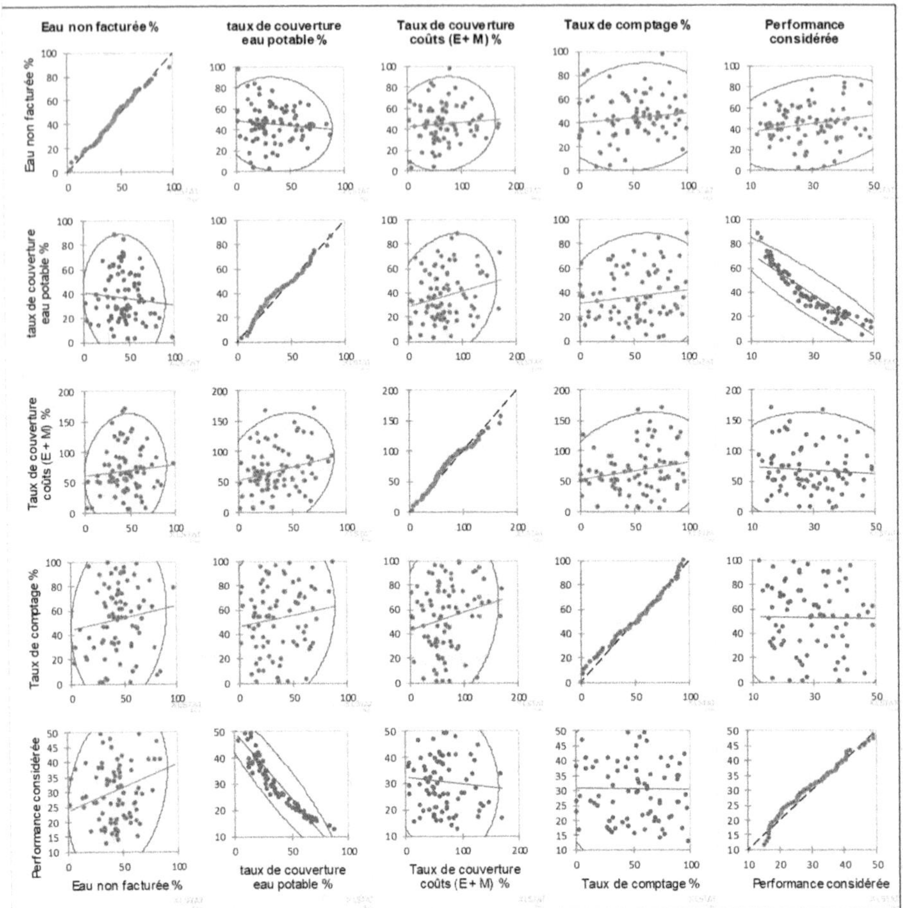

Statistiques descriptives :

Variable	Observations	Obs. avec données manquantes	Obs. sans données manquantes	Minimum	Maximum	Moyenne	Ecart-type
Performance considérée	82	0	82	12,612	66,842	30,709	11,334
Eau non facturée %	82	0	82	3,000	98,000	45,059	17,911
taux de couverture eau potable %	82	0	82	3,000	88,000	36,994	20,497
Heures de fourniture eau (H/J)	82	0	82	1,000	24,000	13,237	6,078
Taux de couverture coûts (E + M) %	82	0	82	5,500	171,000	68,570	37,557
Taux de comptage %	82	0	82	1,000	99,000	53,101	27,454

Statistiques descriptives (Données quantitatives / Prédiction) :

Variable	Observations	Obs. avec données manquantes	Obs. sans données manquantes	Minimum	Maximum	Moyenne	Ecart-type
Eau non facturée %	82	0	82	3,000	98,000	45,059	17,911
taux de couverture eau potable %	82	0	82	3,000	88,000	36,994	20,497
Heures de fourniture eau (H/J)	82	0	82	1,000	24,000	13,237	6,078
Taux de couverture coûts (E + M) %	82	0	82	5,500	171,000	68,570	37,557
Taux de comptage %	82	0	82	1,000	99,000	53,101	27,454

Matrice de corrélation :

	Eau non facturée %	taux de couverture eau potable %	Heures de fourniture eau (H/J)	Taux de couverture coûts (E + M) %	Taux de comptage %	Performance considérée
Eau non facturée %	**1**	0,000	0,000	0,000	0,000	0,000
taux de couverture eau potable %	0,000	**1**	0,000	0,000	0,000	0,000
Heures de fourniture eau (H/J)	0,000	0,000	**1**	0,000	0,000	0,000
Taux de couverture coûts (E + M) %	0,000	0,000	0,000	**1**	0,000	0,000
Taux de comptage %	0,000	0,000	0,000	0,000	**1**	0,000
Performance considérée	0,000	0,000	0,000	0,000	0,000	1

Statistiques de multicolinéarité :

	Eau non facturée %	taux de couverture eau potable %	Heures de fourniture eau (H/J)	Taux de couverture coûts (E + M) %	Taux de comptage %
Tolérance	1,000	1,000	1,000	1,000	1,000
VIF	1,000	1,000	1,000	1,000	1,000

Coefficients d'ajustement (Performance considérée) :

Observations	82
Somme des poids	82
DDL	77
R^2	**0,858**
R^2 ajusté	0,849
MCE	83,785
RMCE	9,153
MAPE	24,637
DW	1,444
Cp	5,000
AIC	367,958
AICC	368,747
SBC	379,992
PC	0,160

Mesures de la taille de l'effet :

R^2	0,858
f^2	6,064

Analyse de la variance (Performance considérée) :

Source	DDL	Somme des carrés	Moyenne des carrés	F	Pr > F	Codes de signification des p-valeurs
Modèle	5,000	39120,109	7824,022	93,382	**<0,0001**	***
Erreur	77,000	6451,451	83,785			
Total corrigé	82,000	45571,560				

Calculé contre le modèle Y=10

*Codes de signification : 0 < *** < 0.001 < ** < 0.01 < * < 0.05 < . < 0.1 < ° < 1*

Paramètres du modèle (Performance considérée) :

Source	Valeur	Erreur standard	t	Pr > |t|	Borne inférieure (95%)	Borne supérieure (95%)	Codes de signification des p-valeurs
Constante	10,000						
Eau non facturée %	0,361	0,049	7,335	**<0,0001**	0,263	0,459	***
taux de couverture eau potable %	-0,379	0,050	-7,580	**<0,0001**	-0,479	-0,280	***
Heures de fourniture eau (H/J)	0,369	0,189	1,956	0,054	-0,007	0,744	.
Taux de couverture coûts (E + M) %	0,071	0,030	2,407	**0,018**	0,012	0,130	*
Taux de comptage %	0,124	0,037	3,401	**0,001**	0,052	0,197	**

*Codes de signification : 0 < *** < 0.001 < ** < 0.01 < * < 0.05 < . < 0.1 < ° < 1*

Équation du modèle (Performance considérée) :

Performance considérée = 10+0,360601566012894***Eau non facturée (%)**-0,379484023590997***taux de couverture eau potable (%)**+0,368658854995488***Heures de fourniture eau (H/J)**+7,12390980051872E-02***Taux de couverture coûts (E + M) (%)**+0,124383030176604***Taux de comptage (%)**

Etant donné le R², 86% de la variabilité de la variable dépendante Performance considérée sont expliqués par les 5 variables explicatives.

Coefficients normalisés (Performance considérée) :							
Source	Valeur	Erreur standard	t	Pr > |t|	Borne inférieure (95%)	Borne supérieure (95%)	Codes de signification des p-valeurs
Eau non facturée %	0,741	0,101	7,335	**<0,0001**	0,540	0,942	
taux de couverture eau potable %	-0,680	0,090	-7,580	**<0,0001**	-0,858	-0,501	***
Heures de fourniture eau (H/J)	0,228	0,116	1,956	0,054	-0,004	0,459	***
Taux de couverture coûts (E + M) %	0,236	0,098	2,407	**0,018**	0,041	0,431	.
Taux de comptage %	0,315	0,093	3,401	**0,001**	0,131	0,499	*

*Codes de signification : 0 < *** < 0.001 < ** < 0.01 < * < 0.05 < . < 0.1 < ° < 1*

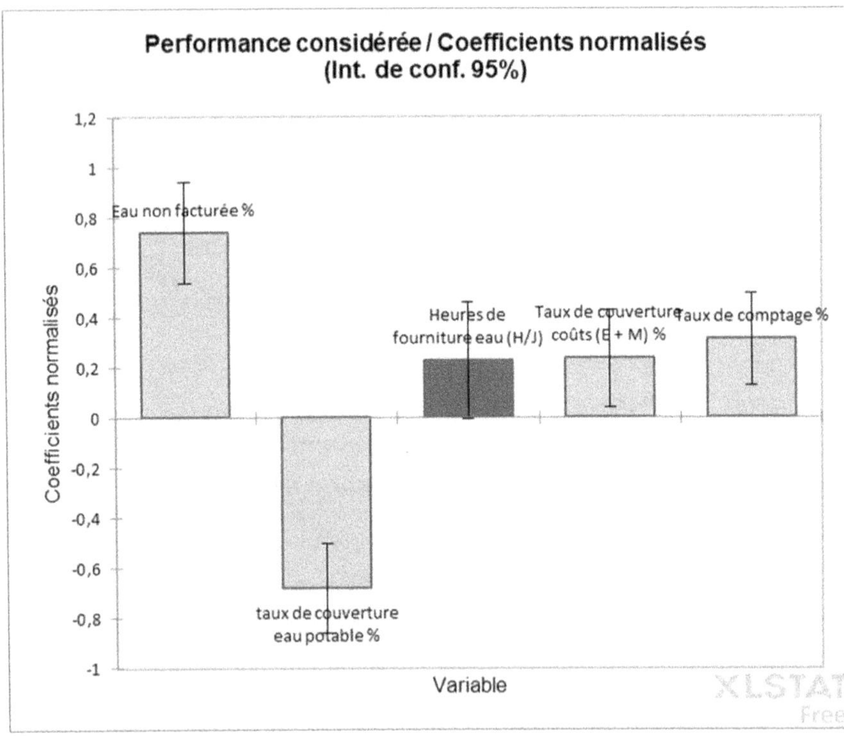

Prédictions et résidus (Performance considérée) :

Observation	Poids	Eau non facturée %	taux de couverture eau potable %	Heures de fourniture eau (H/J)	Taux de couverture coûts (E + M) %	Taux de comptage %	Performance considérée	Préd(Performance considérée)	Résidu	Résidu std.	Ecart-type sur la préd. (Moyenne)	Borne inférieure 95% (Moyenne)	Borne supérieure 95% (Moyenne)	Ecart-type sur la préd. (Observation)	Borne inférieure 95% (Observation)	Borne supérieure 95% (Observation)	Pred. ajustée
Obsea1	1	46,000	17,000	8,000	65,300	15,700	37,812	29,690	8,121	0,887	1,643	26,420	32,961	9,300	11,173	48,208	29,420
Obsea2	1	31,000	10,500	12,500	69,500	46,100	49,363	32,487	16,875	1,844	1,486	29,529	35,446	9,273	14,022	50,953	32,031
Obsea3	1	29,000	51,000	11,000	53,000	32,700	20,798	13,002	7,796	0,852	1,459	10,098	15,906	9,269	-5,455	31,459	12,799
Obsea4	1	34,000	63,300	14,500	25,900	3,000	16,905	5,803	11,102	1,213	2,791	0,245	11,361	9,570	-13,253	24,858	4,665
Obsea5	1	8,000	14,000	7,000	8,000	44,000	37,552	16,195	21,357	2,333	1,468	13,272	19,118	9,270	-2,264	34,655	15,632
Obsea6	1	51,000	55,300	22,700	134,300	64,000	22,072	33,302	-11,230	-1,227	2,015	29,288	37,315	9,373	14,638	51,965	33,874
Obsea7	1	45,300	84,500	18,800	82,000	74,000	13,853	16,246	-2,393	-0,261	2,386	11,495	20,996	9,459	-2,590	35,081	16,420
Obsea8	1	79,000	23,000	16,000	91,000	29,000	40,794	45,748	-4,954	-0,541	2,543	40,684	50,811	9,500	26,831	64,665	46,162
Obsea9	1	42,000	26,000	6,000	168,000	54,000	33,512	36,175	-2,664	-0,291	3,842	28,525	43,826	9,927	16,408	55,943	36,745
Obsea10	1	69,000	12,000	24,000	122,000	67,000	56,320	56,200	0,120	0,013	2,920	50,385	62,015	9,608	37,068	75,332	56,187
Obsea11	1	45,700	43,300	14,000	54,300	74,300	25,678	28,319	-2,641	-0,289	1,445	25,442	31,196	9,267	9,867	46,771	28,386
Obsea12	1	81,000	12,000	16,000	51,000	6,000	46,706	44,933	1,773	0,194	3,187	38,587	51,279	9,692	25,633	64,233	44,688
Obsea13	1	45,000	22,800	18,000	64,800	74,500	41,051	38,094	2,957	0,323	1,899	34,312	41,875	9,348	19,479	56,708	37,961
Obsea14	1	39,300	16,000	12,500	91,100	56,500	47,626	36,226	11,400	1,245	1,639	32,961	39,490	9,299	17,709	54,742	35,848
Obsea15	1	64,000	35,500	19,500	108,500	62,500	31,216	42,299	-11,083	-1,211	1,662	38,989	45,609	9,303	23,774	60,824	42,677
Obsea16	1	45,000	72,000	19,000	171,000	76,000	16,799	27,544	-10,745	-1,174	2,866	21,837	33,250	9,592	8,445	46,643	28,711
Obsea17	1	42,000	23,300	12,800	35,800	36,500	36,276	28,112	8,164	0,892	1,200	25,722	30,502	9,232	9,730	46,495	27,970
Obsea18	1	58,300	18,300	10,000	67,000	46,700	40,628	38,347	2,281	0,249	1,596	35,168	41,525	9,292	19,845	56,849	38,275
Obsea19	1	98,000	4,000	8,000	81,000	78,000	66,842	62,243	4,599	0,502	3,684	54,906	69,579	9,867	42,595	81,890	61,353
Obsea20	1	17,500	35,500	12,000	48,500	96,000	28,530	22,659	5,871	0,641	2,602	17,477	27,840	9,516	3,710	41,608	22,142
Obsea21	1	42,800	66,300	23,000	90,000	27,300	17,503	18,560	-1,057	-0,116	2,525	13,532	23,589	9,495	-0,347	37,468	18,647
Obsea22	1	44,000	73,000	13,000	56,000	51,500	15,568	13,352	2,216	0,242	2,233	8,906	17,798	9,422	-5,409	32,113	13,212
Obsea23	1	45,300	27,700	9,300	37,700	32,700	31,665	26,005	5,660	0,618	1,149	23,717	28,294	9,225	7,635	44,375	25,914
Obsea24	1	31,300	19,700	14,300	54,000	18,900	39,679	25,281	14,398	1,573	1,436	22,422	28,139	9,265	6,831	43,730	24,917
Obsea25	1	49,800	21,500	15,000	61,800	95,300	41,939	41,585	0,354	0,039	2,190	37,225	45,945	9,412	22,844	60,326	41,564
Obsea26	1	38,700	56,000	19,300	74,700	70,000	20,637	23,848	-3,210	-0,351	1,747	20,369	27,326	9,319	5,292	42,403	23,969
Obsea27	1	77,000	34,700	15,300	42,000	62,300	30,259	40,980	-10,721	-1,171	2,155	36,689	45,270	9,404	22,255	59,705	41,609

Obsea28	1	38,700	41,700	22,000	77,000	32,700	25,826	25,794	0,032	0,003	2,125	21,562	30,026	9,397	7,082	44,506	25,792
Obsea29	1	56,000	46,000	9,000	75,000	1,000	22,663	21,523	1,140	0,125	2,706	16,134	26,912	9,545	2,516	40,529	21,413
Obsea30	1	36,000	29,000	14,300	45,300	55,000	32,463	27,317	5,147	0,562	1,282	24,765	29,868	9,243	8,912	45,721	27,214
Obsea31	1	4,000	17,000	5,000	51,000	29,000	34,283	14,075	20,208	2,208	1,142	11,801	16,348	9,224	-4,293	32,443	13,755
Obsea32	1	61,700	33,000	16,000	26,700	45,800	29,600	33,224	-3,624	-0,396	2,014	29,213	37,234	9,372	14,561	51,886	33,408
Obsea33	1	30,300	62,000	11,300	51,300	35,300	17,176	9,609	7,566	0,827	1,917	5,792	13,427	9,352	-9,013	28,232	9,262
Obsea34	1	17,500	13,500	7,800	28,300	37,000	39,548	20,681	18,867	2,061	0,872	18,945	22,418	9,195	2,372	38,991	20,508
Obsea35	1	45,300	20,300	9,300	116,300	53,300	40,947	36,975	3,972	0,434	2,218	32,558	41,392	9,418	18,221	55,729	36,727
Obsea36	1	84,000	19,000	18,000	46,000	9,000	40,807	44,113	-3,306	-0,361	3,255	37,630	50,595	9,715	24,767	63,458	44,591
Obsea37	1	51,000	28,000	3,000	58,300	54,000	29,742	29,741	0,001	0,000	2,075	25,609	33,873	9,386	11,052	48,430	29,741
Obsea38	1	47,000	28,000	17,000	37,500	90,000	34,799	36,456	-1,657	-0,181	2,352	31,773	41,139	9,451	17,637	55,275	36,573
Obsea39	1	21,800	67,000	22,500	79,000	29,300	16,874	10,003	6,871	0,751	2,844	4,340	15,666	9,585	-9,084	29,089	9,269
Obsea40	1	40,300	19,300	16,700	130,000	53,700	44,766	39,305	5,461	0,597	2,431	34,464	44,146	9,471	20,447	58,164	38,891
Obsea41	1	44,500	51,000	8,000	55,000	82,000	20,885	23,760	-2,875	-0,314	2,043	19,692	27,828	9,379	5,085	42,435	23,911
Obsea42	1	64,800	15,500	16,800	73,500	61,000	49,097	46,502	2,595	0,283	1,927	42,665	50,339	9,354	27,876	65,128	46,382
Obsea43	1	48,000	26,000	12,000	123,000	91,000	38,812	41,947	-3,135	-0,343	2,444	37,081	46,814	9,474	23,082	60,813	42,188
Obsea44	1	38,000	28,300	5,000	119,700	89,700	33,443	34,491	-1,048	-0,115	3,006	28,506	40,477	9,634	15,307	53,676	34,618
Obsea45	1	25,000	42,500	24,000	100,500	73,800	26,364	28,074	-1,709	-0,187	2,759	22,580	33,568	9,560	9,037	47,111	28,245
Obsea46	1	33,000	4,700	3,000	25,300	62,300	46,368	30,774	15,594	1,704	1,833	27,123	34,424	9,335	12,185	49,362	30,122
Obsea47	1	40,000	69,000	7,000	64,000	32,000	15,991	9,360	6,631	0,724	2,607	4,168	14,552	9,518	-9,592	28,312	8,774
Obsea48	1	3,000	32,000	5,000	9,000	16,500	25,758	3,475	22,283	2,434	1,313	0,860	6,090	9,247	-14,938	21,889	3,007
Obsea49	1	57,000	3,000	8,000	48,000	32,000	55,416	39,765	15,652	1,710	1,936	35,911	43,619	9,356	21,135	58,395	39,032
Obsea50	1	33,800	62,800	21,300	51,800	46,000	18,050	15,621	2,429	0,265	2,423	10,797	20,445	9,469	-3,233	34,475	15,438
Obsea51	1	42,800	69,300	14,500	130,500	93,500	17,122	25,408	-8,286	-0,905	2,448	20,532	30,283	9,475	6,540	44,275	26,046
Obsea52	1	15,000	39,300	7,300	62,000	19,300	24,780	10,004	14,776	1,614	1,432	7,152	12,856	9,265	-8,445	28,453	9,633
Obsea53	1	50,000	43,000	17,000	68,000	90,500	26,001	34,080	-8,079	-0,883	1,748	30,599	37,562	9,319	15,524	52,637	34,386
Obsea54	1	61,300	38,000	7,700	104,000	13,700	26,469	29,636	-3,168	-0,346	2,905	23,851	35,421	9,603	10,513	48,759	29,991
Obsea55	1	53,000	57,000	16,000	138,000	84,000	21,196	33,659	-12,463	-1,362	2,086	29,505	37,813	9,388	14,965	52,353	34,342

Obsea56	1	39,500	61,800	21,300	131,000	69,000	19,491	26,559	-7,068	-0,772	2,147	22,285	30,833	9,402	7,838	45,280	26,970
Obsea57	1	46,700	36,300	8,300	40,000	66,000	27,336	27,184	0,153	0,017	1,548	24,102	30,265	9,283	8,698	45,669	27,179
Obsea58	1	74,000	23,000	22,000	78,000	84,000	40,742	52,072	-11,330	-1,238	2,362	47,368	56,775	9,453	33,248	70,896	52,880
Obsea59	1	60,000	43,300	13,700	43,700	89,300	25,878	34,476	-8,597	-0,939	2,021	30,451	38,500	9,374	15,810	53,141	34,916
Obsea60	1	57,000	48,000	5,000	27,000	59,000	21,612	23,444	-1,832	-0,200	2,467	18,531	28,358	9,480	4,567	42,322	23,588
Obsea61	1	31,300	53,300	24,000	147,300	65,300	22,801	28,524	-5,723	-0,625	2,816	22,917	34,131	9,577	9,454	47,593	29,122
Obsea62	1	43,500	57,300	16,800	33,800	72,500	19,604	21,561	-1,957	-0,214	2,167	17,246	25,876	9,406	2,830	40,291	21,677
Obsea63	1	27,000	37,000	15,000	51,000	1,000	26,487	14,983	11,505	1,257	1,957	11,085	18,880	9,360	-3,656	33,622	14,432
Obsea64	1	14,000	28,500	4,000	52,000	21,000	28,036	12,024	16,012	1,749	1,157	9,721	14,328	9,226	-6,348	30,396	11,764
Obsea65	1	31,700	21,300	10,300	57,700	81,300	38,185	31,368	6,817	0,745	1,833	27,718	35,018	9,335	12,779	49,957	31,083
Obsea66	1	65,000	61,000	17,000	66,000	41,000	19,091	26,359	-7,268	-0,794	2,030	22,316	30,402	9,376	7,689	45,029	26,735
Obsea67	1	33,000	36,300	11,000	126,000	3,700	28,051	21,616	6,435	0,703	2,865	15,912	27,320	9,591	2,518	40,715	20,918
Obsea68	1	43,000	23,000	7,000	16,500	65,600	35,188	28,693	6,495	0,710	1,784	25,142	32,245	9,326	10,124	47,263	28,437
Obsea69	1	35,000	88,000	2,000	93,000	99,000	12,612	8,903	3,709	0,405	4,243	0,453	17,352	10,089	-11,187	28,993	7,888
Obsea70	1	58,000	23,000	16,000	68,000	9,000	37,346	34,049	3,297	0,360	2,222	29,625	38,473	9,419	15,293	52,805	33,843
Obsea71	1	36,500	27,500	15,000	54,000	78,000	34,163	31,805	2,358	0,258	1,777	28,266	35,343	9,324	13,238	50,372	31,712
Obsea72	1	57,300	54,500	12,000	42,500	30,000	19,726	21,164	-1,437	-0,157	2,120	16,943	25,385	9,396	2,454	39,873	21,245
Obsea73	1	48,500	3,000	8,500	5,500	73,500	51,742	39,018	12,724	1,390	2,488	34,063	43,973	9,486	20,130	57,907	38,003
Obsea74	1	63,000	68,000	2,000	17,000	78,000	15,239	18,563	-3,324	-0,363	3,820	10,956	26,170	9,919	-1,187	38,314	19,264
Obsea75	1	45,500	70,000	23,000	86,500	60,300	16,828	21,985	-5,157	-0,563	2,125	17,753	26,217	9,397	3,273	40,697	22,279
Obsea76	1	67,000	33,000	16,000	8,000	53,100	29,264	34,711	-5,447	-0,595	2,554	29,625	39,796	9,503	15,788	53,633	35,170
Obsea77	1	62,000	55,000	19,000	74,000	45,000	20,318	29,359	-9,042	-0,988	1,734	25,907	32,811	9,316	10,808	47,910	29,696
Obsea78	1	62,000	48,000	24,000	94,000	98,000	24,165	41,876	-17,710	-1,935	2,043	37,808	45,943	9,379	23,201	60,551	42,804
Obsea79	1	48,000	14,000	1,000	6,000	53,900	36,329	29,496	6,833	0,746	2,263	24,990	34,003	9,429	10,721	48,272	29,052
Obsea80	1	48,500	30,000	11,500	63,000	60,900	31,895	32,407	-0,512	-0,056	1,129	30,160	34,655	9,223	14,042	50,772	32,415
Obsea81	1	29,000	17,000	8,000	61,000	1,000	38,155	21,425	16,729	1,828	1,491	18,456	24,395	9,274	2,958	39,893	20,969
Obsea82	1	27,000	29,000	16,000	78,000	89,000	35,034	31,256	3,777	0,413	2,278	26,720	35,793	9,433	12,474	50,039	31,007

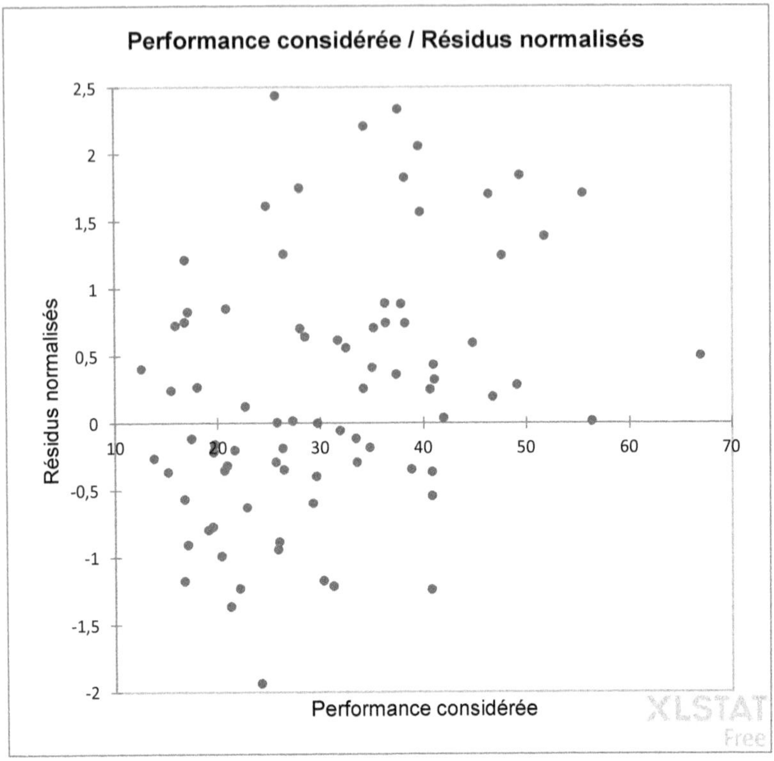
Performance considérée / Résidus normalisés
2,5
2
1,5
1
0,5
0
-0,5
-1
-1,5
-2
10
20
30
40
50
60
70
Résidus normalisés
Performance considérée
XLSTAT
Free

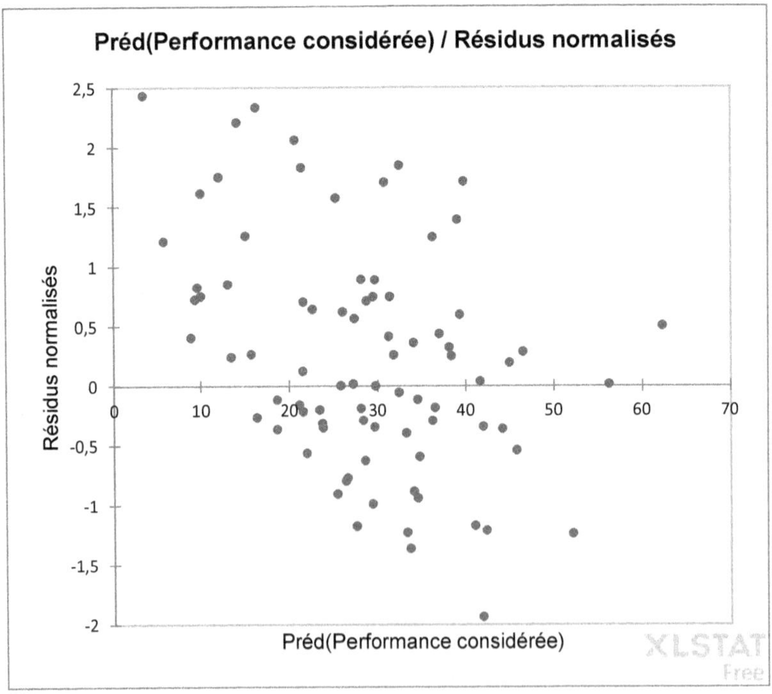
Préd(Performance considérée) / Résidus normalisés
2,5
2
1,5
1
0,5
0
-0,5
-1
-1,5
-2
0
10
20
30
40
50
60
70
Résidus normalisés
Préd(Performance considérée)
XLSTAT
Free

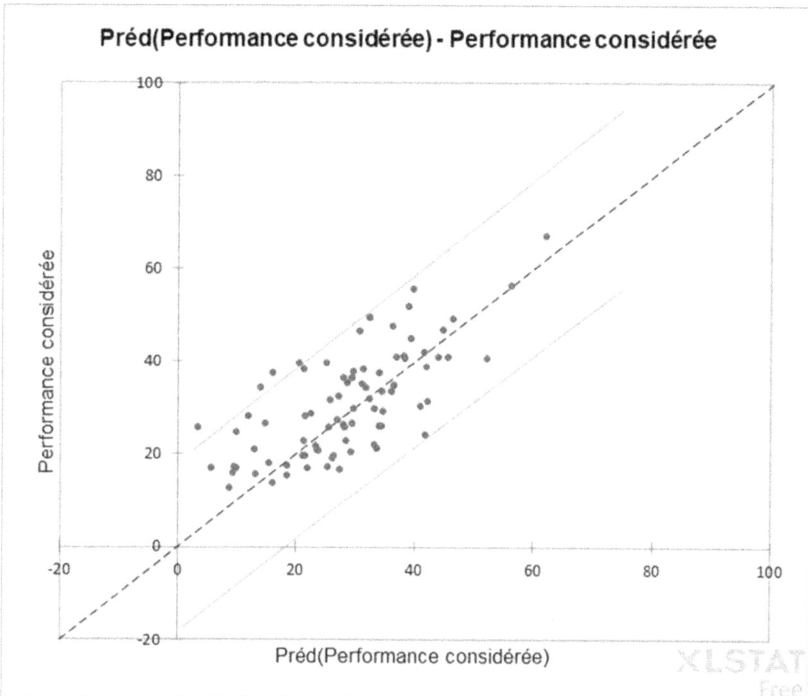
Préd(Performance considérée) - Performance considérée
Performance considérée
Préd(Performance considérée)
100
80
60
40
20
0
-20
-20
0
20
40
60
80
100
XLSTAT
Free

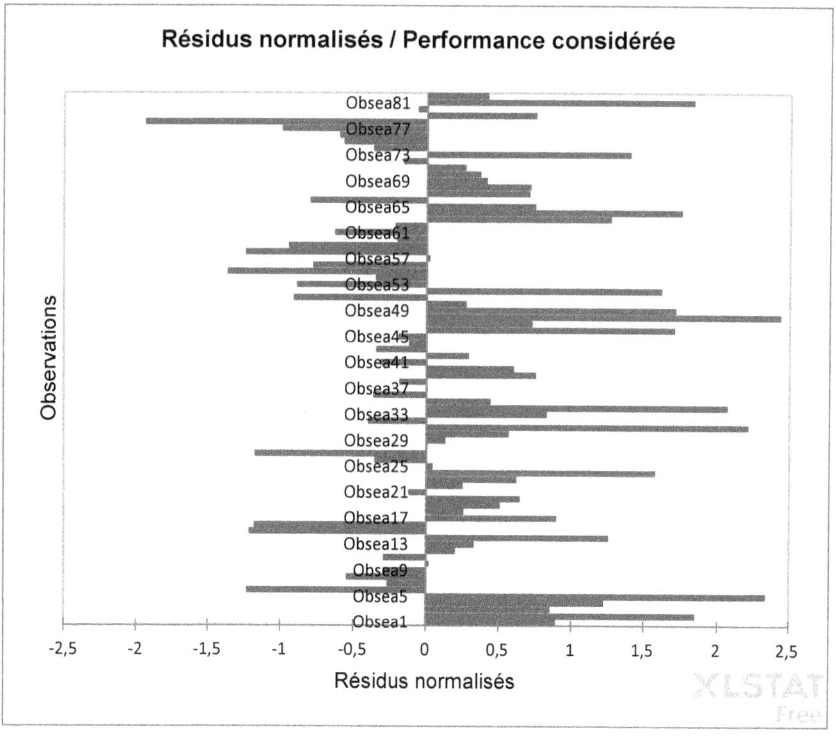
Résidus normalisés / Performance considérée
Observations
Obsea81
Obsea77
Obsea73
Obsea69
Obsea65
Obsea61
Obsea57
Obsea53
Obsea49
Obsea45
Obsea41
Obsea37
Obsea33
Obsea29
Obsea25
Obsea21
Obsea17
Obsea13
Obsea9
Obsea5
Obsea1
-2,5
-2
-1,5
-1
-0,5
0
0,5
1
1,5
2
2,5
Résidus normalisés
XLSTAT
Free

Diagnostics d'influence (Performance considérée) :

Observation	Poids	Résidu	Résidu std.	Résidus studentisés	Deleted	StuDeleted	Leverage centré	Mahalanobis	D de Cook	CovRatio	DFFits	DFFits(Std)
Obsea1	1,000	8,121	0,887	0,902	8,392	0,916	0,032	2,640	0,005	1,046	0,270	0,164
Obsea2	1,000	16,875	1,844	1,868	17,332	1,925	0,026	2,160	0,019	0,869	0,456	0,312
Obsea3	1,000	7,796	0,852	0,863	8,000	0,872	0,025	2,082	0,004	1,043	0,203	0,139
Obsea4	1,000	11,102	1,213	1,274	12,240	1,343	0,093	7,626	0,033	1,058	1,138	0,409
Obsea5	1,000	21,357	2,333	2,364	21,920	2,470	0,026	2,109	0,029	0,752	0,564	0,396
Obsea6	1,000	-11,230	-1,227	-1,258	-11,802	-1,294	0,048	3,975	0,016	1,011	-0,572	-0,285
Obsea7	1,000	-2,393	-0,261	-0,271	-2,567	-0,279	0,068	5,570	0,001	1,140	-0,174	-0,073
Obsea8	1,000	-4,954	-0,541	-0,563	-5,368	-0,584	0,077	6,329	0,005	1,133	-0,414	-0,162
Obsea9	1,000	-2,664	-0,291	-0,321	-3,233	-0,351	0,176	14,446	0,004	1,287	-0,570	-0,147
Obsea10	1,000	0,120	0,013	0,014	0,133	0,014	0,102	8,346	0,000	1,189	0,014	0,005
Obsea11	1,000	-2,641	-0,289	-0,292	-2,708	-0,294	0,025	2,043	0,000	1,089	-0,067	-0,046
Obsea12	1,000	1,773	0,194	0,207	2,018	0,219	0,121	9,942	0,001	1,211	0,245	0,076
Obsea13	1,000	2,957	0,323	0,330	3,090	0,336	0,043	3,529	0,001	1,108	0,133	0,070
Obsea14	1,000	11,400	1,245	1,266	11,778	1,292	0,032	2,630	0,011	0,993	0,378	0,231
Obsea15	1,000	-11,083	-1,211	-1,231	-11,461	-1,256	0,033	2,704	0,010	0,999	-0,378	-0,228
Obsea16	1,000	-10,745	-1,174	-1,236	-11,913	-1,306	0,098	8,037	0,033	1,071	-1,168	-0,409
Obsea17	1,000	8,164	0,892	0,900	8,307	0,906	0,017	1,410	0,003	1,030	0,143	0,119
Obsea18	1,000	2,281	0,249	0,253	2,353	0,255	0,030	2,494	0,000	1,096	0,072	0,045
Obsea19	1,000	4,599	0,502	0,549	5,488	0,597	0,162	13,286	0,012	1,249	0,889	0,240
Obsea20	1,000	5,871	0,641	0,669	6,387	0,695	0,081	6,628	0,008	1,128	0,516	0,198
Obsea21	1,000	-1,057	-0,116	-0,120	-1,144	-0,124	0,076	6,241	0,000	1,154	-0,087	-0,034
Obsea22	1,000	2,216	0,242	0,250	2,356	0,256	0,060	4,879	0,001	1,131	0,140	0,062
Obsea23	1,000	5,660	0,618	0,623	5,750	0,626	0,016	1,293	0,001	1,058	0,091	0,079
Obsea24	1,000	14,398	1,573	1,593	14,761	1,629	0,025	2,017	0,013	0,926	0,363	0,256
Obsea25	1,000	0,354	0,039	0,040	0,375	0,041	0,057	4,692	0,000	1,132	0,021	0,010
Obsea26	1,000	-3,210	-0,351	-0,357	-3,332	-0,362	0,036	2,986	0,001	1,099	-0,121	-0,069
Obsea27	1,000	-10,721	-1,171	-1,205	-11,350	-1,244	0,055	4,544	0,017	1,028	-0,629	-0,293
Obsea28	1,000	0,032	0,003	0,004	0,033	0,004	0,054	4,420	0,000	1,128	0,002	0,001
Obsea29	1,000	1,140	0,125	0,130	1,249	0,136	0,087	7,168	0,000	1,169	0,109	0,040
Obsea30	1,000	5,147	0,562	0,568	5,250	0,571	0,020	1,607	0,001	1,066	0,103	0,080
Obsea31	1,000	20,208	2,208	2,225	20,527	2,303	0,016	1,276	0,016	0,778	0,319	0,287
Obsea32	1,000	-3,624	-0,396	-0,406	-3,808	-0,414	0,048	3,970	0,002	1,110	-0,184	-0,091
Obsea33	1,000	7,566	0,827	0,845	7,914	0,863	0,044	3,596	0,007	1,066	0,347	0,181
Obsea34	1,000	18,867	2,061	2,071	19,040	2,127	0,009	0,744	0,008	0,809	0,173	0,203
Obsea35	1,000	3,972	0,434	0,447	4,220	0,459	0,059	4,815	0,002	1,119	0,248	0,111
Obsea36	1,000	-3,306	-0,361	-0,386	-3,784	-0,411	0,126	10,372	0,004	1,210	-0,479	-0,146
Obsea37	1,000	0,001	0,000	0,000	0,001	0,000	0,051	4,214	0,000	1,125	0,000	0,000
Obsea38	1,000	-1,657	-0,181	-0,187	-1,774	-0,193	0,066	5,414	0,000	1,140	-0,117	-0,049
Obsea39	1,000	6,871	0,751	0,790	7,606	0,829	0,097	7,916	0,013	1,135	0,734	0,258
Obsea40	1,000	5,461	0,597	0,619	5,875	0,639	0,071	5,785	0,006	1,120	0,414	0,170

Observation	DFBeta(Constante)	DFBeta_Eau non facturée %	DFBeta_taux de couverture eau potable %	DFBeta_Heures de fourniture eau (H/J)	DFBeta_Taux de couverture coûts (E + M) %	DFBeta_Taux de comptage %	DFBeta Std(Constante)	DFBetaStd(Eau non facturée %)	DFBetaStd(taux de couverture eau potable %)	DFBetaStd(Heures de fourniture eau (H/J))	DFBetaStd(Taux de couverture coûts (E + M) %)	DFBetaStd(Taux de comptage %)
Obsea1		0,006	-0,001	-0,009	0,002	-0,004		0,116	-0,024	-0,047	0,080	-0,097
Obsea2		-0,003	-0,012	0,026	0,003	0,003		-0,071	-0,234	0,138	0,113	0,081
Obsea3		-0,001	0,006	-0,001	0,000	-0,001		-0,012	0,117	-0,005	-0,014	-0,039
Obsea4		0,002	0,015	0,019	-0,005	-0,009		0,048	0,297	0,100	-0,163	-0,236
Obsea5		-0,010	-0,002	0,034	-0,006	0,011		-0,210	-0,047	0,188	-0,210	0,309
Obsea6		0,005	0,001	-0,018	-0,004	0,002		0,097	0,012	-0,094	-0,146	0,056
Obsea7		0,001	-0,003	0,000	0,001	0,000		0,019	-0,057	-0,002	0,018	-0,004
Obsea8		-0,006	0,002	0,001	-0,001	0,003		-0,120	0,048	0,003	-0,040	0,091
Obsea9		0,000	0,001	0,016	-0,004	0,000		-0,008	0,023	0,082	-0,138	0,008
Obsea10		0,000	0,000	0,000	0,000	0,000		0,000	-0,004	0,002	0,001	0,000
Obsea11		0,000	0,000	-0,001	0,001	-0,001		0,003	-0,009	-0,005	0,021	-0,027
Obsea12		0,003	-0,001	0,003	0,000	-0,002		0,058	-0,021	0,014	-0,006	-0,046
Obsea13		-0,001	-0,002	0,008	0,000	0,001		-0,016	-0,039	0,043	-0,015	0,036
Obsea14		-0,001	-0,007	0,003	0,004	0,002		-0,022	-0,150	0,019	0,139	0,059
Obsea15		-0,002	0,005	-0,011	-0,003	0,001		-0,047	0,098	-0,056	-0,085	0,033
Obsea16		0,007	-0,005	0,017	-0,009	0,001		0,144	-0,096	0,089	-0,306	0,031
Obsea17		0,002	-0,001	0,012	-0,002	0,000		0,042	-0,022	0,066	-0,060	-0,010
Obsea18		0,002	-0,001	-0,003	0,000	0,000		0,033	-0,016	-0,013	0,011	-0,003
Obsea19		0,009	-0,005	-0,021	0,001	0,001		0,186	-0,102	-0,109	0,038	0,029
Obsea20		-0,006	0,000	0,007	-0,001	0,006		-0,119	-0,008	0,037	-0,046	0,175
Obsea21		0,000	-0,001	-0,003	0,000	0,001		0,006	-0,014	-0,017	0,001	0,020
Obsea22		0,000	0,003	-0,002	-0,001	0,000		0,005	0,056	-0,012	-0,018	-0,008
Obsea23		0,003	0,001	-0,002	-0,001	-0,001		0,061	0,017	-0,010	-0,024	-0,021
Obsea24		-0,001	-0,004	0,036	0,000	-0,004		-0,010	-0,079	0,193	0,013	-0,116
Obsea25		0,000	0,000	0,000	0,000	0,000		-0,001	-0,005	0,002	-0,002	0,008
Obsea26		0,002	-0,001	-0,007	0,001	-0,001		0,035	-0,019	-0,035	0,019	-0,018
Obsea27		-0,010	0,001	-0,002	0,005	0,000		-0,214	0,014	-0,011	0,154	-0,002
Obsea28		0,000	0,000	0,000	0,000	0,000		0,000	0,000	0,001	0,000	0,000
Obsea29		0,001	0,001	-0,003	0,000	-0,001		0,025	0,018	-0,015	0,011	-0,031
Obsea30		-0,001	-0,001	0,010	-0,001	0,001		-0,017	-0,015	0,051	-0,037	0,033
Obsea31		-0,010	0,000	-0,003	0,005	0,004		-0,199	-0,006	-0,016	0,187	0,099
Obsea32		-0,002	0,000	-0,007	0,002	0,000		-0,047	-0,001	-0,035	0,063	0,010
Obsea33		-0,001	0,008	-0,004	-0,001	-0,002		-0,012	0,164	-0,019	-0,034	-0,043
Obsea34		-0,004	-0,004	0,020	-0,002	0,005		-0,083	-0,075	0,108	-0,054	0,137
Obsea35		0,001	-0,002	-0,009	0,003	0,000		0,017	-0,039	-0,046	0,095	0,002
Obsea36		-0,005	0,001	-0,007	0,001	0,003		-0,108	0,029	-0,037	0,030	0,087
Obsea37		0,000	0,000	0,000	0,000	0,000		0,000	0,000	0,000	0,000	0,000
Obsea38		0,000	0,001	-0,004	0,001	-0,001		0,008	0,015	-0,023	0,028	-0,034
Obsea39		-0,006	0,005	0,029	-0,001	-0,003		-0,131	0,106	0,156	-0,023	-0,085
Obsea40		-0,002	-0,005	0,006	0,004	0,000		-0,038	-0,096	0,031	0,128	-0,004

Obsea41	1,000	-2,875	-0,314	-0,322	-3,025	-0,329	0,050	4,085	0,001	1,116	-0,151	-0,073	0,000	-0,002	0,008	0,000	-0,002	-0,008	-0,035	0,040	0,013	-0,042
Obsea42	1,000	2,595	0,283	0,290	2,715	0,295	0,044	3,634	0,001	1,111	0,120	0,062	0,001	-0,002	0,004	0,000	0,000	0,025	-0,043	0,019	-0,001	0,006
Obsea43	1,000	-3,135	-0,343	-0,355	-3,376	-0,367	0,071	5,845	0,002	1,140	-0,241	-0,098	0,001	0,002	0,006	-0,002	-0,002	0,011	0,041	0,030	-0,062	-0,049
Obsea44	1,000	-1,048	-0,115	-0,121	-1,175	-0,128	0,108	8,843	0,000	1,195	-0,127	-0,042	0,000	0,000	0,005	-0,001	-0,001	0,003	0,006	0,026	-0,027	-0,020
Obsea45	1,000	-1,709	-0,187	-0,196	-1,880	-0,204	0,091	7,451	0,001	1,171	-0,171	-0,062	0,002	0,001	-0,008	0,000	-0,001	0,046	0,015	-0,044	-0,004	-0,017
Obsea46	1,000	15,594	1,704	1,739	16,246	1,799	0,040	3,289	0,025	0,910	0,652	0,360	0,004	-0,006	-0,024	-0,001	0,010	0,092	-0,131	-0,128	-0,039	0,282
Obsea47	1,000	6,631	0,724	0,756	7,216	0,786	0,081	6,653	0,010	1,119	0,586	0,224	0,003	0,010	-0,024	0,001	-0,003	0,058	0,198	-0,125	0,018	-0,072
Obsea48	1,000	22,283	2,434	2,460	22,751	2,573	0,021	1,688	0,025	0,724	0,468	0,369	-0,007	0,015	0,010	-0,004	0,000	-0,149	0,305	0,054	-0,155	0,013
Obsea49	1,000	15,652	1,710	1,749	16,384	1,815	0,045	3,667	0,029	0,912	0,733	0,384	0,015	-0,010	-0,012	0,001	-0,002	0,311	-0,194	-0,064	0,046	-0,059
Obsea50	1,000	2,429	0,265	0,275	2,612	0,284	0,070	5,744	0,001	1,142	0,183	0,075	-0,001	0,002	0,009	-0,001	0,000	-0,027	0,032	0,048	-0,035	-0,009
Obsea51	1,000	-8,286	-0,905	-0,939	-8,924	-0,974	0,072	5,866	0,014	1,085	-0,638	-0,261	0,004	-0,005	0,020	-0,004	-0,003	0,089	-0,098	0,107	-0,124	-0,087
Obsea52	1,000	14,776	1,614	1,634	15,147	1,673	0,024	2,008	0,013	0,917	0,371	0,262	-0,003	0,009	-0,011	0,004	-0,003	-0,067	0,173	-0,059	0,126	-0,094
Obsea53	1,000	-8,079	-0,883	-0,899	-8,385	-0,915	0,036	2,992	0,006	1,051	-0,306	-0,175	0,002	0,001	-0,008	0,002	-0,005	0,037	0,016	-0,045	0,061	-0,124
Obsea54	1,000	-3,168	-0,346	-0,365	-3,522	-0,383	0,101	8,260	0,003	1,177	-0,355	-0,121	-0,004	-0,001	0,013	-0,002	0,003	-0,075	-0,025	0,067	-0,070	0,075
Obsea55	1,000	-12,463	-1,362	-1,398	-13,146	-1,445	0,052	4,260	0,021	0,990	-0,683	-0,329	0,003	-0,002	0,023	-0,007	-0,002	0,054	-0,037	0,122	-0,224	-0,057
Obsea56	1,000	-7,068	-0,772	-0,794	-7,479	-0,815	0,055	4,509	0,007	1,084	-0,411	-0,191	0,005	-0,001	-0,009	-0,003	0,000	0,107	-0,029	-0,048	-0,089	0,004
Obsea57	1,000	0,153	0,017	0,017	0,157	0,017	0,029	2,344	0,000	1,099	0,004	0,003	0,000	0,000	0,000	0,000	0,000	0,001	0,001	-0,001	-0,001	0,001
Obsea58	1,000	-11,330	-1,238	-1,281	-12,138	-1,332	0,067	5,460	0,023	1,027	-0,808	-0,344	-0,003	0,011	-0,031	0,002	-0,004	-0,071	0,220	-0,167	0,081	-0,097
Obsea59	1,000	-8,597	-0,939	-0,963	-9,038	-0,987	0,049	3,998	0,010	1,056	-0,441	-0,218	-0,003	-0,001	0,002	0,004	-0,005	-0,053	-0,023	0,013	0,125	-0,132
Obsea60	1,000	-1,832	-0,200	-0,208	-1,975	-0,214	0,073	5,958	0,001	1,148	-0,144	-0,058	-0,002	-0,002	0,007	0,001	0,000	-0,035	-0,032	0,035	0,020	-0,008
Obsea61	1,000	-5,723	-0,625	-0,657	-6,321	-0,688	0,095	7,759	0,009	1,146	-0,598	-0,212	0,007	0,001	-0,017	-0,003	0,000	0,137	0,025	-0,090	-0,110	0,006
Obsea62	1,000	-1,957	-0,214	-0,220	-2,073	-0,225	0,056	4,596	0,001	1,127	-0,116	-0,053	0,000	-0,001	-0,003	0,001	-0,001	0,008	-0,023	-0,018	0,039	-0,018
Obsea63	1,000	11,505	1,257	1,287	12,056	1,323	0,046	3,750	0,016	1,004	0,551	0,283	-0,001	0,004	0,030	0,000	-0,007	-0,014	0,079	0,159	-0,011	-0,206
Obsea64	1,000	16,012	1,749	1,763	16,272	1,803	0,016	1,310	0,010	0,883	0,260	0,228	-0,001	0,006	-0,023	0,004	-0,001	-0,026	0,131	-0,126	0,142	-0,039
Obsea65	1,000	6,817	0,745	0,760	7,101	0,774	0,040	3,288	0,005	1,071	0,285	0,155	-0,002	-0,003	0,001	0,000	0,005	-0,047	-0,056	0,005	-0,004	0,139
Obsea66	1,000	-7,268	-0,794	-0,814	-7,644	-0,833	0,049	4,034	0,007	1,075	-0,376	-0,185	-0,005	-0,005	0,000	0,002	0,003	-0,092	-0,105	-0,001	0,052	0,094
Obsea67	1,000	6,435	0,703	0,740	7,133	0,777	0,098	8,031	0,012	1,142	0,699	0,243	0,001	0,001	-0,009	0,006	-0,006	0,016	0,024	-0,049	0,201	-0,155
Obsea68	1,000	6,495	0,710	0,723	6,751	0,735	0,038	3,114	0,004	1,072	0,256	0,143	0,002	0,000	-0,005	-0,002	0,003	0,050	0,001	-0,026	-0,081	0,093
Obsea69	1,000	3,709	0,405	0,457	4,725	0,514	0,215	17,622	0,011	1,341	1,015	0,238	-0,001	0,008	-0,033	0,001	0,003	-0,010	0,160	-0,176	0,041	0,077
Obsea70	1,000	3,297	0,360	0,371	3,503	0,381	0,059	4,831	0,002	1,124	0,206	0,092	0,002	-0,001	0,005	0,000	-0,003	0,050	-0,017	0,028	0,010	-0,068
Obsea71	1,000	2,358	0,258	0,263	2,451	0,266	0,038	3,091	0,001	1,104	0,092	0,052	-0,001	-0,001	0,004	0,000	0,001	-0,019	-0,017	0,023	-0,016	0,038
Obsea72	1,000	-1,437	-0,157	-0,161	-1,519	-0,165	0,054	4,398	0,000	1,126	-0,081	-0,038	-0,001	-0,001	0,001	0,000	0,001	-0,023	-0,025	0,007	0,013	0,018
Obsea73	1,000	12,724	1,390	1,444	13,739	1,512	0,074	6,060	0,033	1,005	1,015	0,411	0,006	-0,009	0,009	-0,006	0,010	0,121	-0,181	0,046	-0,220	0,269
Obsea74	1,000	-3,324	-0,363	-0,400	-4,025	-0,437	0,174	14,282	0,007	1,279	-0,701	-0,183	-0,004	-0,006	0,023	0,002	-0,001	-0,085	-0,117	0,119	0,064	-0,039
Obsea75	1,000	-5,157	-0,563	-0,579	-5,451	-0,593	0,054	4,421	0,004	1,104	-0,294	-0,138	0,002	-0,003	-0,014	0,001	0,001	0,049	-0,062	-0,072	0,032	0,020
Obsea76	1,000	-5,447	-0,595	-0,620	-5,906	-0,643	0,078	6,382	0,006	1,129	-0,460	-0,179	-0,004	0,000	-0,011	0,004	0,000	-0,090	-0,004	-0,059	0,143	-0,006
Obsea77	1,000	-9,042	-0,988	-1,006	-9,378	-1,025	0,036	2,941	0,008	1,036	-0,336	-0,194	-0,003	-0,004	-0,010	0,001	0,003	-0,070	-0,073	-0,050	0,047	0,095
Obsea78	1,000	-17,710	-1,935	-1,985	-18,639	-2,077	0,050	4,084	0,041	0,864	-0,928	-0,463	0,006	0,007	-0,048	0,003	-0,008	0,120	0,133	-0,257	0,115	-0,220
Obsea79	1,000	6,833	0,746	0,770	7,278	0,793	0,061	5,012	0,008	1,094	0,445	0,196	0,007	0,000	-0,021	-0,002	0,003	0,133	0,008	-0,109	-0,066	0,079
Obsea80	1,000	-0,512	-0,056	-0,056	-0,520	-0,056	0,015	1,247	0,000	1,084	-0,008	-0,007	0,000	0,000	0,000	0,000	0,000	-0,003	0,001	0,001	0,000	-0,003
Obsea81	1,000	16,729	1,828	1,852	17,185	1,908	0,027	2,177	0,019	0,873	0,456	0,311	0,005	-0,001	-0,001	0,005	-0,009	0,111	-0,014	-0,006	0,186	-0,246
Obsea82	1,000	3,777	0,413	0,426	4,027	0,438	0,062	5,080	0,002	1,125	0,249	0,109	-0,003	-0,002	0,008	0,000	0,003	-0,068	-0,039	0,041	0,003	0,081

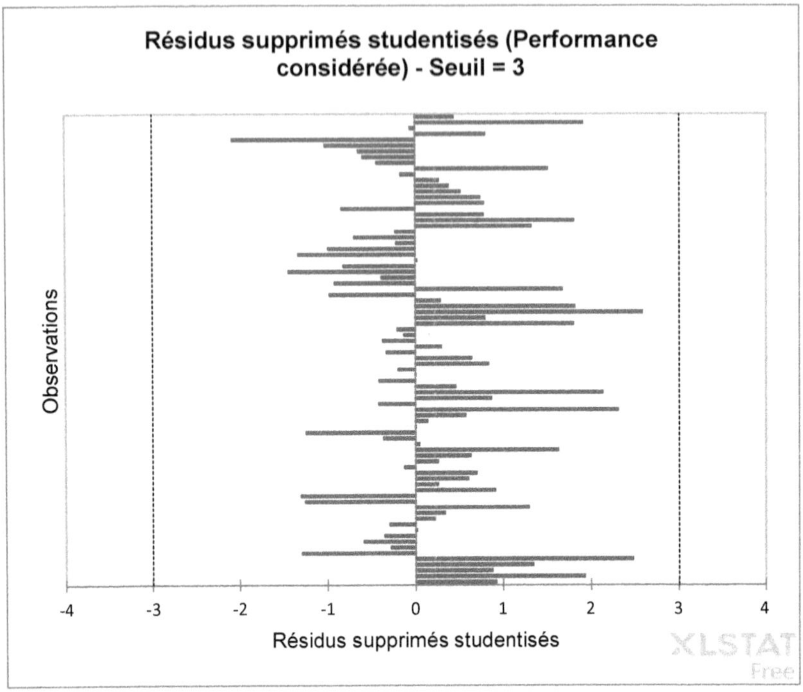
Résidus supprimés studentisés (Performance considérée) - Seuil = 3
Observations
-4
-3
-2
-1
0
1
2
3
4
Résidus supprimés studentisés
XLSTAT Free

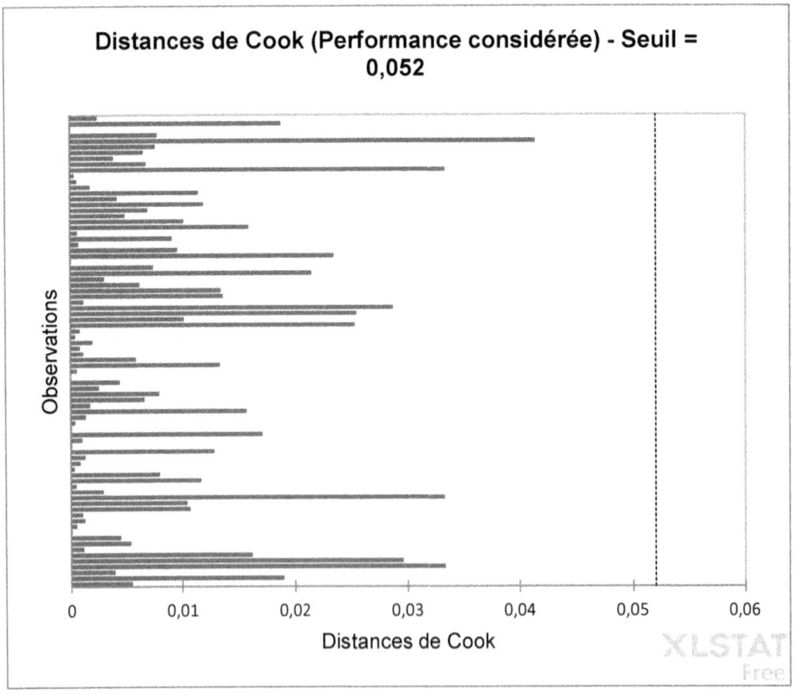
Distances de Cook (Performance considérée) - Seuil = 0,052
Observations
0
0,01
0,02
0,03
0,04
0,05
0,06
Distances de Cook
XLSTAT Free

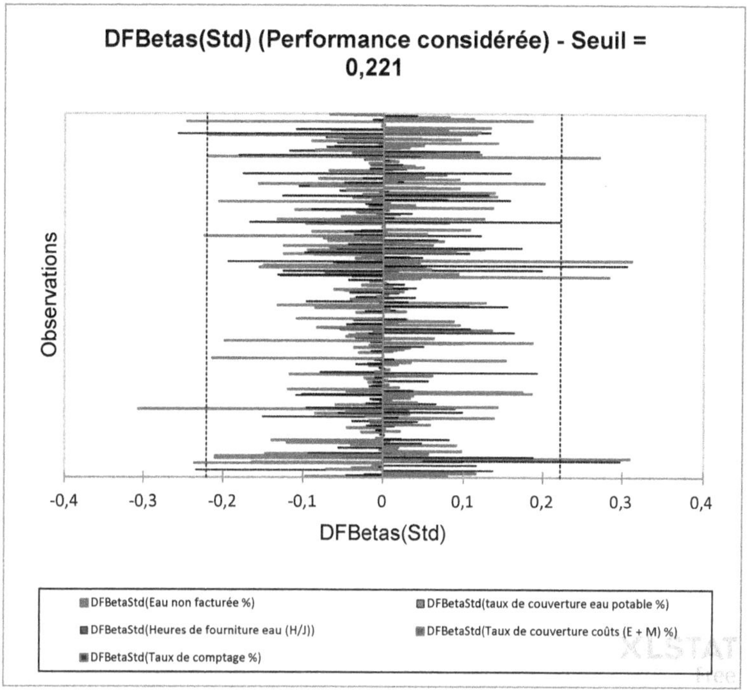
DFBetas(Std) (Performance considérée) - Seuil = 0,221
Observations
-0,4
-0,3
-0,2
-0,1
0
0,1
0,2
0,3
0,4
DFBetas(Std)
DFBetaStd(Eau non facturée %)
DFBetaStd(taux de couverture eau potable %)
DFBetaStd(Heures de fourniture eau (H/J))
DFBetaStd(Taux de couverture coûts (E + M) %)
DFBetaStd(Taux de comptage %)
XLSTAT
Free

Prédictions pour les nouvelles observations (Performance considérée) :

Observation	Eau non facturée %	taux de couverture eau potable %	Heures de fourniture eau (H/J)	Taux de couverture coûts (E + M) %	Taux de comptage %	Préd(Performance considérée)	Ecart-type sur la préd. (Moyenne)	Borne inférieure 95% (Moyenne)	Borne supérieure 95% (Moyenne)	Ecart-type sur la préd. (Observation)	Borne inférieure 95% (Observation)	Borne supérieure 95% (Observation)
Obsea1	46,000	17,000	8,000	65,300	15,700	29,690	1,643	26,420	32,961	9,300	11,173	48,208
Obsea2	31,000	10,500	12,500	69,500	46,100	32,487	1,486	29,529	35,446	9,273	14,022	50,953
Obsea3	29,000	51,000	11,000	53,000	32,700	13,002	1,459	10,098	15,906	9,269	-5,455	31,459
Obsea4	34,000	63,300	14,500	25,900	3,000	5,803	2,791	0,245	11,361	9,570	-13,253	24,858
Obsea5	8,000	14,000	7,000	8,000	44,000	16,195	1,468	13,272	19,118	9,270	-2,264	34,655
Obsea6	51,000	55,300	22,700	134,300	64,000	33,302	2,015	29,288	37,315	9,373	14,638	51,965
Obsea7	45,300	84,500	18,800	82,000	74,000	16,246	2,386	11,495	20,996	9,459	-2,590	35,081
Obsea8	79,000	23,000	16,000	91,000	29,000	45,748	2,543	40,684	50,811	9,500	26,831	64,665
Obsea9	42,000	26,000	6,000	168,000	54,000	36,175	3,842	28,525	43,826	9,927	16,408	55,943
Obsea10	69,000	12,000	24,000	122,000	67,000	56,200	2,920	50,385	62,015	9,608	37,068	75,332
Obsea11	45,700	43,300	14,000	54,300	74,300	28,319	1,445	25,442	31,196	9,267	9,867	46,771
Obsea12	81,000	12,000	16,000	51,000	6,000	44,933	3,187	38,587	51,279	9,692	25,633	64,233
Obsea13	45,000	22,800	18,000	64,800	74,500	38,094	1,899	34,312	41,875	9,348	19,479	56,708
Obsea14	39,300	16,000	12,500	91,100	56,500	36,226	1,639	32,961	39,490	9,299	17,709	54,742
Obsea15	64,000	35,500	19,500	108,500	62,500	42,299	1,662	38,989	45,609	9,303	23,774	60,824
Obsea16	45,000	72,000	19,000	171,000	76,000	27,544	2,866	21,837	33,250	9,592	8,445	46,643
Obsea17	42,000	23,300	12,800	35,800	36,500	28,112	1,200	25,722	30,502	9,232	9,730	46,495
Obsea18	58,300	18,300	10,000	67,000	46,700	38,347	1,596	35,168	41,525	9,292	19,845	56,849
Obsea19	98,000	4,000	8,000	81,000	78,000	62,243	3,684	54,906	69,579	9,867	42,595	81,890
Obsea20	17,500	35,500	12,000	48,500	96,000	22,659	2,602	17,477	27,840	9,516	3,710	41,608
Obsea21	42,800	66,300	23,000	90,000	27,300	18,560	2,525	13,532	23,589	9,495	-0,347	37,468
Obsea22	44,000	73,000	13,000	56,000	51,500	13,352	2,233	8,906	17,798	9,422	-5,409	32,113
Obsea23	45,300	27,700	9,300	37,700	32,700	26,005	1,149	23,717	28,294	9,225	7,635	44,375
Obsea24	31,300	19,700	14,300	54,000	18,900	25,281	1,436	22,422	28,139	9,265	6,831	43,730
Obsea25	49,800	21,500	15,000	61,800	95,300	41,585	2,190	37,225	45,945	9,412	22,844	60,326
Obsea26	38,700	56,000	19,300	74,700	70,000	23,848	1,747	20,369	27,326	9,319	5,292	42,403
Obsea27	77,000	34,700	15,300	42,000	62,300	40,980	2,155	36,689	45,270	9,404	22,255	59,705

Obsea28	38,700	41,700	22,000	77,000	32,700	25,794	2,125	21,562	30,026	9,397	7,082	44,506
Obsea29	56,000	46,000	9,000	75,000	1,000	21,523	2,706	16,134	26,912	9,545	2,516	40,529
Obsea30	36,000	29,000	14,300	45,300	55,000	27,317	1,282	24,765	29,868	9,243	8,912	45,721
Obsea31	4,000	17,000	5,000	51,000	29,000	14,075	1,142	11,801	16,348	9,224	-4,293	32,443
Obsea32	61,700	33,000	16,000	26,700	45,800	33,224	2,014	29,213	37,234	9,372	14,561	51,886
Obsea33	30,300	62,000	11,300	51,300	35,300	9,609	1,917	5,792	13,427	9,352	-9,013	28,232
Obsea34	17,500	13,500	7,800	28,300	37,000	20,681	0,872	18,945	22,418	9,195	2,372	38,991
Obsea35	45,300	20,300	9,300	116,300	53,300	36,975	2,218	32,558	41,392	9,418	18,221	55,729
Obsea36	84,000	19,000	18,000	46,000	9,000	44,113	3,255	37,630	50,595	9,715	24,767	63,458
Obsea37	51,000	28,000	3,000	58,300	54,000	29,741	2,075	25,609	33,873	9,386	11,052	48,430
Obsea38	47,000	28,000	17,000	37,500	90,000	36,456	2,352	31,773	41,139	9,451	17,637	55,275
Obsea39	21,800	67,000	22,500	79,000	29,300	10,003	2,844	4,340	15,666	9,585	-9,084	29,089
Obsea40	40,300	19,300	16,700	130,000	53,700	39,305	2,431	34,464	44,146	9,471	20,447	58,164
Obsea41	44,500	51,000	8,000	55,000	82,000	23,760	2,043	19,692	27,828	9,379	5,085	42,435
Obsea42	64,800	15,500	16,800	73,500	61,000	46,502	1,927	42,665	50,339	9,354	27,876	65,128
Obsea43	48,000	26,000	12,000	123,000	91,000	41,947	2,444	37,081	46,814	9,474	23,082	60,813
Obsea44	38,000	28,300	5,000	119,700	89,700	34,491	3,006	28,506	40,477	9,634	15,307	53,676
Obsea45	25,000	42,500	24,000	100,500	73,800	28,074	2,759	22,580	33,568	9,560	9,037	47,111
Obsea46	33,000	4,700	3,000	25,300	62,300	30,774	1,833	27,123	34,424	9,335	12,185	49,362
Obsea47	40,000	69,000	7,000	64,000	32,000	9,360	2,607	4,168	14,552	9,518	-9,592	28,312
Obsea48	3,000	32,000	5,000	9,000	16,500	3,475	1,313	0,860	6,090	9,247	-14,938	21,889
Obsea49	57,000	3,000	8,000	48,000	32,000	39,765	1,936	35,911	43,619	9,356	21,135	58,395
Obsea50	33,800	62,800	21,300	51,800	46,000	15,621	2,423	10,797	20,445	9,469	-3,233	34,475
Obsea51	42,800	69,300	14,500	130,500	93,500	25,408	2,448	20,532	30,283	9,475	6,540	44,275
Obsea52	15,000	39,300	7,300	62,000	19,300	10,004	1,432	7,152	12,856	9,265	-8,445	28,453
Obsea53	50,000	43,000	17,000	68,000	90,500	34,080	1,748	30,599	37,562	9,319	15,524	52,637
Obsea54	61,300	38,000	7,700	104,000	13,700	29,636	2,905	23,851	35,421	9,603	10,513	48,759
Obsea55	53,000	57,000	16,000	138,000	84,000	33,659	2,086	29,505	37,813	9,388	14,965	52,353

Obsea56	39,500	61,800	21,300	131,000	69,000	26,559	2,147	22,285	30,833	9,402	7,838	45,280
Obsea57	46,700	36,300	8,300	40,000	66,000	27,184	1,548	24,102	30,265	9,283	8,698	45,669
Obsea58	74,000	23,000	22,000	78,000	84,000	52,072	2,362	47,368	56,775	9,453	33,248	70,896
Obsea59	60,000	43,300	13,700	43,700	89,300	34,476	2,021	30,451	38,500	9,374	15,810	53,141
Obsea60	57,000	48,000	5,000	27,000	59,000	23,444	2,467	18,531	28,358	9,480	4,567	42,322
Obsea61	31,300	53,300	24,000	147,300	65,300	28,524	2,816	22,917	34,131	9,577	9,454	47,593
Obsea62	43,500	57,300	16,800	33,800	72,500	21,561	2,167	17,246	25,876	9,406	2,830	40,291
Obsea63	27,000	37,000	15,000	51,000	1,000	14,983	1,957	11,085	18,880	9,360	-3,656	33,622
Obsea64	14,000	28,500	4,000	52,000	21,000	12,024	1,157	9,721	14,328	9,226	-6,348	30,396
Obsea65	31,700	21,300	10,300	57,700	81,300	31,368	1,833	27,718	35,018	9,335	12,779	49,957
Obsea66	65,000	61,000	17,000	66,000	41,000	26,359	2,030	22,316	30,402	9,376	7,689	45,029
Obsea67	33,000	36,300	11,000	126,000	3,700	21,616	2,865	15,912	27,320	9,591	2,518	40,715
Obsea68	43,000	23,000	7,000	16,500	65,600	28,693	1,784	25,142	32,245	9,326	10,124	47,263
Obsea69	35,000	88,000	2,000	93,000	99,000	8,903	4,243	0,453	17,352	10,089	-11,187	28,993
Obsea70	58,000	23,000	16,000	68,000	9,000	34,049	2,222	29,625	38,473	9,419	15,293	52,805
Obsea71	36,500	27,500	15,000	54,000	78,000	31,805	1,777	28,266	35,343	9,324	13,238	50,372
Obsea72	57,300	54,500	12,000	42,500	30,000	21,164	2,120	16,943	25,385	9,396	2,454	39,873
Obsea73	48,500	3,000	8,500	5,500	73,500	39,018	2,488	34,063	43,973	9,486	20,130	57,907
Obsea74	63,000	68,000	2,000	17,000	78,000	18,563	3,820	10,956	26,170	9,919	-1,187	38,314
Obsea75	45,500	70,000	23,000	86,500	60,300	21,985	2,125	17,753	26,217	9,397	3,273	40,697
Obsea76	67,000	33,000	16,000	8,000	53,100	34,711	2,554	29,625	39,796	9,503	15,788	53,633
Obsea77	62,000	55,000	19,000	74,000	45,000	29,359	1,734	25,907	32,811	9,316	10,808	47,910
Obsea78	62,000	48,000	24,000	94,000	98,000	41,876	2,043	37,808	45,943	9,379	23,201	60,551
Obsea79	48,000	14,000	1,000	6,000	53,900	29,496	2,263	24,990	34,003	9,429	10,721	48,272
Obsea80	48,500	30,000	11,500	63,000	60,900	32,407	1,129	30,160	34,655	9,223	14,042	50,772
Obsea81	29,000	17,000	8,000	61,000	1,000	21,425	1,491	18,456	24,395	9,274	2,958	39,893
Obsea82	27,000	29,000	16,000	78,000	89,000	31,256	2,278	26,720	35,793	9,433	12,474	50,039

Interprétation (Performance considérée) :

Etant donné le R^2, 86% de la variabilité de la variable dépendante Performance considérée sont expliqués par les 5 variables

4.2.5 Nouvel échantillon de base (WASREB) à 4 variables

	Eau non facturée %	taux de couverture eau potable %	Taux de couverture coûts (E + M) %	Taux de comptage %	Performance considérée
Obsea1	46,000	17,000	65,300	15,700	37,812
Obsea2	31,000	10,500	69,500	46,100	49,363
Obsea3	29,000	51,000	53,000	32,700	20,798
Obsea4	34,000	63,300	25,900	3,000	16,905
Obsea5	8,000	14,000	8,000	44,000	37,552
Obsea6	51,000	55,300	134,300	64,000	22,072
Obsea7	45,300	84,500	82,000	74,000	13,853
Obsea8	79,000	23,000	91,000	29,000	40,794
Obsea9	42,000	26,000	168,000	54,000	33,512
Obsea10	69,000	12,000	122,000	67,000	56,320
Obsea11	45,700	43,300	54,300	74,300	25,678
Obsea12	81,000	12,000	51,000	6,000	46,706
Obsea13	45,000	22,800	64,800	74,500	41,051
Obsea14	39,300	16,000	91,100	56,500	47,626
Obsea15	64,000	35,500	108,500	62,500	31,216
Obsea16	45,000	72,000	171,000	76,000	16,799
Obsea17	42,000	23,300	35,800	36,500	36,276
Obsea18	58,300	18,300	67,000	46,700	40,628
Obsea19	98,000	4,000	81,000	78,000	66,842
Obsea20	17,500	35,500	48,500	96,000	28,530
Obsea21	42,800	66,300	90,000	27,300	17,503
Obsea22	44,000	73,000	56,000	51,500	15,568
Obsea23	45,300	27,700	37,700	32,700	31,665
Obsea24	31,300	19,700	54,000	18,900	39,679
Obsea25	49,800	21,500	61,800	95,300	41,939
Obsea26	38,700	56,000	74,700	70,000	20,637
Obsea27	77,000	34,700	42,000	62,300	30,259
Obsea28	38,700	41,700	77,000	32,700	25,826
Obsea29	56,000	46,000	75,000	1,000	22,663
Obsea30	36,000	29,000	45,300	55,000	32,463
Obsea31	4,000	17,000	51,000	29,000	34,283
Obsea32	61,700	33,000	26,700	45,800	29,600
Obsea33	30,300	62,000	51,300	35,300	17,176
Obsea34	17,500	13,500	28,300	37,000	39,548
Obsea35	45,300	20,300	116,300	53,300	40,947
Obsea36	84,000	19,000	46,000	9,000	40,807
Obsea37	51,000	28,000	58,300	54,000	29,742
Obsea38	47,000	28,000	37,500	90,000	34,799
Obsea39	21,800	67,000	79,000	29,300	16,874
Obsea40	40,300	19,300	130,000	53,700	44,766

Obsea41	44,500	51,000	55,000	82,000	20,885
Obsea42	64,800	15,500	73,500	61,000	49,097
Obsea43	48,000	26,000	123,000	91,000	38,812
Obsea44	38,000	28,300	119,700	89,700	33,443
Obsea45	25,000	42,500	100,500	73,800	26,364
Obsea46	33,000	4,700	25,300	62,300	46,368
Obsea47	40,000	69,000	64,000	32,000	15,991
Obsea48	3,000	32,000	9,000	16,500	25,758
Obsea49	57,000	3,000	48,000	32,000	55,416
Obsea50	33,800	62,800	51,800	46,000	18,050
Obsea51	42,800	69,300	130,500	93,500	17,122
Obsea52	15,000	39,300	62,000	19,300	24,780
Obsea53	50,000	43,000	68,000	90,500	26,001
Obsea54	61,300	38,000	104,000	13,700	26,469
Obsea55	53,000	57,000	138,000	84,000	21,196
Obsea56	39,500	61,800	131,000	69,000	19,491
Obsea57	46,700	36,300	40,000	66,000	27,336
Obsea58	74,000	23,000	78,000	84,000	40,742
Obsea59	60,000	43,300	43,700	89,300	25,878
Obsea60	57,000	48,000	27,000	59,000	21,612
Obsea61	31,300	53,300	147,300	65,300	22,801
Obsea62	43,500	57,300	33,800	72,500	19,604
Obsea63	27,000	37,000	51,000	1,000	26,487
Obsea64	14,000	28,500	52,000	21,000	28,036
Obsea65	31,700	21,300	57,700	81,300	38,185
Obsea66	65,000	61,000	66,000	41,000	19,091
Obsea67	33,000	36,300	126,000	3,700	28,051
Obsea68	43,000	23,000	16,500	65,600	35,188
Obsea69	35,000	88,000	93,000	99,000	12,612
Obsea70	58,000	23,000	68,000	9,000	37,346
Obsea71	36,500	27,500	54,000	78,000	34,163
Obsea72	57,300	54,500	42,500	30,000	19,726
Obsea73	48,500	3,000	5,500	73,500	51,742
Obsea74	63,000	68,000	17,000	78,000	15,239
Obsea75	45,500	70,000	86,500	60,300	16,828
Obsea76	67,000	33,000	8,000	53,100	29,264
Obsea77	62,000	55,000	74,000	45,000	20,318
Obsea78	62,000	48,000	94,000	98,000	24,165
Obsea79	48,000	14,000	6,000	53,900	36,329
Obsea80	48,500	30,000	63,000	60,900	31,895
Obsea81	29,000	17,000	61,000	1,000	38,155
Obsea82	27,000	29,000	78,000	89,000	35,034

4.2.5.1 Performances régressées par utilitaire d'analyse Excel

➢ **Corrélation**

	Eau non facturée %	*taux de couverture eau potable %*	*Taux de couverture coûts (E + M) %*	*Taux de comptage %*	*Performance considérée*
Eau non facturée %	1				
taux de couverture eau potable %	-0,0927	1			
Taux de couverture coûts (E + M) %	0,08817	0,23909656	1		
Taux de comptage %	0,12555	0,14017366	0,20525537	1	
Performance considérée	0,25755	-0,92650441	-0,08648159	-0,014268	1

Statistiques de la régression	
Coefficient de détermination multiple	0,95296273
Coefficient de détermination R^2	**0,90813796**
Coefficient de détermination R^2	0,90336591
Erreur-type	3,52318424
Observations	82

ANALYSE DE VARIANCE					
	Degré de liberté	*Somme des carrés*	*Moyenne des carrés*	*F*	*Valeur critique de F*
Régression	4	9448,81173	2362,20293	190,303377	4,3311E-39
Résidus	77	955,787694	12,4128272		
Total	81	10404,5994			

	Coefficients	*Erreur-type*	*Statistique t*	*Probabilité*	*Limite inférieure pour seuil de confiance = 95%*	*Limite supérieure pour seuil de confiance = 95%*	*Limite inférieure pour seuil de confiance = 95,0%*	*Limite supérieure pour seuil de confiance = 95,0%*
Constante	41,8682742	1,47223709	28,4385406	1,3643E-42	38,9366756	44,7998728	38,9366756	44,7998728
Eau non facturée %	0,09486509	0,02226432	4,26085838	5,7075E-05	0,05053118	0,13919901	0,05053118	0,13919901
taux de couverture eau potable %	-0,52536596	0,01992861	-26,3623972	2,733E-40	-0,56504889	-0,48568302	-0,56504889	-0,48568302
Taux de couverture coûts (E + M) %	0,03368583	0,01095576	3,07471557	0,00291507	0,01187014	0,05550153	0,01187014	0,05550153
Taux de comptage %	0,03186037	0,01474826	2,16027985	0,03386173	0,00249283	0,0612279	0,00249283	0,0612279

Équation 4 : Modèle à 4 variables explicatives

Performance = 41,8682742 + 0,09486509 ***Eau non facturée (%)**-0,52536596 * **taux de couverture eau potable (%)**+ 0,03368583 * **Taux de couverture coûts (E + M) (%)**+0,03186037 * **Taux de comptage (%)**

Etant donné le R^2, 91,8% de la variabilité de la variable dépendante Performance considérée sont expliqués par les 4 variables explicatives

ANALYSE DES RÉSIDUS					RÉPARTITION DES PROBABILITÉS	
Observation	*Prévisions Performance considérée*	*Résidus*	*Résidus normalisés*	Val abs résidus	*Centile*	*Performance considérée*
1	40,0007399	-2,18888648	-0,63721359	2,18888648	0,6097561	12,6123695
2	43,1026779	6,26001904	1,82237373	6,26001904	1,82926829	13,8527047
3	20,6528812	0,14556205	0,04237502	0,14556205	3,04878049	15,2392408
4	12,8060664	4,09868011	1,19317959	4,09868011	4,26829268	15,5675992
5	36,9434144	0,60858801	0,17716796	0,60858801	5,48780488	15,9906315
6	24,2167273	-2,14478705	-0,62437567	2,14478705	6,70731707	16,7985349
7	6,89214492	6,96055975	2,02631033	6,96055975	7,92682927	16,8276738
8	41,268561	-0,47464383	-0,13817505	0,47464383	9,14634146	16,8741367
9	39,572773	-6,06107129	-1,76445743	6,06107129	10,3658537	16,9047465
10	48,3538904	7,96626883	2,31908544	7,96626883	11,5853659	17,1218161
11	27,651629	-1,9734247	-0,57448984	1,9734247	12,804878	17,1757954
12	45,157095	1,548796	0,45087485	1,548796	14,0243902	17,5029652
13	38,7152989	2,33524573	0,67982069	2,33524573	15,2439024	18,0498408
14	42,0595072	5,56611857	1,62037019	5,56611857	16,4634146	19,0910583
15	34,9353345	-3,719753	-1,08286893	3,719753	17,6829268	19,4907986
16	16,4925197	0,30601519	0,08908504	0,30601519	18,902439	19,6038972
17	35,9804375	0,29571693	0,08608708	0,29571693	20,1219512	19,7262675
18	41,5295421	-0,90126117	-0,26236896	0,90126117	21,3414634	20,3175103
19	54,2772507	12,5642757	3,65762563	12,5642757	22,5609756	20,6372227
20	29,57028	-1,04076576	-0,30298058	1,04076576	23,7804878	20,7984432
21	14,9982501	2,50471502	0,72915543	2,50471502	25	20,8853356
22	11,2178389	4,34976032	1,26627234	4,34976032	26,2195122	21,1957985
23	33,9248158	-2,25993144	-0,65789571	2,25993144	27,4390244	21,612463
24	36,9090382	2,76969285	0,80629395	2,76969285	28,6585366	22,0719403
25	40,4152652	1,52382468	0,44360537	1,52382468	29,8780488	22,6626464
26	20,8656171	-0,22839438	-0,0664886	0,22839438	31,097561	22,801175
27	34,3423935	-4,08374801	-1,18883266	4,08374801	32,3170732	24,1654103
28	27,267436	-1,44188528	-0,41975173	1,44188528	33,5365854	24,7795527
29	25,5721832	-2,90953675	-0,84700435	2,90953675	34,7560976	25,6782043
30	33,3260932	-0,8626735	-0,25113558	0,8626735	35,9756098	25,7581645
31	35,9584414	-1,67562932	-0,48779769	1,67562932	37,195122	25,8255507
32	32,7429904	-3,1430996	-0,91499756	3,1430996	38,4146341	25,8783804
33	15,0227513	2,15304415	0,62677942	2,15304415	39,6341463	26,0010839
34	38,5681156	0,98014336	0,2853326	0,98014336	40,8536585	26,3643967
35	41,1165539	-0,16971855	-0,0494073	0,16971855	42,0731707	26,4685197
36	41,6912805	-0,8841682	-0,25739297	0,8841682	43,2926829	26,4873608
37	35,680491	-5,93855408	-1,72879106	5,93855408	44,5121951	27,3360955
38	35,7473386	-0,94809004	-0,27600146	0,94809004	45,7317073	28,0363166
39	12,3315036	4,54263312	1,32242014	4,54263312	46,9512195	28,0509161
40	41,6418345	3,12442668	0,90956163	3,12442668	48,1707317	28,5295142

41	23,7613779	-2,87604234	-0,83725369	2,87604234	49,3902439	29,2639206
42	44,2917511	4,80497598	1,39879159	4,80497598	50,6097561	29,5998908
43	39,8049346	-0,99259761	-0,2889582	0,99259761	51,8292683	29,741937
44	37,4953603	-4,05256213	-1,17975404	4,05256213	53,0487805	30,2586455
45	27,6485696	-1,28417288	-0,37383959	1,28417288	54,2682927	31,2155815
46	45,3667548	1,00125424	0,29147826	1,00125424	55,4878049	31,6648844
47	12,5880519	3,40257961	0,9905356	3,40257961	56,7073171	31,8953744
48	26,1700274	-0,41186282	-0,11989867	0,41186282	57,9268293	32,4634197
49	48,3359384	7,08042336	2,0612042	7,08042336	59,1463415	33,4427981
50	15,2922352	2,75760561	0,8027752	2,75760561	60,3658537	33,5117017
51	16,8955848	0,22623129	0,0658589	0,22623129	61,5853659	34,1629802
52	25,3477951	-0,56824246	-0,16542284	0,56824246	62,804878	34,2828121
53	29,1947926	-3,19370861	-0,92973051	3,19370861	64,0243902	34,7992485
54	31,6594117	-5,19089199	-1,51113681	5,19089199	65,2439024	35,0335762
55	24,2751803	-3,07938178	-0,89644846	3,07938178	66,4634146	35,1880876
56	19,7590386	-0,26823999	-0,07808818	0,26823999	67,6829268	36,2761545
57	30,6779073	-3,34181183	-0,9728453	3,34181183	68,902439	36,3291226
58	42,1086399	-1,36661591	-0,39783983	1,36661591	70,1219512	37,3455609
59	29,1290355	-3,25065517	-0,9463084	3,25065517	71,3414634	37,5520024
60	24,8472977	-3,23483475	-0,94170286	3,23483475	72,5609756	37,8118534
61	23,8779512	-1,07677616	-0,31346368	1,07677616	73,7804878	38,1545233
62	19,3398941	0,26400311	0,07685477	0,26400311	75	38,1847349
63	26,7409291	-0,25356834	-0,07381707	0,25356834	76,2195122	38,812337
64	30,6441867	-2,60787011	-0,75918523	2,60787011	77,4390244	39,5482589
65	38,2191232	-0,03438826	-0,01001087	0,03438826	78,6585366	39,678731
66	19,5167219	-0,42566359	-0,12391626	0,42566359	79,8780488	40,6282809
67	30,2903363	-2,23942021	-0,65192462	2,23942021	81,097561	40,742024
68	36,5099125	-1,32182489	-0,38480058	1,32182489	82,3170732	40,7939172
69	5,24330693	7,36906255	2,14523085	7,36906255	83,5365854	40,8071123
70	37,8644125	-0,5188516	-0,15104451	0,5188516	84,7560976	40,9468354
71	35,1874299	-1,02444964	-0,29823074	1,02444964	85,9756098	41,0505446
72	21,0590583	-1,33279079	-0,3879929	1,33279079	87,195122	41,9390899
73	47,4201425	4,32190701	1,25816387	4,32190701	88,4146341	44,7662611
74	15,1776577	0,06158302	0,01792762	0,06158302	89,6341463	46,368009
75	14,2440236	2,58365022	0,7521345	2,58365022	90,8536585	46,705891
76	32,848431	-3,58451046	-1,04349806	3,58451046	92,0731707	47,6256257
77	22,7812505	-2,46374013	-0,7172271	2,46374013	93,2926829	49,096727
78	28,8211283	-4,655718	-1,35534063	4,655718	94,5121951	49,3626969
79	40,9860641	-4,65694149	-1,35569681	4,65694149	95,7317073	51,7420495
80	34,7707563	-2,87538193	-0,83706143	2,87538193	96,9512195	55,4163618
81	37,7748368	0,3796865	0,11053172	0,3796865	98,1707317	56,3201592
82	34,6570866	0,37648962	0,10960107	0,37648962	99,3902439	66,8415264
				210,467077		
			Moyenne	**2,56667166**	**inférieur à l'écart type**	
			Ecart type	**2,26510789**		

4.2.5.2 Performances régressées par XLstat

Statistiques descriptives :

Variable	Observations	Obs. avec données manquantes	Obs. sans données manquantes	Minimum	Maximum	Moyenne	Ecart-type
Performance considérée	82	0	82	12,612	66,842	30,709	11,334
Eau non facturée %	82	0	82	3,000	98,000	45,059	17,911
taux de couverture eau potable %	82	0	82	3,000	88,000	36,994	20,497
Taux de couverture coûts (E + M) %	82	0	82	5,500	171,000	68,570	37,557
Taux de comptage %	82	0	82	1,000	99,000	53,101	27,454

Statistiques descriptives (Données quantitatives / Prédiction) :

Variable	Observations	Obs. avec données manquantes	Obs. sans données manquantes	Minimum	Maximum	Moyenne	Ecart-type
Eau non facturée %	82	0	82	3,000	98,000	45,059	17,911
taux de couverture eau potable %	82	0	82	3,000	88,000	36,994	20,497
Taux de couverture coûts (E + M) %	82	0	82	5,500	171,000	68,570	37,557
Taux de comptage %	82	0	82	1,000	99,000	53,101	27,454

Matrice de corrélation :

	Eau non facturée %	taux de couverture eau potable %	Taux de couverture coûts (E + M) %	Taux de comptage %	Performance considérée
Eau non facturée %	**1**	0,000	0,000	0,000	0,000
taux de couverture eau potable %	0,000	**1**	0,000	0,000	0,000
Taux de couverture coûts (E + M) %	0,000	0,000	**1**	0,000	0,000
Taux de comptage %	0,000	0,000	0,000	**1**	0,000
Performance considérée	0,000	0,000	0,000	0,000	**1**

Statistiques de multicolinéarité :

	Eau non facturée %	taux de couverture eau potable %	Taux de couverture coûts (E + M) %	Taux de comptage %
Tolérance	1,000	1,000	1,000	1,000
VIF	1,000	1,000	1,000	1,000

Coefficients d'ajustement (Performance considérée) :

Observations	82
Somme des poids	82
DDL	78
R^2	**0,851**
R^2 ajusté	0,844
MCE	86,819
RMCE	9,318
MAPE	25,867
DW	1,465
Cp	4,000
AIC	369,933
AICC	370,452
SBC	379,560
PC	0,164

Mesures de la taille de l'effet :

R^2	0,851
f^2	5,730

Analyse de la variance (Performance considérée) :

Source	DDL	Somme des carrés	Moyenne des carrés	F	Pr > F	Codes de signification des p-valeurs
Modèle	4,000	38799,666	9699,917	111,726	**<0,0001**	***
Erreur	78,000	6771,893	86,819			
Total corrigé	82,000	45571,560				

Calculé contre le modèle Y=10

*Codes de signification : 0 < *** < 0.001 < ** < 0.01 < * < 0.05 < . < 0.1 < ° < 1*

Paramètres du modèle (Performance considérée) :

Source	Valeur	Erreur standard	t	Pr > |t|	Borne inférieure (95%)	Borne supérieure (95%)	Codes de signification des p-valeurs
Constante	10,000						
Eau non facturée %	0,401	0,046	8,799	**<0,0001**	0,310	0,491	***
taux de couverture eau potable %	-0,346	0,048	-7,223	**<0,0001**	-0,442	-0,251	***
Taux de couverture coûts (E + M) %	0,092	0,028	3,284	**0,002**	0,036	0,148	**
Taux de comptage %	0,130	0,037	3,514	**0,001**	0,057	0,204	***

*Codes de signification : 0 < *** < 0.001 < ** < 0.01 < * < 0.05 < . < 0.1 < ° < 1*

Équation du modèle (Performance considérée) :

Performance considérée = 10+0,400558810423301***Eau non facturée (%)**-0,346331484357484***taux de couverture eau potable (%)**+9,22173839532527E-02***Taux de couverture coûts (E + M) (%)**+0,130386040568083***Taux de comptage (%)**

Etant donné le R^2, 85% de la variabilité de la variable dépendante Performance considérée sont expliqués par les 4 variables explicatives.

Coefficients normalisés (Performance considérée) :							
Source	Valeur	Erreur standard	t	Pr > |t|	Borne inférieure (95%)	Borne supérieure (95%)	Codes de signification des p-valeurs
Eau non facturée %	0,823	0,094	8,799	**<0,0001**	0,637	1,009	
taux de couverture eau potable %	-0,620	0,086	-7,223	**<0,0001**	-0,791	-0,449	***
Taux de couverture coûts (E + M) %	0,305	0,093	3,284	**0,002**	0,120	0,491	***
Taux de comptage %	0,330	0,094	3,514	**0,001**	0,143	0,517	**

*Codes de signification : 0< *** < 0.001 < ** < 0.01 < * < 0.05 < . < 0.1 < ° < 1*

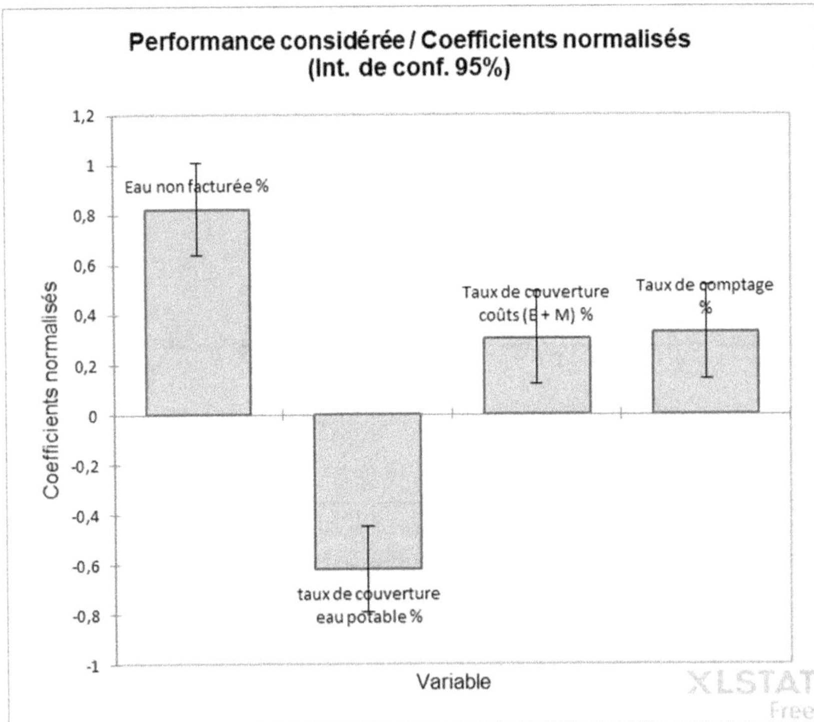

Prédictions et résidus (Performance considérée) :

Observation	Poids	Eau non facturée %	taux de couverture eau potable %	Taux de couverture coûts (E + M) %	Taux de comptage %	Performance considérée	Préd(Performance considérée)	Résidu	Résidu std.	Ecart-type sur la préd. (Moyenne)	Borne inférieure 95% (Moyenne)	Borne supérieure 95% (Moyenne)	Ecart-type sur la préd. (Observation)	Borne inférieure 95% (Observation)	Borne supérieure 95% (Observation)	Pred. ajustée
Obsea1	1	46,000	17,000	65,300	15,700	37,812	30,607	7,205	0,773	1,602	27,417	33,797	9,454	11,785	49,429	30,387
Obsea2	1	31,000	10,500	69,500	46,100	49,363	31,201	18,162	1,949	1,356	28,502	33,900	9,416	12,455	49,946	30,808
Obsea3	1	29,000	51,000	53,000	32,700	20,798	13,104	7,694	0,826	1,484	10,151	16,058	9,435	-5,679	31,888	12,904
Obsea4	1	34,000	63,300	25,900	3,000	16,905	4,476	12,429	1,334	2,756	-1,011	9,963	9,717	-14,869	23,820	3,284
Obsea5	1	8,000	14,000	8,000	44,000	37,552	14,831	22,721	2,439	1,315	12,213	17,448	9,410	-3,903	33,564	14,369
Obsea6	1	51,000	55,300	134,300	64,000	22,072	32,006	-9,934	-1,066	1,938	28,148	35,863	9,517	13,059	50,953	32,455
Obsea7	1	45,300	84,500	82,000	74,000	13,853	16,091	-2,238	-0,240	2,427	11,259	20,923	9,629	-3,078	35,260	16,254
Obsea8	1	79,000	23,000	91,000	29,000	40,794	45,851	-5,058	-0,543	2,588	40,699	51,004	9,670	26,599	65,104	46,274
Obsea9	1	42,000	26,000	168,000	54,000	33,512	40,352	-6,841	-0,734	3,251	33,880	46,824	9,869	20,706	59,999	41,300
Obsea10	1	69,000	12,000	122,000	67,000	56,320	53,469	2,851	0,306	2,611	48,272	58,666	9,677	34,205	72,733	53,226
Obsea11	1	45,700	43,300	54,300	74,300	25,678	28,004	-2,326	-0,250	1,462	25,095	30,914	9,432	9,228	46,781	28,063
Obsea12	1	81,000	12,000	51,000	6,000	46,706	43,775	2,931	0,315	3,188	37,428	50,121	9,848	24,169	63,380	43,386
Obsea13	1	45,000	22,800	64,800	74,500	41,051	35,818	5,232	0,562	1,528	32,777	38,860	9,442	17,020	54,616	35,674
Obsea14	1	39,300	16,000	91,100	56,500	47,626	35,968	11,657	1,251	1,663	32,657	39,280	9,465	17,125	54,812	35,585
Obsea15	1	64,000	35,500	108,500	62,500	31,216	41,496	-10,280	-1,103	1,639	38,232	44,759	9,461	22,661	60,331	41,824
Obsea16	1	45,000	72,000	171,000	76,000	16,799	28,768	-11,969	-1,285	2,847	23,100	34,435	9,743	9,371	48,164	30,000
Obsea17	1	42,000	23,300	35,800	36,500	36,276	26,814	9,462	1,015	1,018	24,788	28,841	9,373	8,154	45,475	26,700
Obsea18	1	58,300	18,300	67,000	46,700	40,628	39,282	1,346	0,144	1,550	36,196	42,369	9,446	20,477	58,087	39,244
Obsea19	1	98,000	4,000	81,000	78,000	66,842	65,509	1,332	0,143	3,343	58,854	72,164	9,899	45,801	85,217	65,312
Obsea20	1	17,500	35,500	48,500	96,000	28,530	21,705	6,825	0,732	2,602	16,524	26,885	9,674	2,445	40,964	21,127
Obsea21	1	42,800	66,300	90,000	27,300	17,503	16,041	1,462	0,157	2,211	11,639	20,443	9,576	-3,024	35,106	15,954
Obsea22	1	44,000	73,000	56,000	51,500	15,568	14,221	1,346	0,144	2,227	9,787	18,656	9,580	-4,851	33,294	14,140
Obsea23	1	45,300	27,700	37,700	32,700	31,665	26,292	5,373	0,577	1,160	23,982	28,602	9,390	7,599	44,986	26,208
Obsea24	1	31,300	19,700	54,000	18,900	39,679	23,159	16,520	1,773	0,957	21,253	25,064	9,367	4,511	41,806	22,983
Obsea25	1	49,800	21,500	61,800	95,300	41,939	40,627	1,313	0,141	2,172	36,302	44,951	9,568	21,579	59,674	40,551
Obsea26	1	38,700	56,000	74,700	70,000	20,637	22,123	-1,486	-0,159	1,535	19,067	25,178	9,443	3,323	40,923	22,164
Obsea27	1	77,000	34,700	42,000	62,300	30,259	40,822	-10,563	-1,134	2,192	36,458	45,185	9,572	21,765	59,878	41,440

Obsea28	1	38,700	41,700	77,000	32,700	25,826	22,424	3,402	0,365	1,266	19,903	24,945	9,403	3,703	41,144	22,360
Obsea29	1	56,000	46,000	75,000	1,000	22,663	23,547	-0,884	-0,095	2,545	18,479	28,614	9,659	4,317	42,777	23,618
Obsea30	1	36,000	29,000	45,300	55,000	32,463	25,725	6,738	0,723	1,008	23,719	27,731	9,372	7,067	44,383	25,645
Obsea31	1	4,000	17,000	51,000	29,000	34,283	14,199	20,084	2,155	1,160	11,889	16,509	9,390	-4,494	32,892	13,882
Obsea32	1	61,700	33,000	26,700	45,800	29,600	31,719	-2,120	-0,227	1,895	27,947	35,491	9,508	12,790	50,649	31,811
Obsea33	1	30,300	62,000	51,300	35,300	17,176	9,998	7,178	0,770	1,941	6,134	13,862	9,518	-8,950	28,946	9,672
Obsea34	1	17,500	13,500	28,300	37,000	39,548	19,768	19,780	2,123	0,750	18,276	21,261	9,348	1,158	38,378	19,639
Obsea35	1	45,300	20,300	116,300	53,300	40,947	38,789	2,158	0,232	2,051	34,706	42,872	9,541	19,795	57,783	38,679
Obsea36	1	84,000	19,000	46,000	9,000	40,807	42,482	-1,675	-0,180	3,203	36,105	48,859	9,853	22,866	62,098	42,707
Obsea37	1	51,000	28,000	58,300	54,000	29,742	33,148	-3,406	-0,366	1,147	30,864	35,432	9,388	14,458	51,838	33,201
Obsea38	1	47,000	28,000	37,500	90,000	34,799	34,322	0,477	0,051	2,121	30,100	38,544	9,556	15,297	53,346	34,296
Obsea39	1	21,800	67,000	79,000	29,300	16,874	6,633	10,241	1,099	2,303	2,048	11,219	9,598	-12,475	25,742	5,967
Obsea40	1	40,300	19,300	130,000	53,700	44,766	38,448	6,318	0,678	2,434	33,602	43,295	9,630	19,276	57,621	37,986
Obsea41	1	44,500	51,000	55,000	82,000	20,885	25,926	-5,040	-0,541	1,748	22,446	29,405	9,480	7,052	44,799	26,109
Obsea42	1	64,800	15,500	73,500	61,000	49,097	45,320	3,777	0,405	1,862	41,612	49,027	9,502	26,403	64,237	45,162
Obsea43	1	48,000	26,000	123,000	91,000	38,812	43,430	-4,618	-0,496	2,365	38,722	48,138	9,613	24,292	62,568	43,748
Obsea44	1	38,000	28,300	119,700	89,700	33,443	38,154	-4,711	-0,506	2,393	33,390	42,919	9,620	19,002	57,306	38,487
Obsea45	1	25,000	42,500	100,500	73,800	26,364	24,185	2,179	0,234	1,947	20,309	28,062	9,519	5,234	43,136	24,086
Obsea46	1	33,000	4,700	25,300	62,300	46,368	32,047	14,321	1,537	1,745	28,574	35,520	9,480	13,174	50,919	31,527
Obsea47	1	40,000	69,000	64,000	32,000	15,991	12,200	3,791	0,407	2,204	7,811	16,588	9,575	-6,862	31,262	11,975
Obsea48	1	3,000	32,000	9,000	16,500	25,758	3,100	22,658	2,432	1,323	0,467	5,734	9,411	-15,636	21,836	2,634
Obsea49	1	57,000	3,000	48,000	32,000	55,416	40,392	15,025	1,612	1,943	36,523	44,260	9,518	21,443	59,341	39,709
Obsea50	1	33,800	62,800	51,800	46,000	18,050	12,564	5,486	0,589	1,884	8,813	16,315	9,506	-6,362	31,489	12,330
Obsea51	1	42,800	69,300	130,500	93,500	17,122	27,369	-10,247	-1,100	2,274	22,842	31,895	9,591	8,274	46,463	28,017
Obsea52	1	15,000	39,300	62,000	19,300	24,780	10,631	14,148	1,518	1,421	7,802	13,461	9,425	-8,133	29,396	10,295
Obsea53	1	50,000	43,000	68,000	90,500	26,001	33,206	-7,205	-0,773	1,721	29,781	36,632	9,475	14,343	52,070	33,461
Obsea54	1	61,300	38,000	104,000	13,700	26,469	32,771	-6,302	-0,676	2,466	27,860	37,681	9,639	13,582	51,960	33,245
Obsea55	1	53,000	57,000	138,000	84,000	21,196	35,167	-13,971	-1,499	1,973	31,239	39,096	9,524	16,206	54,129	35,823

Obsea56	1	39,500	61,800	131,000	69,000	19,491	25,496	-6,005	-0,644	2,114	21,288	29,704	9,554	6,474	44,517	25,822
Obsea57	1	46,700	36,300	40,000	66,000	27,336	28,428	-1,092	-0,117	1,436	25,570	31,287	9,428	9,659	47,198	28,455
Obsea58	1	74,000	23,000	78,000	84,000	40,742	49,821	-9,079	-0,974	2,100	45,641	54,001	9,551	30,806	68,836	50,307
Obsea59	1	60,000	43,300	43,700	89,300	25,878	34,711	-8,832	-0,948	2,054	30,622	38,800	9,541	15,715	53,706	35,162
Obsea60	1	57,000	48,000	27,000	59,000	21,612	26,391	-4,778	-0,513	1,989	22,431	30,351	9,528	7,423	45,359	26,619
Obsea61	1	31,300	53,300	147,300	65,300	22,801	26,176	-3,375	-0,362	2,593	21,015	31,337	9,672	6,921	45,431	26,459
Obsea62	1	43,500	57,300	33,800	72,500	19,604	20,149	-0,546	-0,059	2,080	16,009	24,290	9,547	1,143	39,156	20,178
Obsea63	1	27,000	37,000	51,000	1,000	26,487	12,834	13,653	1,465	1,649	9,551	16,117	9,462	-6,004	31,673	12,393
Obsea64	1	14,000	28,500	52,000	21,000	28,036	13,271	14,766	1,585	0,983	11,315	15,227	9,369	-5,382	31,924	13,105
Obsea65	1	31,700	21,300	57,700	81,300	38,185	31,242	6,943	0,745	1,865	27,530	34,955	9,502	12,324	50,160	30,953
Obsea66	1	65,000	61,000	66,000	41,000	19,091	26,342	-7,251	-0,778	2,067	22,228	30,457	9,544	7,341	45,343	26,717
Obsea67	1	33,000	36,300	126,000	3,700	28,051	22,748	5,302	0,569	2,856	17,063	28,434	9,745	3,347	42,150	22,199
Obsea68	1	43,000	23,000	16,500	65,600	35,188	29,333	5,855	0,628	1,785	25,780	32,887	9,487	10,446	48,221	29,110
Obsea69	1	35,000	88,000	93,000	99,000	12,612	15,027	-2,414	-0,259	2,915	9,224	20,830	9,763	-4,410	34,463	15,289
Obsea70	1	58,000	23,000	68,000	9,000	37,346	32,711	4,635	0,497	2,152	28,427	36,995	9,563	13,673	51,749	32,450
Obsea71	1	36,500	27,500	54,000	78,000	34,163	30,246	3,917	0,420	1,617	27,027	33,465	9,457	11,419	49,073	30,125
Obsea72	1	57,300	54,500	42,500	30,000	19,726	21,908	-2,182	-0,234	2,123	17,682	26,134	9,556	2,882	40,933	22,027
Obsea73	1	48,500	3,000	5,500	73,500	51,742	38,479	13,263	1,423	2,517	33,467	43,490	9,652	19,264	57,694	37,434
Obsea74	1	63,000	68,000	17,000	78,000	15,239	23,422	-8,183	-0,878	2,954	17,542	29,303	9,775	3,963	42,882	24,337
Obsea75	1	45,500	70,000	86,500	60,300	16,828	19,821	-2,994	-0,321	1,847	16,144	23,499	9,499	0,910	38,732	19,944
Obsea76	1	67,000	33,000	8,000	53,100	29,264	33,070	-3,806	-0,408	2,455	28,182	37,958	9,636	13,886	52,253	33,354
Obsea77	1	62,000	55,000	74,000	45,000	20,318	28,478	-8,160	-0,876	1,704	25,085	31,870	9,472	9,620	47,336	28,760
Obsea78	1	62,000	48,000	94,000	98,000	24,165	39,657	-15,492	-1,663	1,729	36,215	43,099	9,477	20,790	58,524	40,209
Obsea79	1	48,000	14,000	6,000	53,900	36,329	31,959	4,370	0,469	1,914	28,149	35,770	9,512	13,022	50,897	31,767
Obsea80	1	48,500	30,000	63,000	60,900	31,895	32,787	-0,892	-0,096	1,132	30,534	35,041	9,386	14,101	51,474	32,801
Obsea81	1	29,000	17,000	61,000	1,000	38,155	21,484	16,670	1,789	1,518	18,463	24,506	9,440	2,690	40,279	21,030
Obsea82	1	27,000	29,000	78,000	89,000	35,034	29,569	5,465	0,586	2,146	25,296	33,842	9,562	10,533	48,605	29,263

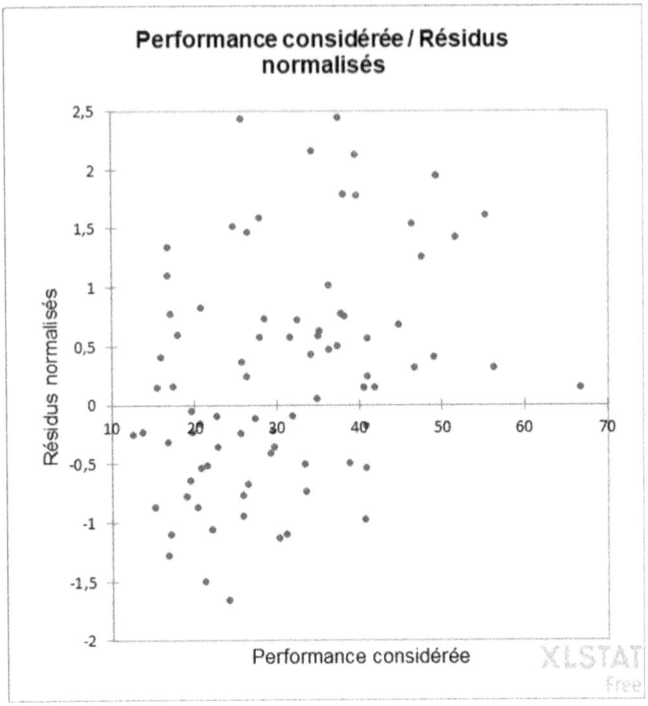
Performance considérée / Résidus normalisés
Résidus normalisés
Performance considérée
2,5
2
1,5
1
0,5
0
-0,5
-1
-1,5
-2
10
20
30
40
50
60
70
XLSTAT
Free

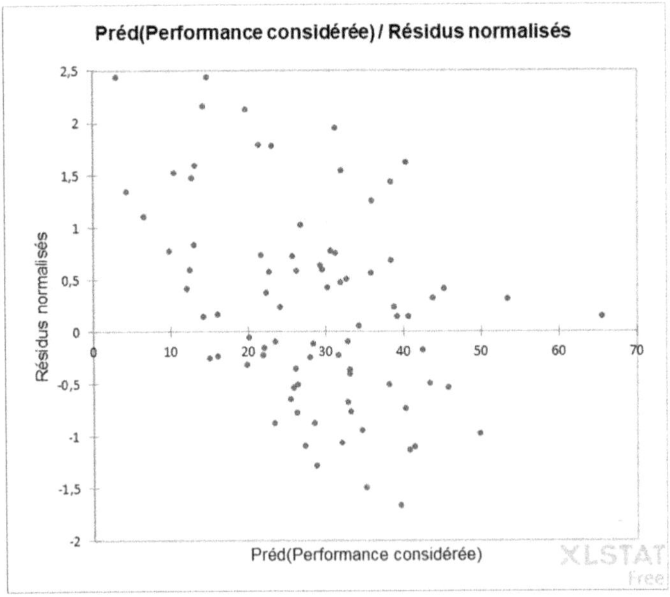
Préd(Performance considérée) / Résidus normalisés
Résidus normalisés
Préd(Performance considérée)
2,5
2
1,5
1
0,5
0
-0,5
-1
-1,5
-2
0
10
20
30
40
50
60
70
XLSTAT
Free

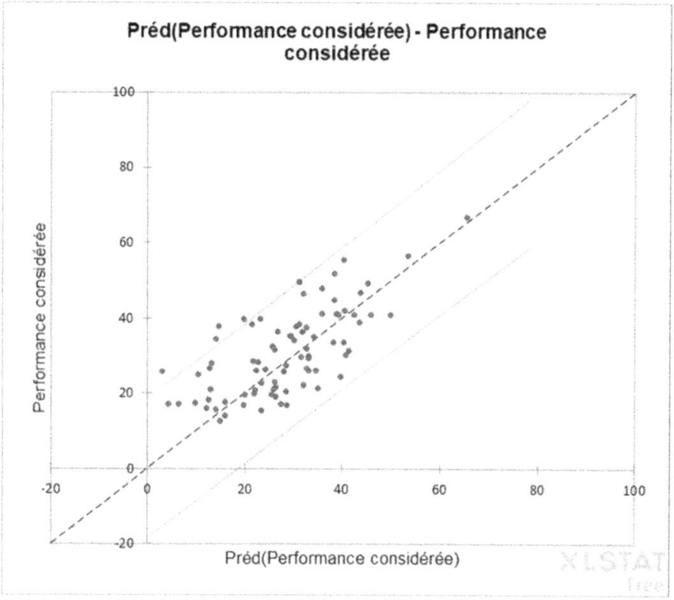
Préd(Performance considérée) - Performance considérée
Performance considérée
Préd(Performance considérée)
100
80
60
40
20
0
-20
-20
0
20
40
60
80
100
XLSTAT Free

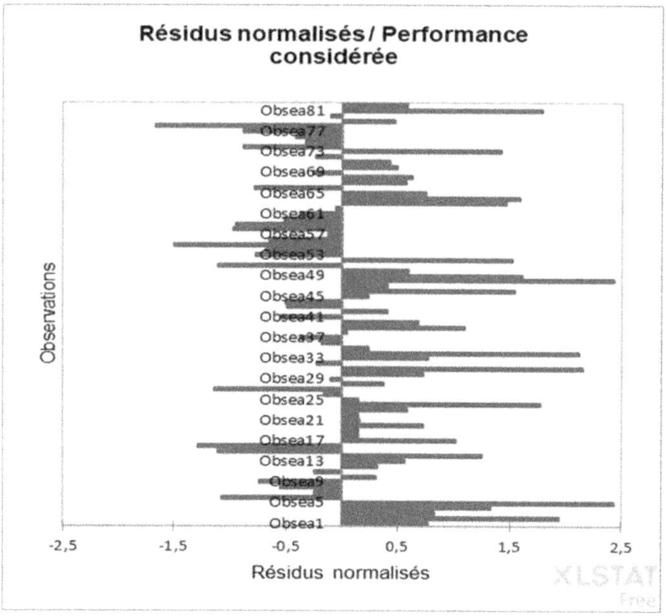
Résidus normalisés / Performance considérée
Observations
Obsea81
Obsea77
Obsea73
Obsea69
Obsea65
Obsea61
Obsea57
Obsea53
Obsea49
Obsea45
Obsea41
Obsea37
Obsea33
Obsea29
Obsea25
Obsea21
Obsea17
Obsea13
Obsea9
Obsea5
Obsea1
-2,5
-1,5
-0,5
0,5
1,5
2,5
Résidus normalisés
XLSTAT Free

Diagnostics d'influence (Performance considérée) :

Observation	Poids	Résidu	Résidu std.	Résidus studentisés	Deleted	StuDeleted	Leverage centré	Mahalanobis	D de Cook	CovRatio	DFFits	DFFits(Std)	DFBeta (Constante)	DFBeta_Eau non facturée %	DFBeta_taux de couverture eau potable %	DFBeta_Taux de couverture coûts (E + M) %	DFBeta_Taux de comptage %	DFBetaStd(Constante)	DFBetaStd(Eau non facturée %)	DFBetaStd(taux de couverture eau potable %)	DFBetaStd(Taux de couverture coûts (E + M) %)	DFBetaStd(Taux de comptage %)
Obsea1	1,000	7,205	0,773	0,785	7,425	0,795	0,030	2,425	0,005	1,051	0,220	0,137		0,004	-0,002	0,002	-0,003		0,092	-0,036	0,058	-0,088
Obsea2	1,000	18,162	1,949	1,970	18,555	2,030	0,021	1,736	0,021	0,877	0,393	0,295		-0,001	-0,010	0,005	0,004		-0,016	-0,210	0,185	0,098
Obsea3	1,000	7,694	0,826	0,836	7,894	0,846	0,025	2,079	0,005	1,042	0,200	0,135		-0,001	0,006	0,000	-0,001		-0,015	0,119	-0,016	-0,038
Obsea4	1,000	12,429	1,334	1,396	13,621	1,471	0,087	7,175	0,047	1,043	1,192	0,435		0,005	0,018	-0,004	-0,009		0,108	0,385	-0,149	-0,250
Obsea5	1,000	22,721	2,439	2,463	23,183	2,574	0,020	1,632	0,031	0,777	0,461	0,363		-0,007	0,001	-0,004	0,012		-0,151	0,019	-0,159	0,340
Obsea6	1,000	-9,934	-1,066	-1,090	-10,383	-1,116	0,043	3,546	0,013	1,035	-0,449	-0,232		0,003	-0,001	-0,005	0,002		0,055	-0,018	-0,167	0,042
Obsea7	1,000	-2,238	-0,240	-0,249	-2,401	-0,256	0,068	5,564	0,001	1,126	-0,163	-0,067		0,001	-0,003	0,000	0,000		0,018	-0,056	0,017	-0,004
Obsea8	1,000	-5,058	-0,543	-0,565	-5,480	-0,586	0,077	6,326	0,007	1,122	-0,423	-0,163		-0,006	0,003	-0,001	0,003		-0,130	0,052	-0,042	0,091
Obsea9	1,000	-6,841	-0,734	-0,783	-7,789	-0,834	0,122	9,982	0,021	1,162	-0,948	-0,291		0,003	0,006	-0,008	0,001		0,068	0,128	-0,277	0,036
Obsea10	1,000	2,851	0,306	0,319	3,094	0,330	0,079	6,437	0,002	1,137	0,243	0,093		0,001	-0,003	0,002	0,000		0,029	-0,070	0,054	0,002
Obsea11	1,000	-2,326	-0,250	-0,253	-2,385	-0,254	0,025	2,018	0,000	1,076	-0,059	-0,040		0,000	0,000	0,001	-0,001		0,000	-0,010	0,018	-0,024
Obsea12	1,000	2,931	0,315	0,335	3,320	0,354	0,117	9,598	0,004	1,186	0,389	0,121		0,005	-0,001	0,000	-0,003		0,114	-0,027	-0,002	-0,073
Obsea13	1,000	5,232	0,562	0,569	5,377	0,575	0,027	2,204	0,002	1,064	0,145	0,094		0,000	-0,002	0,000	0,003		0,003	-0,045	0,001	0,068
Obsea14	1,000	11,657	1,251	1,272	12,041	1,297	0,032	2,614	0,013	1,000	0,384	0,232		-0,001	-0,007	0,004	0,002		-0,016	-0,154	0,157	0,061
Obsea15	1,000	-10,280	-1,103	-1,121	-10,609	-1,140	0,031	2,538	0,010	1,018	-0,328	-0,201		-0,003	0,004	-0,003	0,001		-0,071	0,077	-0,103	0,026
Obsea16	1,000	-11,969	-1,285	-1,349	-13,202	-1,424	0,093	7,654	0,047	1,057	-1,232	-0,435		0,010	-0,004	-0,009	0,002		0,217	-0,076	-0,321	0,042
Obsea17	1,000	9,462	1,015	1,022	9,576	1,028	0,012	0,979	0,003	1,010	0,114	0,112		0,004	0,000	-0,001	0,000		0,086	0,001	-0,044	-0,005
Obsea18	1,000	1,346	0,144	0,146	1,384	0,148	0,028	2,270	0,000	1,082	0,038	0,025		0,001	-0,001	0,000	0,000		0,018	-0,013	0,004	-0,002
Obsea19	1,000	1,332	0,143	0,153	1,529	0,163	0,129	10,555	0,001	1,207	0,197	0,059		0,002	-0,002	0,000	0,000		0,042	-0,040	-0,001	0,005
Obsea20	1,000	6,825	0,732	0,763	7,402	0,792	0,078	6,395	0,012	1,108	0,577	0,221		-0,006	0,000	-0,001	0,008		-0,129	0,005	-0,040	0,203
Obsea21	1,000	1,462	0,157	0,161	1,549	0,165	0,056	4,617	0,000	1,114	0,087	0,039		0,000	0,001	0,000	-0,001		0,001	0,028	0,008	-0,024
Obsea22	1,000	1,346	0,144	0,149	1,428	0,152	0,057	4,686	0,000	1,116	0,082	0,036		0,000	0,002	0,000	0,000		0,000	0,033	-0,015	-0,005
Obsea23	1,000	5,373	0,577	0,581	5,457	0,583	0,016	1,272	0,001	1,051	0,085	0,073		0,003	0,001	-0,001	-0,001		0,058	0,013	-0,027	-0,020
Obsea24	1,000	16,520	1,773	1,782	16,696	1,818	0,011	0,865	0,008	0,901	0,176	0,187		0,004	-0,001	0,003	-0,004		0,086	-0,016	0,099	-0,112
Obsea25	1,000	1,313	0,141	0,145	1,388	0,148	0,054	4,457	0,000	1,112	0,075	0,035		0,000	-0,001	0,000	0,001		-0,001	-0,016	-0,005	0,029
Obsea26	1,000	-1,486	-0,159	-0,162	-1,527	-0,163	0,027	2,225	0,000	1,081	-0,041	-0,027		0,000	-0,001	0,000	0,000		0,010	-0,015	0,003	-0,010
Obsea27	1,000	-10,563	-1,134	-1,166	-11,182	-1,203	0,055	4,537	0,020	1,039	-0,619	-0,283		-0,011	0,000	0,004	0,000		-0,232	0,010	0,156	-0,003
Obsea28	1,000	3,402	0,365	0,368	3,466	0,370	0,018	1,514	0,001	1,065	0,064	0,050		0,000	0,001	0,001	-0,001		0,006	0,021	0,020	-0,026
Obsea29	1,000	-0,884	-0,095	-0,099	-0,955	-0,102	0,075	6,120	0,000	1,137	-0,071	-0,028		-0,001	0,000	0,000	0,001		-0,015	-0,010	-0,005	0,024
Obsea30	1,000	6,738	0,723	0,727	6,818	0,729	0,012	0,959	0,002	1,037	0,080	0,079		0,000	0,000	-0,001	0,002		0,005	0,003	-0,025	0,048
Obsea31	1,000	20,084	2,155	2,172	20,400	2,244	0,016	1,272	0,019	0,833	0,316	0,280		-0,010	-0,001	0,005	0,003		-0,220	-0,012	0,189	0,096
Obsea32	1,000	-2,120	-0,227	-0,232	-2,211	-0,236	0,041	3,391	0,001	1,095	-0,091	-0,048		-0,002	0,000	0,001	0,000		-0,039	-0,008	0,031	0,004
Obsea33	1,000	7,178	0,770	0,788	7,504	0,803	0,043	3,558	0,007	1,066	0,326	0,167		-0,001	0,008	-0,001	-0,002		-0,020	0,156	-0,040	-0,042
Obsea34	1,000	19,780	2,123	2,130	19,909	2,187	0,006	0,531	0,007	0,834	0,129	0,176		-0,002	-0,002	0,000	0,005		-0,043	-0,042	-0,016	0,150
Obsea35	1,000	2,158	0,232	0,237	2,267	0,242	0,048	3,973	0,001	1,103	0,110	0,053		0,000	-0,001	0,001	0,000		-0,002	-0,031	0,044	-0,001
Obsea36	1,000	-1,675	-0,180	-0,191	-1,899	-0,203	0,118	9,691	0,001	1,192	-0,224	-0,070		-0,003	0,000	0,000	0,002		-0,067	0,008	0,009	0,042
Obsea37	1,000	-3,406	-0,366	-0,368	-3,459	-0,369	0,015	1,243	0,001	1,062	-0,052	-0,045		-0,001	0,000	0,000	0,000		-0,026	0,010	0,006	-0,008
Obsea38	1,000	0,477	0,051	0,053	0,503	0,054	0,052	4,248	0,000	1,110	0,026	0,012		0,000	0,000	0,000	0,000		0,001	-0,002	-0,006	0,010
Obsea39	1,000	10,241	1,099	1,134	10,907	1,173	0,061	5,011	0,021	1,049	0,667	0,290		-0,005	0,011	0,001	-0,004		-0,104	0,239	0,051	-0,102
Obsea40	1,000	6,318	0,678	0,702	6,781	0,725	0,068	5,597	0,009	1,102	0,463	0,189		-0,001	-0,005	0,005	0,000		-0,032	-0,104	0,169	-0,001

Obsea41	1,000	-5,040	-0,541	-0,551	-5,224	-0,558	0,035	2,885	0,003	1,074	-0,184	-0,105	0,001	-0,002	0,001	-0,002	0,016	-0,039	0,050	-0,065
Obsea42	1,000	3,777	0,405	0,414	3,934	0,420	0,040	3,276	0,002	1,087	0,157	0,084	0,002	-0,003	0,000	0,000	0,052	-0,055	0,010	0,011
Obsea43	1,000	-4,618	-0,496	-0,512	-4,936	-0,527	0,064	5,283	0,005	1,110	-0,318	-0,134	0,002	0,004	-0,002	-0,002	0,037	0,078	-0,078	-0,067
Obsea44	1,000	-4,711	-0,506	-0,523	-5,044	-0,539	0,066	5,410	0,005	1,112	-0,333	-0,138	0,003	0,003	-0,002	-0,003	0,063	0,066	-0,082	-0,077
Obsea45	1,000	2,179	0,234	0,239	2,279	0,243	0,044	3,581	0,001	1,098	0,100	0,051	-0,002	0,000	0,001	0,001	-0,036	0,000	0,025	0,025
Obsea46	1,000	14,321	1,537	1,565	14,841	1,608	0,035	2,874	0,022	0,961	0,520	0,301	0,002	-0,008	-0,002	0,009	0,038	-0,166	-0,082	0,244
Obsea47	1,000	3,791	0,407	0,419	4,016	0,429	0,056	4,589	0,003	1,105	0,225	0,101	0,000	0,004	0,000	-0,002	0,004	0,090	-0,016	-0,045
Obsea48	1,000	22,658	2,432	2,457	23,124	2,567	0,020	1,652	0,031	0,779	0,466	0,364	-0,006	0,016	-0,004	0,001	-0,139	0,343	-0,145	0,018
Obsea49	1,000	15,025	1,612	1,649	15,708	1,705	0,043	3,566	0,031	0,955	0,683	0,356	0,013	-0,010	0,001	-0,002	0,294	-0,216	0,023	-0,060
Obsea50	1,000	5,486	0,589	0,601	5,720	0,611	0,041	3,353	0,004	1,078	0,234	0,124	-0,001	0,005	-0,001	0,000	-0,017	0,112	-0,041	-0,011
Obsea51	1,000	-10,247	-1,100	-1,134	-10,895	-1,172	0,060	4,882	0,020	1,048	-0,649	-0,286	0,008	-0,004	-0,003	-0,003	0,176	-0,079	-0,110	-0,094
Obsea52	1,000	14,148	1,518	1,536	14,485	1,568	0,023	1,907	0,014	0,953	0,337	0,239	-0,004	0,007	0,003	-0,003	-0,095	0,153	0,105	-0,093
Obsea53	1,000	-7,205	-0,773	-0,787	-7,460	-0,799	0,034	2,796	0,005	1,056	-0,254	-0,147	0,001	0,000	0,001	-0,004	0,017	0,001	0,042	-0,112
Obsea54	1,000	-6,302	-0,676	-0,701	-6,777	-0,725	0,070	5,746	0,009	1,104	-0,475	-0,192	-0,004	0,000	-0,003	0,006	-0,098	-0,005	-0,092	0,153
Obsea55	1,000	-13,971	-1,499	-1,534	-14,627	-1,584	0,045	3,678	0,028	0,975	-0,656	-0,335	0,006	0,000	-0,006	-0,002	0,126	0,005	-0,211	-0,052
Obsea56	1,000	-6,005	-0,644	-0,662	-6,331	-0,677	0,051	4,220	0,006	1,085	-0,326	-0,154	0,004	-0,002	-0,003	0,000	0,079	-0,040	-0,095	0,000
Obsea57	1,000	-1,092	-0,117	-0,119	-1,119	-0,119	0,024	1,948	0,000	1,078	-0,027	-0,018	0,000	0,000	0,000	0,000	-0,005	-0,003	0,011	-0,010
Obsea58	1,000	-9,079	-0,974	-1,000	-9,565	-1,027	0,051	4,164	0,013	1,053	-0,486	-0,231	-0,005	0,006	0,000	-0,003	-0,119	0,133	0,017	-0,086
Obsea59	1,000	-8,832	-0,948	-0,972	-9,283	-0,996	0,049	3,984	0,012	1,054	-0,451	-0,220	-0,002	-0,001	0,004	-0,005	-0,053	-0,020	0,141	-0,132
Obsea60	1,000	-4,778	-0,513	-0,525	-5,006	-0,535	0,046	3,737	0,003	1,088	-0,228	-0,114	-0,003	-0,003	0,002	0,000	-0,055	-0,053	0,088	-0,013
Obsea61	1,000	-3,375	-0,362	-0,377	-3,658	-0,390	0,077	6,348	0,003	1,133	-0,283	-0,109	0,003	0,000	-0,002	0,000	0,062	-0,003	-0,087	-0,001
Obsea62	1,000	-0,546	-0,059	-0,060	-0,574	-0,061	0,050	4,086	0,000	1,108	-0,029	-0,014	0,000	0,000	0,000	0,000	0,000	-0,008	0,009	-0,005
Obsea63	1,000	13,653	1,465	1,489	14,095	1,525	0,031	2,568	0,018	0,969	0,441	0,270	0,003	0,008	0,002	-0,008	0,066	0,163	0,058	-0,222
Obsea64	1,000	14,766	1,585	1,594	14,932	1,619	0,011	0,912	0,007	0,933	0,166	0,171	-0,003	0,004	0,003	-0,002	-0,077	0,085	0,093	-0,044
Obsea65	1,000	6,943	0,745	0,760	7,232	0,774	0,040	3,284	0,006	1,065	0,290	0,155	-0,002	-0,003	0,000	0,005	-0,049	-0,057	-0,002	0,140
Obsea66	1,000	-7,251	-0,778	-0,798	-7,626	-0,817	0,049	4,034	0,008	1,072	-0,375	-0,181	-0,005	-0,005	0,002	0,003	-0,099	-0,110	0,054	0,092
Obsea67	1,000	5,302	0,569	0,598	5,852	0,625	0,094	7,703	0,009	1,141	0,550	0,192	0,000	0,000	0,004	-0,005	-0,004	0,007	0,158	-0,129
Obsea68	1,000	5,855	0,628	0,640	6,078	0,650	0,037	3,009	0,004	1,070	0,223	0,124	0,002	0,000	-0,002	0,003	0,038	-0,008	-0,086	0,081
Obsea69	1,000	-2,414	-0,259	-0,273	-2,676	-0,286	0,098	8,025	0,002	1,163	-0,262	-0,089	0,002	-0,003	0,000	-0,001	0,051	-0,059	0,014	-0,035
Obsea70	1,000	4,635	0,497	0,511	4,896	0,523	0,053	4,373	0,004	1,097	0,261	0,121	0,004	-0,001	0,001	-0,003	0,093	-0,011	0,030	-0,091
Obsea71	1,000	3,917	0,420	0,427	4,038	0,431	0,030	2,469	0,001	1,076	0,122	0,075	-0,001	-0,001	0,000	0,002	-0,016	-0,017	-0,013	0,065
Obsea72	1,000	-2,182	-0,234	-0,240	-2,301	-0,245	0,052	4,256	0,001	1,107	-0,119	-0,056	-0,001	-0,002	0,001	0,001	-0,033	-0,036	0,025	0,028
Obsea73	1,000	13,263	1,423	1,478	14,308	1,548	0,073	5,985	0,043	1,014	1,044	0,418	0,007	-0,009	-0,006	0,010	0,157	-0,180	-0,223	0,281
Obsea74	1,000	-8,183	-0,878	-0,926	-9,097	-0,975	0,100	8,240	0,024	1,120	-0,914	-0,309	-0,004	-0,009	0,007	-0,002	-0,088	-0,182	0,256	-0,066
Obsea75	1,000	-2,994	-0,321	-0,328	-3,116	-0,333	0,039	3,223	0,001	1,090	-0,122	-0,066	0,001	-0,002	0,000	0,000	0,012	-0,051	0,003	0,008
Obsea76	1,000	-3,806	-0,408	-0,423	-4,090	-0,437	0,069	5,694	0,003	1,121	-0,284	-0,115	-0,004	-0,001	0,003	0,000	-0,085	-0,018	0,089	-0,007
Obsea77	1,000	-8,160	-0,876	-0,891	-8,443	-0,905	0,033	2,743	0,007	1,046	-0,282	-0,165	-0,004	-0,004	0,001	0,003	-0,088	-0,084	0,027	0,080
Obsea78	1,000	-15,492	-1,663	-1,692	-16,044	-1,743	0,034	2,824	0,026	0,939	-0,552	-0,323	0,001	0,002	0,001	-0,007	0,012	0,041	0,020	-0,203
Obsea79	1,000	4,370	0,469	0,479	4,562	0,487	0,042	3,460	0,003	1,086	0,193	0,100	0,003	-0,001	-0,002	0,002	0,059	-0,019	-0,069	0,043
Obsea80	1,000	-0,892	-0,096	-0,096	-0,905	-0,097	0,015	1,210	0,000	1,068	-0,013	-0,012	0,000	0,000	0,000	0,000	-0,004	0,003	0,001	-0,005
Obsea81	1,000	16,670	1,789	1,813	17,125	1,866	0,027	2,176	0,022	0,910	0,454	0,304	0,005	-0,001	0,005	-0,009	0,117	-0,017	0,193	-0,242
Obsea82	1,000	5,465	0,586	0,603	5,771	0,617	0,053	4,351	0,005	1,091	0,306	0,142	-0,004	-0,002	0,001	0,004	-0,079	-0,038	0,026	0,120

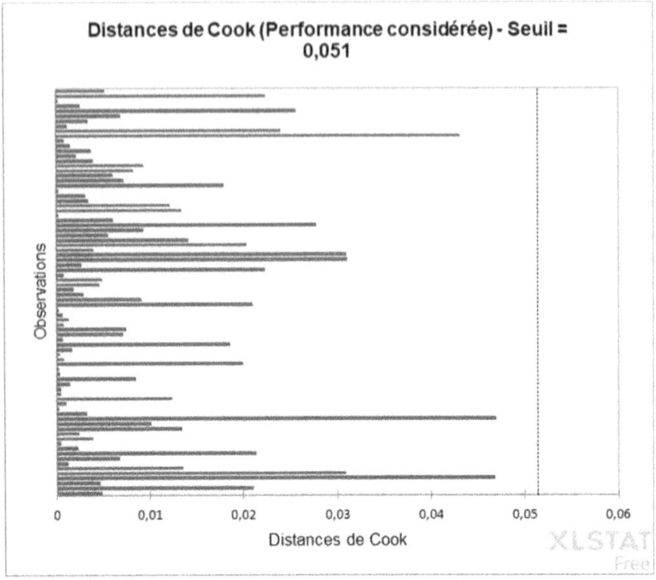
Distances de Cook (Performance considérée) - Seuil = 0,051
Observations
0
0,01
0,02
0,03
0,04
0,05
0,06
Distances de Cook
XLSTAT
Free

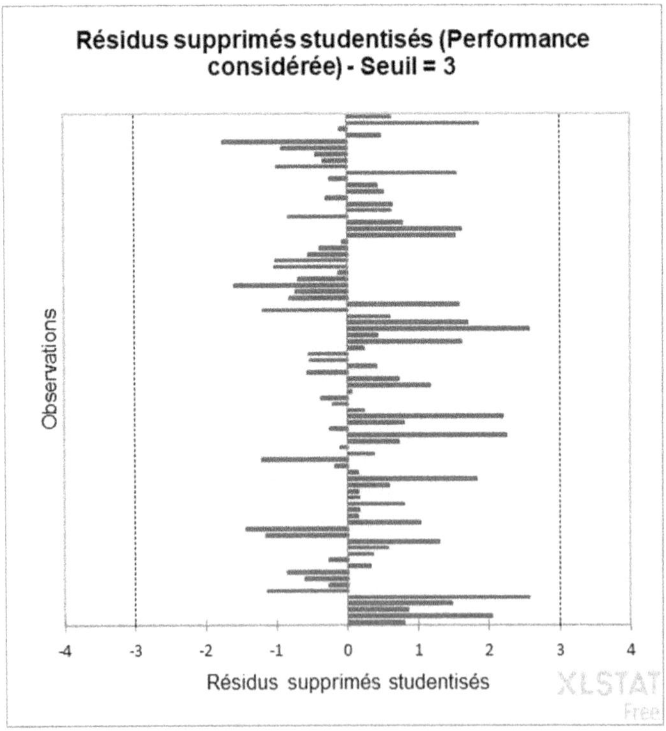
Résidus supprimés studentisés (Performance considérée) - Seuil = 3
Observations
-4
-3
-2
-1
0
1
2
3
4
Résidus supprimés studentisés
XLSTAT
Free

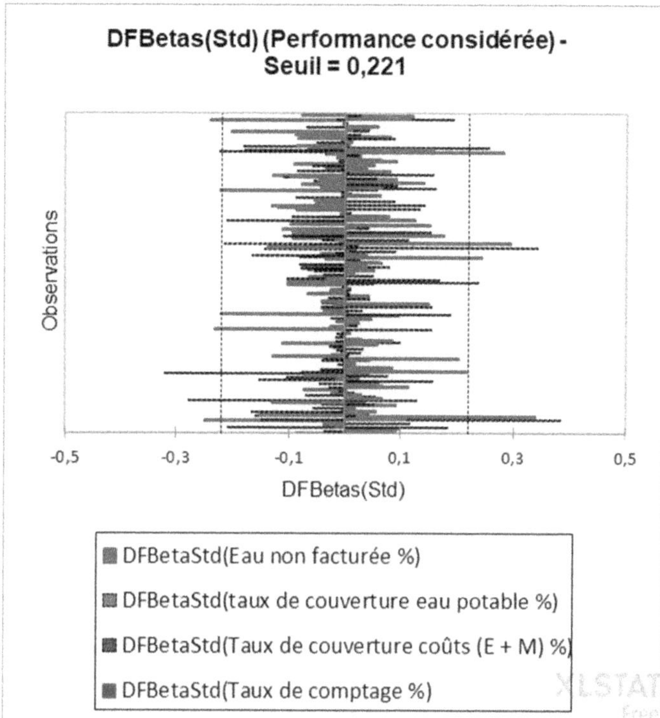
DFBetas(Std) (Performance considérée) -
Seuil = 0,221
Observations
-0,5
-0,3
-0,1
0,1
0,3
0,5
DFBetas(Std)
DFBetaStd(Eau non facturée %)
DFBetaStd(taux de couverture eau potable %)
DFBetaStd(Taux de couverture coûts (E + M) %)
DFBetaStd(Taux de comptage %)
XLSTAT
Free

Prédictions pour les nouvelles observations (Performance considérée) :

Observation	Eau non facturée %	taux de couverture eau potable %	Taux de couverture coûts (E + M) %	Taux de comptage %	Préd(Performance considérée)	Ecart-type sur la préd. (Moyenne)	Borne inférieure 95% (Moyenne)	Borne supérieure 95% (Moyenne)	Ecart-type sur la préd. (Observation)	Borne inférieure 95% (Observation)	Borne supérieure 95% (Observation)
Obsea1	46,000	17,000	65,300	15,700	30,607	1,602	27,417	33,797	9,454	11,785	49,429
Obsea2	31,000	10,500	69,500	46,100	31,201	1,356	28,502	33,900	9,416	12,455	49,946
Obsea3	29,000	51,000	53,000	32,700	13,104	1,484	10,151	16,058	9,435	-5,679	31,888
Obsea4	34,000	63,300	25,900	3,000	4,476	2,756	-1,011	9,963	9,717	-14,869	23,820
Obsea5	8,000	14,000	8,000	44,000	14,831	1,315	12,213	17,448	9,410	-3,903	33,564
Obsea6	51,000	55,300	134,300	64,000	32,006	1,938	28,148	35,863	9,517	13,059	50,953
Obsea7	45,300	84,500	82,000	74,000	16,091	2,427	11,259	20,923	9,629	-3,078	35,260
Obsea8	79,000	23,000	91,000	29,000	45,851	2,588	40,699	51,004	9,670	26,599	65,104
Obsea9	42,000	26,000	168,000	54,000	40,352	3,251	33,880	46,824	9,869	20,706	59,999
Obsea10	69,000	12,000	122,000	67,000	53,469	2,611	48,272	58,666	9,677	34,205	72,733
Obsea11	45,700	43,300	54,300	74,300	28,004	1,462	25,095	30,914	9,432	9,228	46,781
Obsea12	81,000	12,000	51,000	6,000	43,775	3,188	37,428	50,121	9,848	24,169	63,380
Obsea13	45,000	22,800	64,800	74,500	35,818	1,528	32,777	38,860	9,442	17,020	54,616
Obsea14	39,300	16,000	91,100	56,500	35,968	1,663	32,657	39,280	9,465	17,125	54,812
Obsea15	64,000	35,500	108,500	62,500	41,496	1,639	38,232	44,759	9,461	22,661	60,331
Obsea16	45,000	72,000	171,000	76,000	28,768	2,847	23,100	34,435	9,743	9,371	48,164
Obsea17	42,000	23,300	35,800	36,500	26,814	1,018	24,788	28,841	9,373	8,154	45,475
Obsea18	58,300	18,300	67,000	46,700	39,282	1,550	36,196	42,369	9,446	20,477	58,087
Obsea19	98,000	4,000	81,000	78,000	65,509	3,343	58,854	72,164	9,899	45,801	85,217
Obsea20	17,500	35,500	48,500	96,000	21,705	2,602	16,524	26,885	9,674	2,445	40,964
Obsea21	42,800	66,300	90,000	27,300	16,041	2,211	11,639	20,443	9,576	-3,024	35,106
Obsea22	44,000	73,000	56,000	51,500	14,221	2,227	9,787	18,656	9,580	-4,851	33,294
Obsea23	45,300	27,700	37,700	32,700	26,292	1,160	23,982	28,602	9,390	7,599	44,986
Obsea24	31,300	19,700	54,000	18,900	23,159	0,957	21,253	25,064	9,367	4,511	41,806
Obsea25	49,800	21,500	61,800	95,300	40,627	2,172	36,302	44,951	9,568	21,579	59,674
Obsea26	38,700	56,000	74,700	70,000	22,123	1,535	19,067	25,178	9,443	3,323	40,923
Obsea27	77,000	34,700	42,000	62,300	40,822	2,192	36,458	45,185	9,572	21,765	59,878
Obsea28	38,700	41,700	77,000	32,700	22,424	1,266	19,903	24,945	9,403	3,703	41,144
Obsea29	56,000	46,000	75,000	1,000	23,547	2,545	18,479	28,614	9,659	4,317	42,777
Obsea30	36,000	29,000	45,300	55,000	25,725	1,008	23,719	27,731	9,372	7,067	44,383
Obsea31	4,000	17,000	51,000	29,000	14,199	1,160	11,889	16,509	9,390	-4,494	32,892
Obsea32	61,700	33,000	26,700	45,800	31,719	1,895	27,947	35,491	9,508	12,790	50,649
Obsea33	30,300	62,000	51,300	35,300	9,998	1,941	6,134	13,862	9,518	-8,950	28,946
Obsea34	17,500	13,500	28,300	37,000	19,768	0,750	18,276	21,261	9,348	1,158	38,378
Obsea35	45,300	20,300	116,300	53,300	38,789	2,051	34,706	42,872	9,541	19,795	57,783
Obsea36	84,000	19,000	46,000	9,000	42,482	3,203	36,105	48,859	9,853	22,866	62,098
Obsea37	51,000	28,000	58,300	54,000	33,148	1,147	30,864	35,432	9,388	14,458	51,838
Obsea38	47,000	28,000	37,500	90,000	34,322	2,121	30,100	38,544	9,556	15,297	53,346
Obsea39	21,800	67,000	79,000	29,300	6,633	2,303	2,048	11,219	9,598	-12,475	25,742
Obsea40	40,300	19,300	130,000	53,700	38,448	2,434	33,602	43,295	9,630	19,276	57,621

Obsea41	44,500	51,000	55,000	82,000	25,926	1,748	22,446	29,405	9,480	7,052	44,799
Obsea42	64,800	15,500	73,500	61,000	45,320	1,862	41,612	49,027	9,502	26,403	64,237
Obsea43	48,000	26,000	123,000	91,000	43,430	2,365	38,722	48,138	9,613	24,292	62,568
Obsea44	38,000	28,300	119,700	89,700	38,154	2,393	33,390	42,919	9,620	19,002	57,306
Obsea45	25,000	42,500	100,500	73,800	24,185	1,947	20,309	28,062	9,519	5,234	43,136
Obsea46	33,000	4,700	25,300	62,300	32,047	1,745	28,574	35,520	9,480	13,174	50,919
Obsea47	40,000	69,000	64,000	32,000	12,200	2,204	7,811	16,588	9,575	-6,862	31,262
Obsea48	3,000	32,000	9,000	16,500	3,100	1,323	0,467	5,734	9,411	-15,636	21,836
Obsea49	57,000	3,000	48,000	32,000	40,392	1,943	36,523	44,260	9,518	21,443	59,341
Obsea50	33,800	62,800	51,800	46,000	12,564	1,884	8,813	16,315	9,506	-6,362	31,489
Obsea51	42,800	69,300	130,500	93,500	27,369	2,274	22,842	31,895	9,591	8,274	46,463
Obsea52	15,000	39,300	62,000	19,300	10,631	1,421	7,802	13,461	9,425	-8,133	29,396
Obsea53	50,000	43,000	68,000	90,500	33,206	1,721	29,781	36,632	9,475	14,343	52,070
Obsea54	61,300	38,000	104,000	13,700	32,771	2,466	27,860	37,681	9,639	13,582	51,960
Obsea55	53,000	57,000	138,000	84,000	35,167	1,973	31,239	39,096	9,524	16,206	54,129
Obsea56	39,500	61,800	131,000	69,000	25,496	2,114	21,288	29,704	9,554	6,474	44,517
Obsea57	46,700	36,300	40,000	66,000	28,428	1,436	25,570	31,287	9,428	9,659	47,198
Obsea58	74,000	23,000	78,000	84,000	49,821	2,100	45,641	54,001	9,551	30,806	68,836
Obsea59	60,000	43,300	43,700	89,300	34,711	2,054	30,622	38,800	9,541	15,715	53,706
Obsea60	57,000	48,000	27,000	59,000	26,391	1,989	22,431	30,351	9,528	7,423	45,359
Obsea61	31,300	53,300	147,300	65,300	26,176	2,593	21,015	31,337	9,672	6,921	45,431
Obsea62	43,500	57,300	33,800	72,500	20,149	2,080	16,009	24,290	9,547	1,143	39,156
Obsea63	27,000	37,000	51,000	1,000	12,834	1,649	9,551	16,117	9,462	-6,004	31,673
Obsea64	14,000	28,500	52,000	21,000	13,271	0,983	11,315	15,227	9,369	-5,382	31,924
Obsea65	31,700	21,300	57,700	81,300	31,242	1,865	27,530	34,955	9,502	12,324	50,160
Obsea66	65,000	61,000	66,000	41,000	26,342	2,067	22,228	30,457	9,544	7,341	45,343
Obsea67	33,000	36,300	126,000	3,700	22,748	2,856	17,063	28,434	9,745	3,347	42,150
Obsea68	43,000	23,000	16,500	65,600	29,333	1,785	25,780	32,887	9,487	10,446	48,221
Obsea69	35,000	88,000	93,000	99,000	15,027	2,915	9,224	20,830	9,763	-4,410	34,463
Obsea70	58,000	23,000	68,000	9,000	32,711	2,152	28,427	36,995	9,563	13,673	51,749
Obsea71	36,500	27,500	54,000	78,000	30,246	1,617	27,027	33,465	9,457	11,419	49,073
Obsea72	57,300	54,500	42,500	30,000	21,908	2,123	17,682	26,134	9,556	2,882	40,933
Obsea73	48,500	3,000	5,500	73,500	38,479	2,517	33,467	43,490	9,652	19,264	57,694
Obsea74	63,000	68,000	17,000	78,000	23,422	2,954	17,542	29,303	9,775	3,963	42,882
Obsea75	45,500	70,000	86,500	60,300	19,821	1,847	16,144	23,499	9,499	0,910	38,732
Obsea76	67,000	33,000	8,000	53,100	33,070	2,455	28,182	37,958	9,636	13,886	52,253
Obsea77	62,000	55,000	74,000	45,000	28,478	1,704	25,085	31,870	9,472	9,620	47,336
Obsea78	62,000	48,000	94,000	98,000	39,657	1,729	36,215	43,099	9,477	20,790	58,524
Obsea79	48,000	14,000	6,000	53,900	31,959	1,914	28,149	35,770	9,512	13,022	50,897
Obsea80	48,500	30,000	63,000	60,900	32,787	1,132	30,534	35,041	9,386	14,101	51,474
Obsea81	29,000	17,000	61,000	1,000	21,484	1,518	18,463	24,506	9,440	2,690	40,279
Obsea82	27,000	29,000	78,000	89,000	29,569	2,146	25,296	33,842	9,562	10,533	48,605

Interprétation (Performance considérée) :
Etant donné le R^2, 85% de la variabilité de la variable dépendante Performance considérée sont expliqués par les 4 variables

4.3 Choix d'un modèle

4.3.1 Bilan des modèles de régressions des performances

➢ **Modèles à six (6) variables**

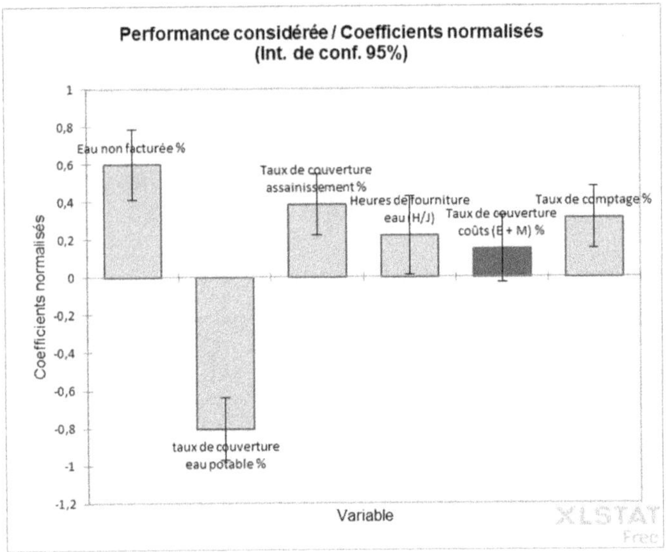

- **Modèle 6A**

Equation du modèle (Performance considérée) :

Performance considérée = 10+0,292045929453607***Eau non facturée (%)**-0,448413042462804***taux de couverture eau potable (%)**+0,155176337198941***Taux de couverture assainissement (%)**+0,355876727968378***Heures de fourniture eau (H/J)**+4,46387372324487E-02***Taux de couverture coûts (E + M) (%)**+0,123553689657256***Taux de comptage (%)**

Etant donné le R^2, 89% de la variabilité de la variable dépendante Performance considérée sont expliqués par les 6 variables explicatives

Modèle 6B

Performance = 39,7151947 + 0,08432909 ***Eau non facturée (%)**-0,54271645 * **taux de couverture eau potable (%)**+ 0,04596248* **Taux de couverture assainissement (%)**+0,09662774 * **Heures de fourniture eau (H/J)**+ 0,02404746 * **Taux de couverture coûts (E + M) (%)**+0,03663622 * **Taux de comptage (%)**

Etant donné le R², 92% de la variabilité de la variable dépendante Performance considérée sont expliqués par les 6 variables explicatives.

Modèles à cinq (5) variables

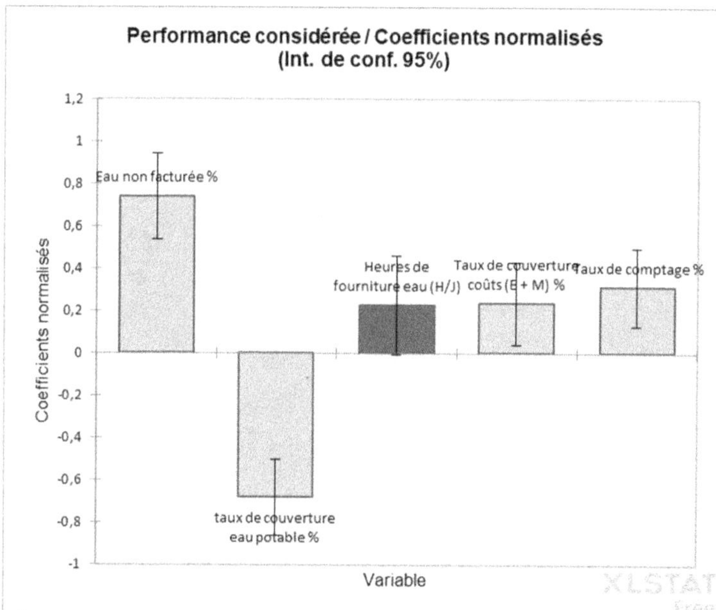

Modèle 5A

Équation du modèle (Performance considérée) :

Performance considérée = 10+0,360601566012894***Eau non facturée (%)**-0,379484023590997***taux de couverture eau potable (%)**+0,368658854995488***Heures de fourniture eau (H/J)**+7,12390980051872E-02***Taux de couverture coûts (E + M) (%)**+0,124383030176604***Taux de comptage (%)**

Etant donné le R², 86% de la variabilité de la variable dépendante Performance considérée sont expliqués par les 5 variables explicatives.

○ Modèle 5B

Performance = 41,5568706+ 0,08877075***Eau non facturée (%)**-0,5311514* **taux de couverture eau potable (%)**+0,08378856* **Heures de fourniture eau (H/J)**+ 0,02948985* **Taux de couverture coûts (E + M) (%)**+0,03145876* **Taux de comptage (%)**

Etant donné le R^2, 91% **de la variabilité de la variable dépendante Performance considérée sont expliqués par les** 5 variables explicatives**.**

➢ Modèles à quatre (4) variables

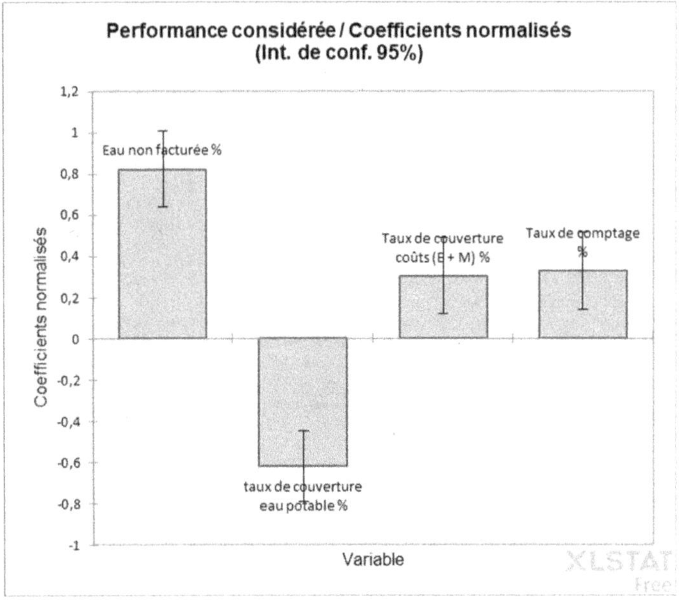

○ Modèle 4A

Equation du modèle (Performance considérée) :

Performance considérée = 10+0,400558810423301***Eau non facturée (%)**-0,346331484357484***taux de couverture eau potable (%)**+9,22173839532527E-02***Taux de couverture coûts (E + M) (%)**+0,130386040568083***Taux de comptage (%)**

Etant donné le R^2, 85% **de la variabilité de la variable dépendante Performance considérée sont expliqués par les** 4 variables explicatives**.**

- **Modèle 4B**

Performance = 41,8682742 + 0,09486509 *Eau non facturée (%)-0,52536596 * taux de couverture eau potable (%)+ 0,03368583 * Taux de couverture coûts (E + M) (%)+0,03186037 * Taux de comptage (%)

Etant donné le R², 91,8% de la variabilité de la variable dépendante Performance considérée sont [illegible]

4.3.2 Compromis entre simplification et efficacité

Désignation du modèle	Nombre de variables	Taux d'explicativité
Modèle 6A	6	89,03%
Modèle 6B	6	92,01%
Modèle 5A	5	85,84%
Modèle 5B	5	90,97%
Modèle 4A	4	85,14%
Modèle 4B	4	90,81%

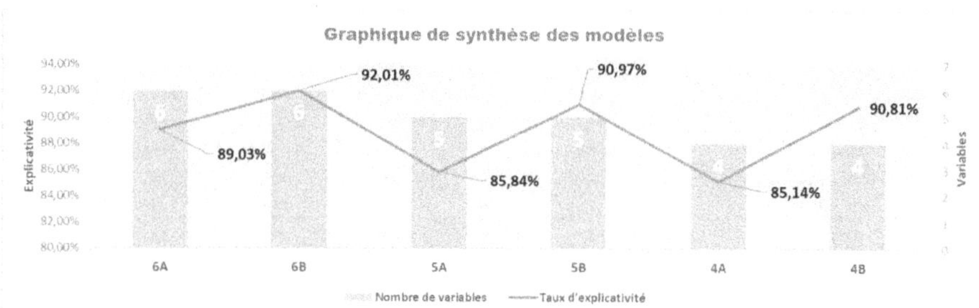

Graphique 3 : Synthèse de fiabilité des modèles

D'un point de vue empirique, le souci que l'on peut se faire sur le choix, en essayant de trouver un compromis entre le minimum de variables et le plus fort taux d'explicativité, ne semble pas être évident puisque les performances régressées par utilitaire d'analyse Excel offrent une solution salutaire.

Le modèle correspondant donne une explicativité de **90,81 %** de la performance d'une société d'eau, à partir de **quatre (4) variables** que sont :

- **L'eau non facturée ;**
- **Le taux de couverture en eau potable ;**
- **Le taux de couverture des coûts (M+E) ;**
- **Le taux de comptage.**

Le modèle à retenir pour la suite est :

Performance = *41,8682742 + 0,09486509 * Eau non facturée (%) -0,5253659% * taux de couverture eau potable (%) + 0,03368583 * Taux de couverture coûts (E + M) (%) +0,03186037 * Taux de comptage (%)*

4.4 Application numérique du modèle

SEA ou localités	Eau non facturée %	taux de couverture eau potable %	Taux de couverture coûts (E + M) %	Taux de comptage %	Performances par modèle
Obsea1	46,0	17,0	65,3	15,7	**48,13**
Obsea2	31,0	10,5	69,5	46,1	**51,23**
Obsea3	29,0	51,0	53,0	32,7	**28,78**
Obsea4	34,0	63,3	25,9	3,0	**20,94**
Obsea5	8,0	14,0	8,0	44,0	**45,08**
Obsea6	51,0	55,3	134,3	64,0	**32,35**
Obsea7	45,3	84,5	82,0	74,0	**15,02**
Obsea8	79,0	23,0	91,0	29,0	**49,40**
Obsea9	42,0	26,0	168,0	54,0	**47,70**
Obsea10	69,0	12,0	122,0	67,0	**56,49**
Obsea11	45,7	43,3	54,3	74,3	**35,78**
Obsea12	81,0	12,0	51,0	6,0	**53,29**
Obsea13	45,0	22,8	64,8	74,5	**46,85**
Obsea14	39,3	16,0	91,1	56,5	**50,19**
Obsea15	64,0	35,5	108,5	62,5	**43,07**
Obsea16	45,0	72,0	171,0	76,0	**24,62**
Obsea17	42,0	23,3	35,8	36,5	**44,11**
Obsea18	58,3	18,3	67,0	46,7	**49,66**
Obsea19	98,0	4,0	81,0	78,0	**62,41**
Obsea20	17,5	35,5	48,5	96,0	**37,70**
Obsea21	42,8	66,3	90,0	27,3	**23,13**
Obsea22	44,0	73,0	56,0	51,5	**19,35**
Obsea23	45,3	27,7	37,7	32,7	**42,06**
Obsea24	31,3	19,7	54,0	18,9	**45,04**
Obsea25	49,8	21,5	61,8	95,3	**48,55**
Obsea26	38,7	56,0	74,7	70,0	**29,00**
Obsea27	77,0	34,7	42,0	62,3	**42,47**
Obsea28	38,7	41,7	77,0	32,7	**35,40**
Obsea29	56,0	46,0	75,0	1,0	**33,70**
Obsea30	36,0	29,0	45,3	55,0	**41,46**
Obsea31	4,0	17,0	51,0	29,0	**44,09**
Obsea32	61,7	33,0	26,7	45,8	**40,87**
Obsea33	30,3	62,0	51,3	35,3	**23,15**
Obsea34	17,5	13,5	28,3	37,0	**46,70**
Obsea35	45,3	20,3	116,3	53,3	**49,25**
Obsea36	84,0	19,0	46,0	9,0	**49,82**
Obsea37	51,0	28,0	58,3	54,0	**43,81**
Obsea38	47,0	28,0	37,5	90,0	**43,88**
Obsea39	21,8	67,0	79,0	29,3	**20,46**
Obsea40	40,3	19,3	130,0	53,7	**49,77**
Obsea41	44,5	51,0	55,0	82,0	**31,89**
Obsea42	64,8	15,5	73,5	61,0	**52,42**
Obsea43	48,0	26,0	123,0	91,0	**47,94**
Obsea44	38,0	28,3	119,7	89,7	**45,63**
Obsea45	25,0	42,5	100,5	73,8	**35,78**

Obsea46	33,0	4,7	25,3	62,3	**53,50**
Obsea47	40,0	69,0	64,0	32,0	**20,72**
Obsea48	3,0	32,0	9,0	16,5	**34,30**
Obsea49	57,0	3,0	48,0	32,0	**56,47**
Obsea50	33,8	62,8	51,8	46,0	**23,42**
Obsea51	42,8	69,3	130,5	93,5	**25,03**
Obsea52	15,0	39,3	62,0	19,3	**33,48**
Obsea53	50,0	43,0	68,0	90,5	**37,33**
Obsea54	61,3	38,0	104,0	13,7	**39,79**
Obsea55	53,0	57,0	138,0	84,0	**32,41**
Obsea56	39,5	61,8	131,0	69,0	**27,89**
Obsea57	46,7	36,3	40,0	66,0	**38,81**
Obsea58	74,0	23,0	78,0	84,0	**50,24**
Obsea59	60,0	43,3	43,7	89,3	**37,26**
Obsea60	57,0	48,0	27,0	59,0	**32,98**
Obsea61	31,3	53,3	147,3	65,3	**32,01**
Obsea62	43,5	57,3	33,8	72,5	**27,47**
Obsea63	27,0	37,0	51,0	1,0	**34,87**
Obsea64	14,0	28,5	52,0	21,0	**38,78**
Obsea65	31,7	21,3	57,7	81,3	**46,35**
Obsea66	65,0	61,0	66,0	41,0	**27,65**
Obsea67	33,0	36,3	126,0	3,7	**38,42**
Obsea68	43,0	23,0	16,5	65,6	**44,64**
Obsea69	35,0	88,0	93,0	99,0	**13,38**
Obsea70	58,0	23,0	68,0	9,0	**46,00**
Obsea71	36,5	27,5	54,0	78,0	**43,32**
Obsea72	57,3	54,5	42,5	30,0	**29,19**
Obsea73	48,5	3,0	5,5	73,5	**55,55**
Obsea74	63,0	68,0	17,0	78,0	**23,31**
Obsea75	45,5	70,0	86,5	60,3	**22,38**
Obsea76	67,0	33,0	8,0	53,1	**40,98**
Obsea77	62,0	55,0	74,0	45,0	**30,91**
Obsea78	62,0	48,0	94,0	98,0	**36,95**
Obsea79	48,0	14,0	6,0	53,9	**49,12**
Obsea80	48,5	30,0	63,0	60,9	**42,90**
Obsea81	29,0	17,0	61,0	1,0	**45,91**
Obsea82	27,0	29,0	78,0	89,0	**42,8**
NAIVAWASS	56,0	21,0	68,6	91,5	**49,51**
WTWSSE	29,0	28,0	89,2	63,9	**43,08**
KSWC	51,0	32,0	63,1	66,8	**42,28**
HWSSSA	41,0	33,0	92,0	92,0	**42,58**
MWSC	41,0	35,0	39,0	39,0	**38,06**
KIWASCO	31,9	36,0	74,0	74,0	**38,96**
MCWSSS	24,7	43,0	100,0	100,0	**36,30**
MOUWASA	32,0	48,0	81,0	81,0	**33,13**
MUWASA	47,0	49,0	54,0	54,0	**32,26**
MAWASCO	22,0	51,0	83,0	83,0	**30,73**
UNSWC	29,0	52,0	86,0	79,2	**30,85**
DUWASA	26,0	54,0	60,2	75,2	**28,52**

KEWASCO	52,0	57,0	61,5	82,3	**29,68**
TBUWASA	29,0	60,0	79,0	79,0	**26,41**
JTWSSSE	25,4	64,0	100,0	100,0	**25,34**
SIUWASA	32,0	64,0	44,0	44,0	**22,30**
LUWASA	58,0	64,0	24,0	24,0	**23,45**
DAWASA	51,0	66,0	65,2	67,4	**24,51**
DAWASCO	55,0	66,0	17,0	17,0	**21,66**
SOUWASA	33,0	67,0	70,0	70,0	**22,52**
SHUWASA	43,0	69,0	72,0	72,0	**22,55**
SWC	24,0	70,0	81,3	87,3	**21,02**
SUWASA	43,0	70,0	55,0	55,0	**20,91**
NWSC	30,0	70,0	99,0	99,0	**22,56**
ARWASA	26,0	74,0	64,8	71,8	**18,06**
ONEAD	18,0	76,0	86,6	95,2	**17,73**
ELDOWAS	48,0	77,0	74,9	49,1	**18,19**
NWSCO	49,0	79,0	90,1	58,0	**18,03**
DDWSSA	34,0	80,0	58,6	75,7	**15,58**
BUWASA	54,0	81,0	64,0	64,0	**16,76**
MTUWASA	29,0	87,0	85,0	85,0	**12,62**
KUWASA	47,0	87,0	42,0	42,0	**11,50**
MWAUWASA	42,0	91,0	85,0	85,0	**11,75**
ELECTROGAZ	32,0	92,0	74,3	88,8	**10,04**
IRUWASA	43,0	92,0	75,0	75,0	**10,66**
MUWASA	33,0	97,0	94,0	94,0	**8,33**
PUC	21,0	97,0	43,0	43,0	**3,85**
TUWASA	32,3	98,0	75,5	59,6	**6,02**
AAWSA	35,0	98,0	78,0	78,0	**6,95**
MBUWASA	44,0	99,0	64,0	64,0	**6,36**
GSWB	33,7	19,0	70,6	89,5	**48,44**
LWSC	70,0	19,0	43,0	43,0	**49,48**
BYSWB	45,1	20,0	63,5	70,8	**48,16**
ODWC	35,6	21,0	84,7	76,5	**47,64**
WCOS	40,0	25,0	84,6	82,2	**46,13**
BSWC	31,9	25,0	76,0	86,7	**45,22**
ISWC	35,0	25,0	60,5	66,1	**44,33**
KDSWB	27,9	25,0	60,4	64,7	**43,61**
EKSWC	42,0	28,0	53,2	84,7	**43,77**
KWWC	34,2	29,0	75,1	73,2	**42,87**
ESWB	36,6	33,0	52,0	83,2	**40,53**
Lagos Water	40,0	35,0	70,7	79,3	**40,31**
NAWEC	42,2	40,0	69,9	63,4	**37,36**
TSWSA	35,9	40,0	76,6	86,7	**37,74**
KSWB	44,1	42,0	78,8	73,9	**37,13**
GWCL	49,0	51,0	45,0	45,0	**30,80**
KnSWB	63,0	54,0	76,8	67,1	**32,33**
ASWB	32,3	57,0	83,9	78,7	**28,45**
SSWB	40,6	60,0	71,8	61,5	**26,71**
AKWAC	67,0	61,0	84,5	97,6	**30,26**
PSWB	36,8	67,0	70,1	79,7	**23,20**
NSWB	43,1	69,0	75,7	58,5	**22,26**
CRSWBL	46,0	78,0	55,0	104,8	**18,58**

JSWB	39,4	90,0	100,2	70,2	**12,06**
NWWSSCL	35,0	15,0	100,0	100,0	**51,99**
WWSC	44,0	29,0	17,0	17,0	**40,05**
CWSC	35,0	52,0	100,0	100,0	**32,56**
WASA	27,0	56,0	90,0	90,0	**29,04**
NRWB	36,0	63,0	84,0	84,0	**25,82**
SWSC	50,0	65,0	68,0	68,0	**25,05**
BWB	51,0	66,0	88,7	80,9	**25,73**
LWB	24,0	70,0	100,0	100,0	**22,06**
Sedibeng Water	43,4	71,0	70,2	63,6	**21,21**
KWSC	40,0	74,0	8,0	8,0	**15,44**
LWSC	52,0	78,0	43,0	43,0	**16,77**
Bloem Water	50,5	83,0	70,8	66,8	**15,70**
SWSC	40,0	83,0	72,1	62,6	**14,61**
Matjhabeng	25,0	90,0	65,0	65,0	**9,35**
MWSC	56,0	91,0	16,0	16,0	**8,55**
Rand Water	33,5	92,0	100,0	100,0	**11,39**
NWSC	49,0	92,0	71,0	71,0	**10,97**
Stellenbosch	25,0	95,0	82,5	77,1	**7,70**
Potchefstroom	13,0	96,0	77,4	69,9	**5,63**
Tshwane Metro	29,0	98,0	82,0	82,0	**6,64**
Sol Plaatje	39,0	98,0	73,8	66,1	**6,80**
Johannesburg Water	31,0	98,0	58,0	58,0	**5,26**
Mogale	25,0	99,0	62,0	62,0	**4,42**
Saldanha Bay	5,0	99,0	100,0	100,0	**5,02**
Matlosana	38,0	99,0	78,0	78,0	**6,71**
Emfuleni	37,0	99,0	61,0	61,0	**5,50**
Metsimaholo	42,9	100,0	94,0	94,0	**7,70**
Cape Town	18,0	100,0	67,0	67,0	**3,56**
Drakenstein	12,0	100,0	50,9	68,6	**2,50**
CWWS	11,0	100,0	100,0	100,0	**5,06**
eThekwini	32,0	100,0	74,0	74,0	**5,35**
Midvaal	27,3	100,0	100,0	100,0	**6,60**
Oshakati	21,0	100,0	100,0	100,0	**6,01**
WBM (Walvis Bay)	16,0	100,0	100,0	100,0	**5,54**
Jirama	29,1	14,0	100,0	100,0	**51,96**
REGIDESO	40,0	47,7	73,7	75,7	**33,63**
REGIDESO	40,0	82,0	16,0	16,0	**11,76**
TdE	20,0	50,0	100,0	100,0	**32,18**
SONEB	48,9	54,0	100,0	100,0	**32,82**
ONEA	18,0	63,0	86,0	86,0	**24,25**
SEEG	18,0	65,0	76,8	92,2	**23,08**
SNDE	36,0	67,0	100,0	100,0	**24,77**
SPEN	30,2	68,0	50,0	100,3	**22,02**
SEG	48,0	78,0	57,0	57,0	**17,31**
SONEDE	23,0	81,0	100,0	100,0	**16,18**
EDM S.A	34,8	83,0	100,0	100,0	**16,25**
SODECI	23,0	90,0	97,0	97,0	**11,26**
SDE	20,0	99,0	100,0	100,0	**6,44**
CWA	54,0	100,0	100,0	100,0	**9,14**
ELECTRA SA	31,0	46,0	66,0	95,7	**34,05**
FIPAG Quilimane	46,0	11,0	100,0	100,0	**55,14**
FIPAG Beira	61,0	12,0	97,0	97,0	**55,84**
FIPAG Nampula	41,0	23,0	100,0	100,0	**48,36**
FIPAG Pemba	56,0	50,0	100,0	100,0	**35,60**

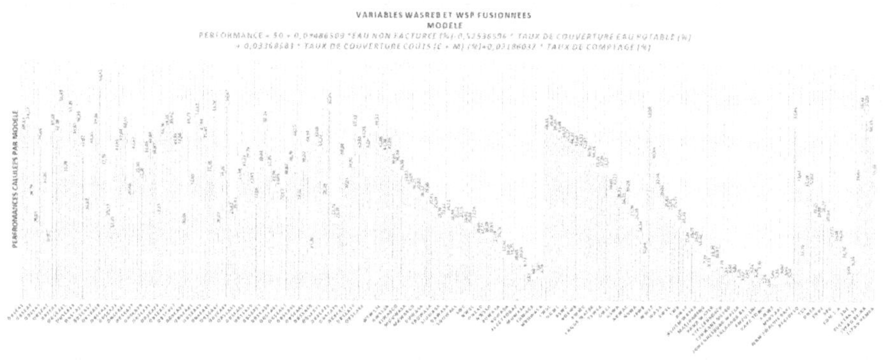
VARIABLES WASREB ET WSP FUSIONNEES
MODELE
PERFORMANCES CALCULEES PAR MODELE

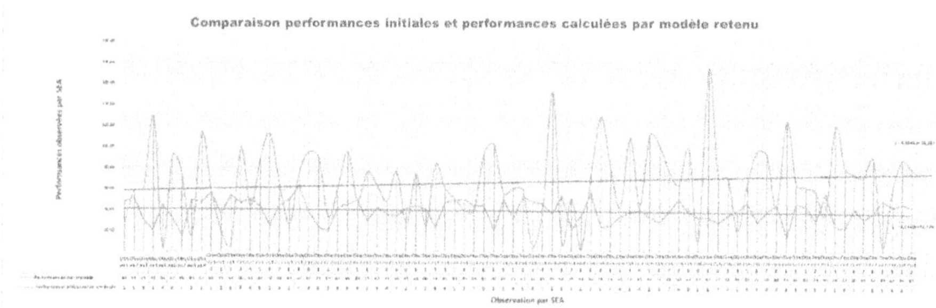
Comparaison performances initiales et performances calculées par modèle retenu
Observation par SEA

CHAPITRE 6

CONSIDÉRATIONS CRITIQUES

L'objectif principal de cette contribution est d'illustrer les diverses approches disponibles pour évaluer les différentes situations qui se présentent au sein des organisations. De plus, il cherche à établir des projections en établissant des comparaisons avec d'autres entreprises du secteur. Bien qu'il soit difficile d'arriver à des conclusions définitives, le partage d'expériences et de perspectives est précieux et mérite d'être exploré par le biais de cette chaire.

Cette discussion ouvre la porte à une critique constructive, mettant en évidence les différents points de vue et méthodologies que les praticiens peuvent adopter. Elle permet également une analyse approfondie des résultats de benchmarking, en particulier ceux axés sur la mesure et la compréhension de la performance de l'entreprise. Il reste encore beaucoup de travail à faire pour s'attaquer aux biais potentiels – cognitifs, méthodologiques ou contextuels – qui peuvent influencer ces évaluations.

Il est essentiel de reconnaître que tous les aspects de la performance ne peuvent pas être mesurés uniquement par des moyens mathématiques. Bien que des stratégies et des outils d'analyse spécifiques puissent s'appuyer fortement sur des données quantitatives, il est crucial d'intégrer des informations qualitatives et des évaluations empiriques. Ce faisant, nous pouvons développer une compréhension plus nuancée qui enrichit notre interprétation des phénomènes organisationnels et améliore la précision de nos estimations. La combinaison d'approches quantitatives et d'une appréciation empirique peut conduire à des conclusions plus solides et plus significatives sur les performances de l'entreprise et les processus de prise de décision.

1. Attentions particulières

Lorsque l'on considère un cadre de référence, il est possible d'établir des comparaisons ; cependant, nous devons nous préparer à des résultats principalement relatifs ou quelque peu tronqués dans le contexte de l'étalonnage des sociétés d'eau et d'assainissement (SEA) en Afrique.

Cette réalité met en évidence la nécessité d'affiner le cadre de référence afin d'éviter les biais qui pourraient survenir lors du processus d'analyse comparative. De tels biais peuvent nuire à l'exactitude et à la fiabilité des résultats que nous prévoyons d'obtenir. Il devient donc impératif de se concentrer sur les facteurs qui pourraient influencer les comparaisons entre différentes SEA. Cela a conduit à la décision d'utiliser une analyse de régression linéaire multiple basée sur des indicateurs de performance spécifiques fournis pour l'évaluation.

Les modèles de régression que nous avons établis ont donné des résultats qui nous ont permis de corriger les performances dites relatives initialement calculées. Bon nombre de ces performances relatives ont probablement été compromises par des erreurs ; par conséquent, nous avons cherché à obtenir des valeurs de performance ajustées qui refléteraient plus précisément la performance de la SEA.

À la suite de cette étape, l'analyse empirique a révélé des changements notables dans les classements établis sur la base de ces valeurs de performance relatives initiales, bien que certaines limites du modèle Mc aient été apparentes. Plus précisément, les variables explicatives de ce modèle ne tenaient compte que faiblement de la variabilité observée dans le rendement entre les SEA.

En revanche, les variables utilisées dans le modèle Ma – considéré comme le produit final de cette analyse – ont démontré un taux d'exploitabilité quatre fois supérieur à celui du modèle Mc. De plus, l'analyse des courbes graphiques a révélé que, bien que les tendances globales des performances soient similaires, il existe des distinctions d'amplitude ; cela indiquait que les tendances de performance étaient effectivement cohérentes, mais que les écarts de performance avaient été réduits en raison d'un effet de lissage appliqué aux données. Ces idées suscitent la nécessité d'une réflexion plus approfondie pour éviter les pièges de la complaisance, d'autant plus que les résultats peuvent faire défaut d'une justification adéquate.

Par conséquent, il est essentiel de préserver l'intégrité du modèle Ma afin d'assurer son application appropriée dans les évaluations futures. Le modèle sélectionné peut générer des prédictions qui vont au-delà de ces éléments critiques, tout en tenant compte de la validité et de l'applicabilité des modèles pour minimiser les biais d'analyse comparative. Cela est particulièrement évident dans les classements établis pour les SEA sur la base de leurs indicateurs de performance mesurés. Par exemple, on peut faire des prédictions sur le taux de couverture de l'assainissement pour la SDE, alors qu'il opère fondamentalement dans le domaine des services d'eau potable. Il est essentiel de souligner que ce modèle est un outil de gestion pour la réalisation des calculs. Il intègre des indicateurs de performance, souvent considérés comme des feux clignotants, dans le cadre prédictif afin d'anticiper des variables explicatives supplémentaires une fois la performance globale comprise.

Essentiellement, ce cadre résout une équation d'égalité entre les deux modèles, en postulant que les performances restent constantes dans tous les domaines. Un autre aspect qui nécessite des éclaircissements concerne les variables explicatives présentes dans le modèle Mc, en particulier l'indicateur d'eau non-facturée (ENF). La recherche a démontré que la maîtrise de la compréhension et de l'utilisation de cet indicateur a un impact significatif sur la performance des SEA. En témoigne le classement des SEA les plus performantes, dont le SDE, qui affichent systématiquement les ENF les plus faibles (cf. classement des cinq premières SEA dont la SDE qui ont les ENF les plus faibles).

Malgré cette corrélation, l'ENF n'a pas été incluse dans le modèle le plus efficace, car ce modèle se concentre sur les éléments présentant les écarts les plus significatifs d'une SEA à l'autre. Cette approche est compréhensible, compte tenu du fait que les défis auxquels sont confrontés les SEA restent uniformes, ce qui rend plus simple l'établissement de comparaisons basées sur des éléments qui présentent des différences établies.

Par conséquent, notre analyse établit l'ordre de priorité des facteurs qui distinguent de manière significative le rendement parmi les SEA.

1.1 Biais de classement ou de hiérarchisation

Lors de l'évaluation des performances des SEA, nous établissons une hiérarchie logique en attribuant les notes les plus élevées les unes aux autres.

Cette méthodologie a été communément acceptée dans nos discussions ; cependant, il est important de reconnaître que les cotes de rendement attribuées peuvent en fait être ajustées, augmentées ou diminuées, lorsque nous tenons compte de l'efficience ou de l'inefficience potentielle de chaque SEA.

Pour fournir une compréhension plus précise, nous pouvons décrire deux scénarios principaux concernant la façon dont les scores de performance peuvent fluctuer :

- **Scénario d'ajustement à la baisse**

Dans le premier scénario, nous rencontrons une situation où le score de performance précédemment calculé, basé sur les évaluations initiales, s'avère être supérieur à un nouveau score résultant d'une analyse ultérieure de l'efficacité du SEA.

Cet ajustement donne à penser que l'évaluation initiale ne représente peut-être pas entièrement le rendement réel de la SEA une fois que les facteurs d'efficience sont pris en compte.

- **Scénario d'ajustement à la hausse**

À l'inverse, le deuxième scénario implique un ajustement à la hausse. Après avoir recalculé le score de performance avec les nouvelles considérations d'efficacité, le score ajusté dépasse l'évaluation initiale.

Cela indique une amélioration de la performance perçue sur la base des informations supplémentaires obtenues grâce au processus de recalibrage.

Pour illustrer plus efficacement ces scénarios, considérons deux SEA dont les scores de performance ont été initialement calculés à l'aide de la méthode WSP.

Une fois que nous appliquons un modèle analytique différent pour recalculer leurs scores, nous pouvons observer des ajustements significatifs à la hausse ou à la baisse de leurs évaluations de performance. De tels changements indiquent que le classement de ces deux SEA pourrait être modifié une fois que les notes révisées seront mises en œuvre. Ce scénario souligne l'importance d'établir une base solide pour établir l'ordre de classement des SEA, car il améliore notre capacité à effectuer des comparaisons significatives et à fournir une orientation claire en matière d'analyse comparative.

Bien que l'impact des erreurs dans le processus d'analyse comparative puisse ne pas sembler pertinent pour cette contribution particulière, il soulève la nécessité pour la communauté de reconsidérer la façon dont nous évaluons ces scores dans différentes circonstances.

Par exemple, l'utilisation de méthodes aveugles ou en double aveugle pourrait atténuer les biais, en permettant à deux SEA ou plus d'évaluer les scores de performance de l'autre sans influence directe ou connaissance des évaluations des autres, unilatéralement ou multilatéralement.

De plus, il faut reconnaître que les scores de performance qui ne sont pas corrigés peuvent entraîner des biais de hiérarchisation. De tels biais peuvent aboutir à une situation où une SEA peut se retrouver par inadvertance dans un rôle de mentor alors qu'en réalité, elle devrait idéalement être positionnée comme un mentoré, en particulier après que les ajustements proposés ont été apportés aux scores de performance.

Cette mauvaise répartition des rôles souligne la nécessité d'un examen minutieux et d'une précision dans nos processus d'évaluation afin d'assurer un classement juste et équitable entre les SEA

1.2 Appréciation générales sur le classement

Les outils recommandés par l'agence de régulation des services d'eau du Kenya (WASREB) pour la collecte des données de calcul ont permis d'identifier plusieurs points à améliorer. Bien qu'ils aient été bénéfiques pour la collecte d'informations essentielles, ils ne sont pas sans limites, et nous proposons des améliorations spécifiques pour résoudre ces problèmes.

Pour illustrer l'efficacité de ces outils, le tableau ci-dessous donne un aperçu détaillé des valeurs de performance attribuées aux SEA du Kenya. Ces cotes sont fondées sur divers indicateurs clés de performance recueillis systématiquement au cours du dernier exercice. L'analyse de ces indicateurs nous permet d'obtenir des informations plus approfondies sur l'efficacité opérationnelle et le rendement global des SEA dans la prestation de services d'eau dans la région.

Tableau 18 : Score calculé de SEA au Kenya

NOM DE SEA/VILLE	NAIROBI	MOMBASA	NYERI	EL DORET	OTHAYA	KIRI NYAGA	KISUMU	NAKURU	MATHIRA
SCORE	121	118	149	143	108	101	101	97	95

Source : Rapports 2009 du WASREB

Les rapports 2009 et 2011 du Programme de la Banque mondiale (WSP) présentent un aperçu des scores de SEA, calculés sur la base de différents scores partiels attribués à différents indicateurs de performance.

Cependant, il est essentiel de reconnaître que ces notations SEA peuvent être influencées par la relativité, car elles ne tiennent pas compte directement des actifs et des ressources que différentes entreprises utilisent dans leurs opérations.

L'examen du rendement des SEA soulève plusieurs questions de fond qui méritent d'être abordées :

- Sont-elles toutes des sociétés d'eau ou des sociétés d'assainissement ou encore les deux activités à la fois ?
- Sont-elles privées ou d'État (régie) avec toutes les variantes intermédiaires possibles ?
- Sont-elles assujetties aux mêmes conditions naturelles (régions) ?
- Desservent-elles les mêmes types de populations ?
- Disposent-elles des mêmes moyens ?
- Disposent-elles des mêmes patrimoines ?

Les deux dernières questions, qui portent sur les ressources et les actifs, sont particulièrement importantes car elles sont intrinsèquement liées à la SEA. En revanche, les autres questions concernent davantage le contexte socio-économique et les cadres institutionnels pertinents pour chaque pays.

Bien que ces déterminants généraux soient cruciaux, ils ne seront pas l'objet principal de cette discussion afin de garder l'analyse concise et gérable.

En conséquence, ces notations doivent être interprétées comme des INDICATEURS DE PERFORMANCE RELATIVE pour les entreprises évaluées, dans le but de les affiner en INDICATEURS DE PERFORMANCE AJUSTÉS qui donnent une représentation plus proche des réalités opérationnelles de ces entités.

Pour obtenir des calculs plus précis de ces scores de performance ajustés, le nombre de paramètres impliqués est volontairement limité.

Ces paramètres doivent également être simples et faciles à retenir, tels que les deux déterminants essentiels de la performance : le PATRIMOINE, qui fait référence au contexte historique et aux pratiques établies des entreprises, et les MOYENS, qui se rapportent aux ressources et aux capacités dont elles disposent.

En fin de compte, cette analyse permettra d'examiner en profondeur les scores de performance relatifs après leur calcul plutôt que de remettre en question la validité ou la pertinence des indicateurs existants, les méthodologies utilisées pour leur calcul ou la création potentielle de nouveaux indicateurs inutiles. En suivant cette approche, nous visons à mieux comprendre le paysage de la performance de ce secteur.

2. Considérations empiriques

L'accès à l'eau potable est intrinsèquement lié à deux facteurs critiques : la nécessité d'améliorer les infrastructures et la disponibilité de ressources en eau de haute qualité. Les problèmes d'accès découlent des contraintes naturelles associées à la répartition géographique de ces ressources vitales et de divers défis systémiques qui exigent l'attention de multiples intervenants. Dans ce contexte, une gouvernance efficace est essentielle pour relever ces défis.

L'un des principaux objectifs reste de créer des sociétés d'eau et d'assainissement efficaces. Ces organisations sont chargées de fournir des services essentiels, bien qu'il soit nécessaire de reconnaître l'accent persistant mis sur la réduction des coûts des services, en particulier dans les pays en développement. Cette focalisation conduit souvent à une tension entre la double ambition de la rentabilité et de la qualité de service, créant une situation qui n'est pas sans rappeler le paradoxe articulé par Michel Tournier[14] qui nous interpelle en ces termes : "*La grande différence entre l'amour et l'amitié, c'est qu'il ne peut y avoir d'amitié sans réciprocité*". » Pour éviter que de telles situations paradoxales ne s'enracinent, il est impératif d'établir des conditions d'étalonnage optimales qui utilisent une méthode universelle de calcul de la performance avant de s'engager dans des stratégies visant à résoudre ces problèmes critiques et opportuns.

Malgré l'importance de l'analyse comparative, il reste des défis considérables à relever pour comprendre sa définition et son champ d'application. De plus, si les efforts visant à développer des approches d'analyse comparative améliorées peuvent fournir des informations substantielles, ils ne répondent pas toujours aux attentes.

Néanmoins, ces efforts se sont révélés prometteurs en ce qui a trait à l'amélioration des pratiques de pilotage des SEA, ce qui pourrait éventuellement stimuler d'autres recherches visant à réduire les coûts d'accès aux services, une initiative d'une importance capitale pour la satisfaction des utilisateurs et l'équité sociale.

Les résultats associés à l'analyse comparative peuvent être classés en résultats théoriques, qui peuvent être associés à diverses limites et lacunes, et en résultats empiriques dérivés d'applications pratiques de modèles de performance spécifiques.

---

[14] Écrivain français | Né à Paris le 19 décembre 1924, Germaniste et philosophe de formation.

Par exemple, la méthodologie employée par HAZEM WILLIAMS fait l'objet d'un examen minutieux quant à la pertinence de ses composantes et à la pertinence de ses techniques de représentation graphique.

Comprendre que même les erreurs les plus négligeables dans ces représentations peuvent déformer considérablement les perceptions de performance « contextualisées » et peuvent nous piéger dans le cycle continu de lutte contre les biais de benchmarking.

Cette critique soulève des questions fondamentales sur la validité de s'appuyer fortement sur ce modèle, principalement lorsqu'il est utilisé sans tenir compte de manière adéquate des valeurs de performance absolues.

La recherche de la vérité dans ce domaine ne peut être réalisée que par une analyse comparative qui examine les différences observables entre deux scénarios d'étalonnage distincts. Par exemple, la réalisation d'une étude comparative détaillée entre un cadre d'analyse comparative qui utilise des calculs de rendement fondés sur le système WASREB et un autre qui utilise le modèle proposé pourrait révéler des écarts importants.

De tels écarts pourraient être moins pondérés que les conséquences encourues par la négligence de la contextualisation des valeurs de performance, nécessitant un processus de jugement minutieux et rigoureux plutôt que de s'appuyer sur des méthodes arbitraires.

Pour les chercheurs qui souhaitent poursuivre leurs recherches, l'un des objectifs potentiels est de déterminer le niveau minimum d'explication concernant la variabilité du rendement attribuable aux deux variables du modèle et de le comparer à la marge d'erreur évidente dans les mesures du rendement obtenues par le système WASREB.

L'établissement de ce taux d'explication minimum pourrait servir de point de validation essentiel pour le modèle et soutenir la nécessité d'un indicateur de validation général que tout modèle accepté doit respecter. Cet indicateur pourrait être essentiel pour cerner les lacunes qui doivent être corrigées et établir une base pour résoudre des problèmes systémiques plus vastes.

De plus, cette critique souligne la nécessité pour les gestionnaires de conserver les différents coefficients inhérents au modèle malgré les défis inhérents. Ces coefficients sont généralement présentés avec une précision allant jusqu'à trois décimales.

Dans les scénarios où des chiffres précis peuvent compliquer les calculs, il peut être plus pratique de s'appuyer sur des valeurs approximatives. Il s'agirait d'une approche plus efficace dans les situations où il n'y a pas accès à des formules idéales, étant donné que ces formules sont actuellement insuffisamment définies ou n'existent pas.

Par conséquent, ce sujet reste un domaine très pertinent pour une exploration et une discussion plus approfondie entre les praticiens et les universitaires.

CHAPITRE 7

CONCLUSION

La possession d'un large éventail d'informations acquises au cours d'une longue carrière dans le domaine de l'eau et de l'assainissement constitue un atout précieux pour se livrer au public par le biais de la rédaction d'un ouvrage. Les récits personnels, les solutions élaborées face aux défis rencontrés, les stratégies développées au sein des organisations ou définies par les autorités, ainsi que la création d'outils, sont suffisamment riches pour susciter un débat sur les lacunes existantes.

Néanmoins, il est impératif de faire preuve d'une capacité de synthèse adéquate afin d'intégrer cette multitude d'informations sans risquer de subir les effets néfastes associés à la « théorie du mille-feuille », qui fait référence à la superposition des outils de communication au sein des entreprises.

Nos ainés ont manifesté un dévouement exceptionnel et une générosité authentique en investissant leur temps, leurs ressources et leur confiance dans la formation des jeunes talents, sans attendre rien en retour. Leur engagement a profondément influencé les parcours professionnels de nombreux collègues, établissant ainsi une lignée d'icônes au sein du secteur. Ils se sont illustrés par leur humilité et leur sens aigu des responsabilités, contribuant significativement à l'édification d'un secteur durable et approprié. En rendant hommage à ces bâtisseurs, cet ouvrage souligne l'importance cruciale de la transmission des savoirs et de l'inspiration envers les générations futures.

En effet, plusieurs sources d'inspiration sont offertes aux jeunes gestionnaires dans le domaine de l'eau et de l'assainissement à travers ces quelques points clés :

- **L'importance du mentorat : Des superviseurs dévoués investissent temps et ressources pour former la prochaine génération par engagement personnel plutôt que par obligation formelle.**

- **Humilité et générosité chez les leaders : Les superviseurs exemplaires incarnent ces qualités essentielles pour tout grand**

leader. Ils prodiguent conseils, encouragements et soutien avec passion afin d'assurer le succès sectoriel tout en développant les compétences des jeunes professionnels.

- **Engagement envers le bien commun : Les pionniers du secteur démontrent un engagement indéfectible envers le bien-être collectif sans avoir pleinement conscience de leur impact sur le développement professionnel émergent.**

- **Transmission des valeurs : Il est essentiel que ces valeurs soient transmises aux générations futures ; superviseurs et mentors jouent un rôle crucial en inculquant intégrité professionnelle et engagement.**

- **Reconnaissance : Une gratitude profonde doit être exprimée envers ces mentors qui représentent véritablement les architectes du secteur ; leur soutien désintéressé a préparé les bases nécessaires pour établir un cadre durable dans le domaine.**

Ces éléments soulignent donc combien il est vital que supervision, mentorat, humilité et générosité puissent inspirer efficacement la formation future des managers œuvrant dans ce secteur critique.

Leur bienveillance a assurément contribué à atténuer certains enjeux majeurs affectant la gestion sectorielle tels que les déficits en approvisionnement hydrique ou en accès aux services sanitaires face aux multiples défis engendrés :

- **Vieillissement infrastructurel : De nombreuses infrastructures actuelles, vieilles de cinquante à soixante-dix ans, n'ont souvent pas été renouvelées selon les recommandations standards.**

- **Presse croissante sur qualité servicielle : Le rythme évolutif urbain dépasse celui du développement infrastructurel entraînant une pression accrue sur la qualité offerte face à une demande grandissante.**

- **Investissements insuffisants : Les financements alloués restent largement insuffisants comparativement aux besoins identifiés créant ainsi un contexte où répondre aux besoins devient urgent mais difficile.**

- **Gestion complexe réseaux enterrés : La maîtrise effective demeure problématique ; souvent mal gérés sans optimisation ni interconnexion adéquate avec systèmes décisionnels pertinents.**

- **Complexité croissante interventions urbaines : Avec l'accroissement exponentiel du trafic automobile notamment dans certaines capitales sudistes rend toute intervention plus délicate qu'auparavant.**

Ces défis mettent clairement en exergue le besoin impérieux d'une gestion proactive couplée à un investissement soutenu afin non seulement d'améliorer mais également répondre efficacement aux exigences croissantes posées par nos sociétés contemporaines.

Dans cette optique se dégagent plusieurs conclusions fondamentales :

- **Difficultés liées aux infrastructures vieillissantes : Les infrastructures historiques issues de la colonisation nécessitent un renouvellement fréquent afin de maintenir des normes optimales, malgré les investissements limités et la pression constante liée à la qualité du service.**

- **Rôle de la supervision et du mentorat : Le succès observé dépend fortement de l'implication active de divers responsables ayant consacré des efforts et des investissements significatifs à la formation des nouvelles générations de professionnels.**

- **Effets de la transformation numérique : La digitalisation des services urbains optimise potentiellement l'efficacité opérationnelle, révolutionnant ainsi le champ d'action de l'eau et de l'assainissement.**

- **Benchmarking et performance : La mise en lumière des performances des SEA est particulièrement cruciale dans les pays du Sud où les infrastructures vétustes et les besoins pressants constituent des obstacles majeurs, nécessitant ainsi innovation et synergies amélioratives.**

Finalement, de bonnes pratiques technologiques doivent être promues, au-delà inspirations organisationnelles favorisant synergie institutionnelle.

Malgré les efforts notables réalisés dans le cadre des activités de benchmarking, certains axes d'amélioration subsistent. Il est nécessaire d'affiner notre compréhension des performances SEA afin de mieux sélectionner les tandems Mentors/Mentorés.

Nous reconnaissons la complexité du calcul des performances des sociétés d'eau et d'assainissement, ce qui nécessite des propositions simplificatrices basées, entre autres, sur les éléments suivants :

- **Simplification de l'analyse des performances : Comment les régressions linéaires peuvent faciliter l'analyse en reliant simplement les données quasi-linéaires, les rendant plus compréhensibles et accessibles.**

- **Intégration de modèles contextuels : L'adoption de ces modèles permettra de mieux prendre en compte des variables supplémentaires pour une évaluation plus précise des résultats obtenus.**

- **Test de robustesse des modèles : Assurer la fiabilité des régularités observées grâce à des tests de robustesse pour évaluer leur performance dans différents scénarios.**

En synthèse, il s'agit de méthodes visant à simplifier l'évaluation des performances des sociétés d'eau et d'assainissement par le biais de modèles de régression linéaire, tout en testant leur robustesse afin d'assurer leur fiabilité. En l'absence d'autres mesures, la technique de modélisation par régression linéaire est adoptée avec la conviction qu'elle représente l'approche optimale pour répondre aux exigences d'harmonisation et de contextualisation des performances, permettant ainsi l'élimination de divers biais.

Cette approche est utilisée non seulement pour modéliser et ajuster les performances des sociétés d'eau et d'assainissement en tenant compte de multiples facteurs influençant ces performances, mais également pour prédire la valeur d'autres indicateurs. Les modèles sont soumis à des tests de robustesse et appliqués dans des contextes pratiques afin d'évaluer leur efficacité, suivant les étapes suivantes :

- **Utilisation de la régression linéaire pour la performance relative : Modéliser la performance relative des sociétés d'eau et d'assainissement.**

- **Modèle d'ajustement : Proposer également des modèles d'ajustement visant à affiner les prévisions. Cela permet de prendre en considération des variables supplémentaires pour une évaluation plus précise.**

- **Application pratique : L'application des modèles de régression linéaire a été réalisée pour évaluer les performances des sociétés d'eau et d'assainissement au Kenya en 2011. Les résultats mettent en évidence comment les performances varient selon les combinaisons de modèles utilisés.**

Cette application a contribué à renforcer la crédibilité de la théorie de la régression linéaire, soulignant l'importance de contextualiser et de revoir les classements sur la base des performances ajustées ; ces processus sont essentiels pour garantir une évaluation juste et précise des performances des entreprises, notamment dans le secteur de l'eau et de l'assainissement.

- **Contextualisation des performances : La contextualisation implique l'ajustement des performances brutes afin de tenir compte des facteurs contextuels susceptibles d'influencer les résultats. Par exemple, dans le domaine de l'eau et de l'assainissement, il est pertinent d'intégrer des éléments tels que le taux de couverture en assainissement, les heures effectives fournies en eau, ainsi que le taux de comptage afin d'ajuster les performances. Cela favorise une comparaison équitable entre entreprises, prenant en considération les défis spécifiques auxquels elles sont confrontées.**

- **Révision des classements : La révision du classement sur la base des performances ajustées consiste à recalculer celles-ci après avoir intégré les ajustements contextuels. À titre illustratif, une équation issue du modèle d'ajustement peut être employée pour recalibrer les performances selon divers nouveaux paramètres comme le chiffre d'affaires. Cette méthode permet ainsi l'élaboration de classements plus précis qui reflètent véritablement les capacités opérationnelles.**

Ces démarches sont cruciales afin d'éviter tout biais lié à une analyse comparative pouvant fausser l'évaluation globale et compromettre le processus décisionnel. En intégrant ces ajustements contextuels tout en procédant à une révision systématique du classement, il devient possible aux entreprises obtenir une représentation fidèle tant quantitative que qualitative leurs performances relatives ajustées, ce qui s'avère fondamental pour garantir une gestion efficace ainsi qu'une amélioration continue.

Ainsi donc, toutes choses étant égales par ailleurs, il a été initié un processus visant à développer divers modèles basés sur un échantillon validé dont aboutit à six (6) formules destinées au calcul éclairé des performances au sein du secteur public relatif aux services hydrauliques. Voici un aperçu détaillé regroupant chaque couple (nombre variable – taux explicatif) associé aux différentes formules :

- **Modèle 6A : Ce modèle repose sur plusieurs indicateurs clés (KPI) permettant notamment une évaluation approfondie concernant l'efficacité opérationnelle observée dans le cadre fourni par ces services publics sectoriels liés à l'eau ; elle intègre six (6) variables telles que qualité eau potable fournie ou satisfaction utilisateurs finaux avec un taux explicatif atteignant 89 %.**

- **Modèle 6B : Ce modèle analytique utilise une approche de quasi-linéaire, intégrant six (6) variables pour enrichir la recherche et proposer des solutions concrètes. Il présente un taux explicatif allant jusqu'à 92 %.**

- **Modèle 5A : Ce modèle utilise des méthodologies statistiques avancées et des techniques de benchmarking pour évaluer avec précision l'efficacité des services publics. Il se base sur jusqu'à cinq (5) variables de référence spécifiques liées à l'eau et aux services d'assainissement, permettant une analyse exhaustive avec un coefficient explicatif allant jusqu'à 86 %.**

- **Modèle 5B : Celui-ci adopte une approche de modélisation prédictive visant à anticiper les futures prestations offertes sous couvert des mêmes services mentionnés précédemment, en intégrant également cinq (5) autres variables avec un coefficient explicatif estimé à environ 91 %.**

- **Modèle 4A : Ce modèle repose principalement sur l'étude des corrélations, identifiant les relations existantes entre différentes valeurs mesurables influençant globalement la performance évaluative. Il intègre quatre (4) composantes essentielles ayant un coefficient explicatif d'environ 85 %.**

- **Modèle 4B : Ce dernier utilise approche clustering regroupant ensemble sociétés opératrices spécialisées considérablement proches « performance » respective ; registre se compose également quatre (4) éléments variabilisés correspondant affichant coefficient explicatif supérieur autour seuil critique établi près 90 %.**

En analysant comparativement ces différents modèles proposés on observe généralement tendance ascendante quant au niveau atteint coefficients explicatifs proportionnels croissants face nombre accru variables impliquées cependant nécessité prise conscience complexité additionnelle engendrée résultante cette augmentation présentée antérieurement.

La Formule **Modèle 4B** comportant quatre variables distinctes cumulatives associées présente coefficient élevé atteint sensiblement proche 90 % reste préférable face autres options proposées ci-dessus.

Performance = *41,8682742 + 0,09486509 * Eau non facturée (%) -0,52536596 * taux de couverture eau potable (%) + 0,03368583 * Taux de couverture coûts (E + M) (%) +0,03186037 * Taux de comptage (%)*

Les variables intégrées dans cette formule incluent :

- **L'eau non facturée ;**
- **Le taux de couverture en eau potable ;**
- **Le taux de couverture des coûts (M+E) ;**
- **Le taux de comptage.**

Ces variables ont été essentielles à la conception d'un modèle représentatif qui établit des relations quasi linéaires entre plusieurs données, offrant ainsi des perspectives fondamentales pour la recherche et des solutions pratiques.

Le benchmarking via divers indicateurs demeure vaste ; il a fait objet de nombreuses publications dont certaines méritent attention :

- **« Benchmarking : A Tool for Continuous Improvement » par Bjørn Andersen & Per-Gaute Pettersen : Cette introduction exhaustive traite du benchmarking comme instrument essentiel pour amélioration continue. Les auteurs détaillent chaque étape processuelle allant depuis la planification jusqu'à mise en œuvre illustrée par divers exemples pratiques mettant également en exergue collaboration nécessaire pour résultats optimaux.**

- **"The Benchmarking Book : A How-to-Guide to Best Practice for Managers and Practitioners" par Michael J. Spendolini : Ce guide pratique présente une approche méticuleuse relative au benchmarking ciblant meilleures pratiques managériales. Spendolini y explique comment identifier domaines nécessitant amélioration tout en fournissant méthodes concrètes pour appliquer ces concepts organisationnellement parlant.**

- **« Performance Benchmarking in the Public Sector : Theories and Practices » par F. Ted Heintz & al. : Cet ouvrage explore théories/pratiques associées au benchmarking performance sectoriel public ; abordant spécifiquement défis uniques rencontrés lors**

tentatives d'évaluation/optimisation performances organisationnelles publiques tout en proposant outils adaptés valorisant transparence/ responsabilité impliquant parties prenantes concernées.

- **« Water and Wastewater Utility Management » par Neil S. Grigg : Bien qu'il ne se concentre pas exclusivement sur benchmarking ce livre offre panorama exhaustif gestion services eau/ assainissement abordant thématiques variées telles planification stratégique/performance durable incluant sections dédiées au benchmarking évaluations pertinentes conseillant gestionnaires concernés.**

Ces ouvrages apportent diverses perspectives concernant benchmarking aidant mieux cerner meilleures pratiques/méthodes évaluation performante selon contextes sectoriels variés.

BIBLIOGRAPHIE

1. Akaike H., (1973). « *Information theory and the extension of the maximum likelihood principle* ». In: Second International Symposium on Information Theory. (Eds: V.N. Petrov and F. Csaki). Academiai Kiadó, Budapest. 267-281.
2. Alegre H., Baptista J., Cabrera Jr, E., Cubilo F., Duarte P., Hirner W., and Parena R., (2006). « *Performance indicators in water supply systems* ». IWA manual of best practice. 2e édition, Publication IWA, Londres, Royaume-Uni.
3. Alegre H., Hirner W., Baptista J., Parena R. (2003). « *Indicateurs de performance des services de distribution d'eau* ». Publication Office international de l'eau/ENGREF, Limoges/Montpellier, France.
4. Allison, P. D., (2001). « *Missing data* ». No. 136. Sage.
5. Amemiya T., (1980). « *Selection of regressors* ». International Economic Review, 21, 331-354.
6. Anderson T. W., Darling D. A., (1952). « *Asymptotic theory of certain "Goodness of Fit" criteria based on stochastic processes.* Annals of Mathematical Statistic, 23, 193-212.
7. Anderson T. W., Darling D. A., (1954). « *A test of goodness of fit* ». Journal of the American Statistical Association, 49, 765-769.
8. Annie Erhard-Cassegrain, Jean Margat, « *Introduction à l'économie générale de l'eau* ».
9. Antonioli B., Filippini M., (2001). « *The Use of a Variable Cost Function in the Regulation of the Italian Water Industry* », Utilities Policy, n° 10(3-4), pp. 181-187.
10. Aude Le L, Simon P, (2012). « *Gestion Publique ou Privée ? Un benchmarking des services d'eau en France* », Revue d'économie industrielle, 140 | 4e trimestre 2012, éditée par Stéphane Saussier, mis en ligne le 15 décembre 2014, http://rei.revues.org/5464

11. Bhattacharyya et al. (1995). « *Gestion Publique ou Privée ? Un benchmarking des services d'eau en France* », Revue d'économie industrielle, 140 | 4e trimestre 2012, éditée par Stéphane Saussier

12. Chong et al. (2006) *Econometric Measures of the Relative Efficiency of Water and Sewerage Utilities in Brazil*

13. Berg, Sanford and Lin, Chen (2005) "*Consistency in performance rankings: the Peruvian water sector*", PURC Working Paper.

14. Byrnes, Patricia; Grosskopf, Shawna and Hayes, Kathy (1986) "*Efficiency and ownership: further evidence*", Review of Economics and Statistics 68(2): 337-341.

15. Coelli, Tim; D.S. Prasada Rao, and Battese, George (1998) "*An introduction to efficiency and productivity analysis*", Boston: Kluwer Academic.

16. Corton, Maria Luisa (2003) "*Benchmarking in the Latin American water sector: the case of Peru*", Utilities Policy 11, 133-142.

17. Crain, W. Mark, and Zardkoohi, Asghar (1978) "*A test of the property rights theory of the firm: water utilities in the United States*", Journal of Law and Economics 21(2): 395-408.

18. Cubbin, John and Tzanidakis, George (1998) "*Regression versus data envelopment analysis for efficiency measurement: an application to the England and Wales regulated water industry*", Utilities Policy 7: 75-85.

19. Estache, Antonio and Kouassi, Eugene (2002) "*Sector organization, governance and the inefficiency of African water utilities*", World Bank Policy Research Working Paper N2890.

20. Estache, Antonio and Rossi, Martin (1999) "Comparing the performance of public and private water companies in Asia and Pacific region: what a stochastic costs frontier shows", World Bank Policy

21. Estache, Antonio and Rossi, Martin (2002) "*How different is the efficiency of public and private water companies in Asia*", The World Bank Economic Review 16(1): 139-148.

22. Feigenbaum, Susan and Teeples, Ronald (1983) "*Public vs. private water delivery: a hedonic cost approach*", The Review of Economics and Statistics 65(4): 672-678.

23. Fox, William and Hofler, Richard (1986) "*Using homothetic composed error frontiers to measure water utility efficiency*", Southern Economic Journal 53(2): 461-477.

24. Kim, H. Youn (1987) "*Economies of scale in multiproduct firms: an empirical analysis*", Economica (new series) 54(214): 185-206.

25. Kumbhakar, Subal and Knox, Lovell (2000) "*Stochastic frontier analysis*", New York: Cambridge University Press.

26. Saal, David and Parker, David (2000) "*The impact of Privatization and Regulation on the Water and Sewerage Industry in England and Wales: A Translog cost function approach*", Managerial and

27. Saal, David and Parker, David (2001) "*Productivity and price performance in the privatized water and sewerage companies of England and Wales*", Journal of Regulatory Economics 20(1): 61-90.

28. Teeples, Ronald and Glyer, David (1987) "*Cost of water delivery systems: specification and ownership effects,*" The Review of Economics and Statistics 69(3): 399-408.

29. Tupper, Henrique, and Resende, Marcelo (2004) "*Efficiency and regulatory issues in the Brazilian water and sewage sector: an empirical study*" Utilities Policy 12: 29-40.

30. Banker R. D., Charnes A., Cooper W. W., (1984). « *Some models for estimating technical and scale inefficiences in data envelopment analysis* ». Management Science, n° 30(9), pp. 1078-1092.

31. Berg S., Lin C., (2008). « *Consistency in Performance Rankings: The Peru Water Sector* ». Applied Economics, n° 40(6), pp. 793-805.

32. Bhattacharyya A., Harris T. R., Narayanan R., Raffiee K., (1995). « *Specification and estimation of the effect of ownership on the economic efficiency of the water utilities* ». Regional Science and Urban Economics, n° 25(6), pp. 759-784.

33. Bhattacharyya A., Lovell C. A. K., Sahay P., (1997). « *The Impact of Liber alization on the Productive Efficiency of Indian Commercial Banks* ». European Journal of Operational Research, n° 98, pp. 332-347.

34. Blackwelder, W. C., (1982) *Providing the null hypothesis in Clinical trials* ». Control. Clin. Trials, 3, 345-353.

35. Boston Consulting Group (2007). « *Étude économique comparative relative aux modes de gestion des services d'eau* ». Confidential Report.

36. Bottasso A., Conti M., (2003). « *Cost Inefficiency in the English and Welsh Water Industry: An Heteroskedastic Stochastic Cost Frontier Approach* ». Economics Discussion Papers 573, University of Essex, Department of Economics.

37. Bouscasse H., Destandau F., Garcia S., (2008). « *Analyse économétrique des coûts des services d'eau potable et qualité des prestations offertes aux usagers* ». Revue d'économie industrielle, n° 122, pp. 7-26.

38. Breusch T., Pagan A., (1979). « *Simple test for heteroscedasticity and random coefficient variation* ». Econometrica, 47(5), 1287-1294.

39. Cabrera Jr, E., Dane P., Haskins S., Theuretzbacher-Fritz H., (2011). « *Benchmarking Water Services, Guiding water utilities to excellence* ». Publication IWA, Londres, Royaume-Uni.

40. Canneva, G., Guérin-Schneider L., (2011). « *La construction des indicateurs de performance des services d'eau en France : mesurer le développement durable ?* » Nature science société, 19, (3), pp. 213-223.

41. Canneva, G., Guérin-Schneider L., (2011). « *National monitoring of water utility performance in France* ». Water Science and Technology : Water Supply, 6, (11), pp. 745-753.

42. Carpentier A., Nauges C., Reynaud A., Thomas A., (2006), « *Effets de la délégation sur le prix de l'eau potable en France : une analyse à partir de la littérature sur les effets de traitement* ». Économie et Prévision, n° 174(3), pp. 1-20.

43. Cattell, R. B., (1966). « *The scree test for the number of factors* ». Multivariate Behavioral Research, 1, 245-276.

44. Charnes A., Cooper W. W., Rhodes E., (1978). « *Measuring the Efficiency of Decision-Making Units* », European Journal of Operational Research, n° 2, pp. 429-444.

45. Charnes A., Cooper W. W., Lewin A. Y., Seiford L. M., (1994). « *Data Envelopment Analysis: Theory* ». Methodology and Application. Kluwer Academic Publishers, Boston.

46. Chong E., Huet F., Saussier S., Steiner F., (2006). « *Public-private partnerships and prices: Evidence from water distribution in France* ». Review of Industrial Organization, n° 29(1-2), pp. 149-169.

47. Coelli T. J., Estache A., Perelman S., Trujillo L., (2003). « *A Primer on Efficiency Measurement for Utilities and Transport Regulators* ». The World Bank Institute, Washington.

48. Coelli T. J., Rao D. S. P., Battese G. E., (1998). « *An Introduction to Efficiency and Productivity Analysis* ». Kluwer Academic Publishers, Dordrecht.

49. Cohen J., (1988). « *Statistical Power Analysis for the Behavioral Sciences* ». Psychology Press, 2nd Edition.

50. Cooper W. W., Seiford L. M., Zhu J., (2004). « *Handbook on Data Envelopment Analysis* ». Kluwer Academic Publishers, Boston.

51. Corton M. L., Berg S. V., (2009). « *Benchmarking Central American water utilities* ». Utilities Policy, n° 17(3-4), pp. 267-275.

52. Cubbin J., Tzanidakis G., (1998). « *Regression versus Data Envelopment Analysis for Efficiency Measurement: An Application to the England and Wales Regulated Water Industry* ». Utilities Policy, n° 7(2), pp. 75-85.

53. D'Agostino R. B., Stephens M. A., (1986). « *Goodness-of-fit techniques* ». Marcel Dekker, New York.

54. Dallal G.E., Wilkinson L., (1986). « *An analytic approximation to the distribution of Lilliefors's test statistic for normality* ». Statistical Computing, 40, 294-296.

55. Dempster A. P., (1969). « *Elements of Continuous Multivariate Analysis* ». Addison-Wesley, Reading.

56. Erbetta F., Cave M., (2007). « *Regulation and Efficiency Incentives: Evidence from the England and Wales Water and Sewerage Industry* ». Review of Network Economics, n° 6(4), pp. 425-452.

57. Estache A., Kouassi E., (2002). « *Sector organization, governance, and the in efficiency of African water utilities* ». Policy Research Working Paper Series 2890, the World Bank.

58. Estache A., Rossi M. A. ; (2002). « *How Different Is the Efficiency of Public and Private Water Companies in Asia?* », World Bank Economic Review, n° 16(1), pp. 139-148.

59. Estache et Kouassi [2002], « *Gestion Publique ou Privée ? Un benchmarking des services d'eau en France* », Revue d'économie industrielle, 140 | 4e trimestre 2012, éditée par Stéphane Saussier

60. Kirkpatrick et al. [2006], « *Gestion Publique ou Privée ? Un benchmarking des services d'eau en France* », Revue d'économie industrielle, 140 | 4e trimestre 2012, éditée par Stéphane Saussier

61. Bouscasse et al. [2008], « *Gestion Publique ou Privée ? Un benchmarking des services d'eau en France* », Revue d'économie industrielle, 140 | 4e trimestre 2012, éditée par Stéphane Saussier

62. Ferrier G. D., Lovell C. A. K., (1990). « *Measuring Cost Efficiency in Banking: Econometric and Linear Programming Evidence* ». Journal of Econometrics, n° 46, pp. 229-245.

63. Fried H. O., Lovell C. A. K., Schmidt S. S., Yaisawarng S., (2002). « *Accounting for Environmental Effects and Statistical Noise in Data Envelopment Analysis* », Journal of Productivity Analysis, n° 17, pp. 157-174.

64. Fried H. O., Schmidt S. S., Yaisawarng S., (1999). « *Incorporating the Operating Environment into a Nonparametric Measure of Technical Efficiency* ». Journal of Productivity Analysis, n° 12, pp. 249-267.

65. Gabriel K. R., (1971). « *The biplot graphic display of matrices with application to principal component analysis* ». Biometrika, 58, 453-467.

66. Garcia S., Thomas A., (2001). « *The Structure of Municipal Water Supply Costs: Application to a Panel of French Local Communities* ». Journal of Productivity Analysis, n° 16(1), pp. 5-29.

67. Garcia S., Guerin-Schneider L., Fauquert G. (2005). « *Analysis of water price determinants in France: Cost recovery, competition for the market and operators' strategy* ». Water Supply, n° 5(6), pp. 173-181.

68. Garcia-Sanchez I.-M., (2006), « *Efficiency Measurement in Spanish Local Government: The Case of Municipal Water Services* », Review of Policy Research, n° 23(2), pp. 355-371.

69. Geladi P., Kowalski B., (1986). « *Partial Least Squares Regression: A Tutorial* ». Analytica Chimica Acta 185: 1-17

70. Gower J. C., Hand D. J., (1996). « *Biplots*. Chapman and Hall, London.

71. Guérin-Schneider, L. (2001). « *Introduire la mesure de performance dans la régulation des services d'eau et d'assainissement en France - Instrumentation et organisation* ». Thèse de gestion, ENGREF, Paris.

72. Guérin-Schneider L., Nakhla M., (2003). « *Les indicateurs de performance : une évolution clef dans la gestion et la régulation des services d'eau et d'assainissement* ». Flux, 52/53, pp. 55-68.

73. Hall D., Lobina E., (2004). « *Private and public interests in water and energy* », Natural Resources Forum, n° 28, pp. 268-277.

74. Hall D., Lobina E., (2005). « *Problems with private water concessions: A review of experiences and analysis of dynamics* ». Water Resources Development, n° 21(1), pp. 55-87.

75. Hall et Lobina [2004, 2005], « *Gestion Publique ou Privée ? Un benchmarking des services d'eau en France* », Revue d'économie industrielle, 140 | 4e trimestre 2012, éditée par Stéphane Saussier

76. Bera A. K., (1980). « *Efficient tests for normality, heteroscedasticity and serial independence of regression residuals* ». Economic Letters, 6, 255-259.

77. Jobson J. D., (1999). « *Applied Multivariate Data Analysis: Volume 1: Regression and Experimental Design* ». Springer Verlag, New York.

78. Jobson J. D., (1992). « *Applied multivariate data analysis. Volume II: Categorical and Multivariate Methods* ». Springer-Verlag, New York.

79. Jolliffe I. T., (2002). « *Principal Component Analysis, Second Edition* ». Springer, New York.

80. Jondrow J., Materov I., Lovell C. A. K., Schmidt P., (1982). « *On the estimation of technical inefficiency in the stochastic frontier production model* », Journal of Econometrics, n° 19 (2/3), pp. 233-238.

81. Kaiser H. F., (1974). « *An index of factorial simplicity* ». Psychometrika, 39, 31-36.

82. Kirkpatrick C., Parker D., Zhang Y. F., (2006). « *State versus Private Sector Provision of Water Services in Africa: An Empirical Analysis* ». The World Bank Economic Review, n° 20(1), pp. 143-163.

83. Koenker R., (1981). « *A note on studentizing a test for heteroscedasticity* ». Journal of Econometrics, 17, 107-112.

84. Legendre P., Legendre L., (1998). « *Numerical Ecology* ». Second English Edition. Elsevier, Amsterdam, 403-406.

85. Lilliefors H., (1967). « *On the Kolmogorov-Smirnov test for normality with mean and variance unknown* ». Journal of the American Statistical Association, 62, 399-402.

86. Mallows C. L., (1973). « *Some comments on Cp* ». Technometrics, 15, 661-675.

87. Matos R., Cardoso A., Ashley R., Duarte P., Molinari A., Schultz A., (2003). « *Performance indicators for wastewater services* ». Publication IWA, Londres, Royaume-Uni.

88. Mauchly J. W., (1940). « *Significance test for sphericity of a normal n-variate distribution* ». The Annals of Mathematical Statistics. 11, 204-209.

89. Morineau A., Aluja-Banet T., (1998). « *Analyse en Composantes Principales* ». CISIA-CERESTA, Paris.

90. OCDE (2009a). « *Infrastructures en eau et secteur privé : Guide de l'OCDE pour l'action publique* ». OCDE, Paris,

91. Pocock, S. J., (1983). « *Clinical trials: a practical approach* ». Wiley.

92. Porcher S., (2012). « *Efficiency and Equity in Two-Part Tariffs: The Case of Residential Water Rates* ». Chaire EPPP Discussion Paper.

93. Rao C. R., (1964). « *The use and interpretation of principal components analysis in applied research* ». Sankhya, A 26, 329-358.

94. PEPAM (2009). « *Rapport revue* », p. 18.

95. ONEMA (2012). « *Croisement prix/performance/contexte : principaux résultats au point 9.4.2* ». Rapport SISPEA.

96. Riveline, C., (1983). « *Nouvelles approches des processus de décision : les apports de la recherche en gestion* ». Futuribles mars.

97. Camp R., (1992). « *Le benchmarking : pour atteindre l'excellence et dépasser vos concurrents* ». Paris, Les éditions d'organisation.

98. Royston P., (1982). « *Algorithm AS 181: the W test for normality.* Applied Statistics, 31, 176-180.

99. Royston P., (1982). « *An extension of Shapiro and Wilks' W test for normality to large samples* ». Applied Statistics, 31, 115-124.

100. Royston P., (1995). « *A remark on Algorithm AS 181: the W test for normality*. Applied Statistics, 44, 547-551.

101. Saal D. S., Parker D., (2001). « *Productivity and Price Performance in the Privatized Water and Sewerage Companies of England and Wales* ». Journal of Regulatory Economics, n° 20(1), pp. 61-90.

102. Saal D. S., Reid D., (2004). « *Estimating Opex Productivity Growth in English and Welsh Water and Sewerage Companies: 1993-2003* ». Aston Business School Working Paper.

103. Schafer J. L., (1997). « *Analysis of Incomplete Multivariate Data* ». London : Chapman and Hall.

104. Seroa da MOTTA R. et MOREIRA A. (2006), « *Efficiency and regulation in the sanitation sector in Brazil* », Utilities Policy, n° 14(3), pp. 185-195.

105. Shapiro S. S., Wilk M. B., (1965). « *An analysis of variance test for normality (complete samples)* ». Biometrika, 52, 3 and 4, 591-611.

106. Shih et al. (2004), « *Gestion Publique ou Privée ? Un benchmarking des services d'eau en France* », Revue d'économie industrielle, 140 | 4e trimestre 2012, éditée par Stéphane Saussier

107. Estache et Kouassi [2002], « *Gestion Publique ou Privée ? Un benchmarking des services d'eau en France* », Revue d'économie industrielle, 140 | 4e trimestre 2012, éditée par Stéphane Saussier

108. Shih J. S., Harrington W., Pizer W. A., Gillingham K., (2004). « *Economies of Scale and Technical Efficiency in Community Water Systems. Resources for the Future* ». Discussion paper 04-15.

109. Stephens M. A., (1974). « *EDF statistics for goodness of fit and some comparisons* ». Journal of the American Statistical Association, 69, 730-737.

110. Stephens M. A., (1976). « *Asymptotic results for goodness-of-fit statistics with unknown parameters* ». Annals of Statistics, 4, 357-369.

111. Thanassoulis E., (2000a). « *DEA and its use in the Regulation of Water Companies* ». European Journal of Operational Research, n° 127(1), pp. 1-13.

112. Thanassoulis E., (2000b). « *The use of Data Envelopment Analysis in the Regulation of UK Water Utilities: Water Distribution* », European Journal of Operational Research, n° 126(2), pp. 436-453.

113. HUET F., (2006). « *Partenariat Public-Privé et Performances : Théories et applications au secteur de l'approvisionnement d'eau potable en France* ». Thèse de doctorat.

114. Thode H. C., (2002). « *Testing for normality* ». Marcel Dekker, New York, USA.

115. Tomassone R., Audrain S., Lesquoy de Turckheim E., Miller C., (1992). « *La Régression, Nouveaux Regards sur une Ancienne Méthode Statistique* ». INRA et MASSON, Paris.

116. Van Buuren, S., (2007). « *Multiple imputation of discrete and continuous data by fully conditional specification* ». Statistical Methods in Medical Research, 16, 219-242.

117. White H., (1980). *A heteroskedasticity-consistant covariance matrix estimator and a direct test for heteroskedasticity* ». Econometrica, 48(4), 817-838.

118. Wold H., (1973). « *Non-linear Iterative PArtial Least Squares (NIPALS) modelling. Some current developments* ». In: P.R. Krishnaiah (Ed.), Multivariate Analysis III, Academic Press, New York, 383-407.

119. Wold, Svante, Esbensen, Kim (1987). « *Analyse en Composantes Principales* ». Chimiométrie et des systèmes intelligents de laboratoire 2 : 37-52, doi : 10,1016 / 0169-7439 (87) 80084-9

120. Wooldridge J. M., (2009). *Introductory Econometrics* ». 4rth edition. Cengage Learning, KY, USA, 275-276.

121. Zschille M., Walter M., (2012), « *The performance of German water utilities: a (semi)-parametric analysis* », Applied Economics, n° 44(29), pp. 3749-3764.

122. Desrosières A., « *L'histoire de la raison statistique* ». *Source internet, http://www.cairn.info/revue-d-histoire-moderne-et-contemporaine-2008-5-page-28.htm#no7*

123. Desrosières A, (1993), « *La politique des grands nombres : histoire de la raison statistique* », Paris, La découverte, 2000, p. 205-206.

124. GEA (1998). « *Application of Performance Indicators for Water and Sewerage Services in Europe* », Séminaire international, 4-5 juin 1998, Montpellier.

125. AFNOR (1999). « *Apprécier la performance des services d'eau et d'assainissement Définir des bases communes* » ? Colloque, 6 mai 1999, Paris.

126. Hydrocontrol (1999). « *Performance Indicators for Water and Sewage Services: an actual tool for better management and public regulation* ». Séminaire international, 1er-2 juillet 1999, Capoterra, Italie.

127. IWA (1999). « *Performance indicators for water supply systems – the IWA proposal* », Séminaire international, 15-17 novembre 1999, Faro, Portugal.

128. Journal of Business & statistiques économiques American Statistical Association (2011) « *Estimation de frontière et les mesures d'inefficacité spécifiques à l'entreprise en présence d'hétéroscédasticité* », vol. 13, pages 105, janvier 2011.

129. Grasland C (1995). "*Modélisation et commentaire de documents : application à l'étude des précipitations en Californie et des migrations entre les villes de plus de 50 000 habitants en France*", Feuilles de Géographie, IV-1995, n°16, 20 p.

130. Njifenju, A. K. (2010). Gouttes et films liquides en aérodynamique automobile.

https://core.ac.uk/download/47108013.pdf

INDEX

ANNEXES

Annexe 1

ANNEXE 1 : Exemples de situation en modélisation graphique

Il peut être retenu, par la suite, treize (13) cas de figure possibles schématisés dans le tableau ci-dessous:

Cas	Description	Commentaires	schéma
1	Pour un patrimoine donné et des moyens au-dessus de la normale, il y a une performance égale à celle de la normale et supérieure à celle d'équilibre	Révision de la performance à la baisse jusqu'à celle de l'équilibre	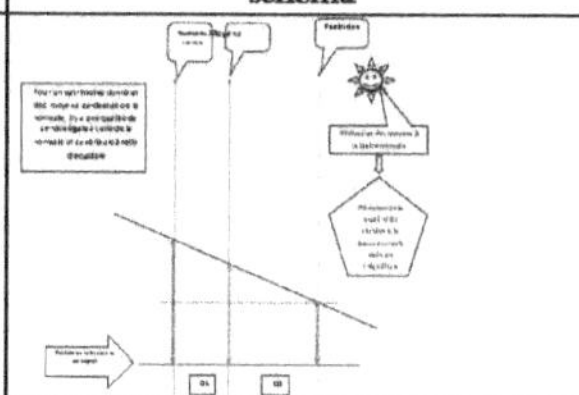
2	Pour un patrimoine donné et des moyens adéquats, il y a une performance égale à celle de la normale	Situation à maintenir. Equilibre garantie. La progression dans le temps est dictée par l'augmentation du patrimoine	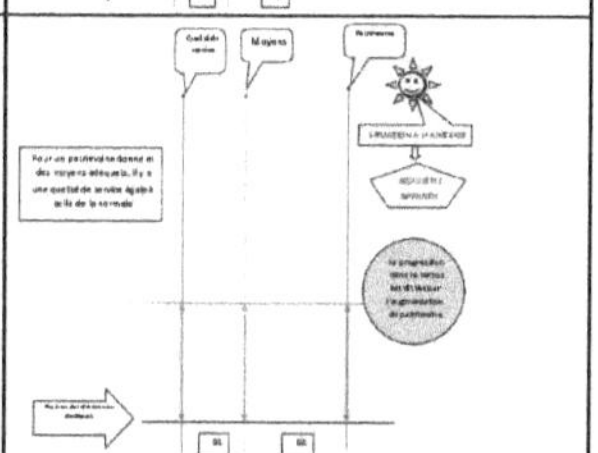
3	Pour un patrimoine donné et des moyens limités, il y a une performance égale à celle de la normale mais inférieure à celle de l'équilibre	A partir de l'équilibre on est dans le cas précédent Amélioration de la performance à la baisse jusqu'à l'équilibre A partir de l'équilibre on est dans le cas précédent	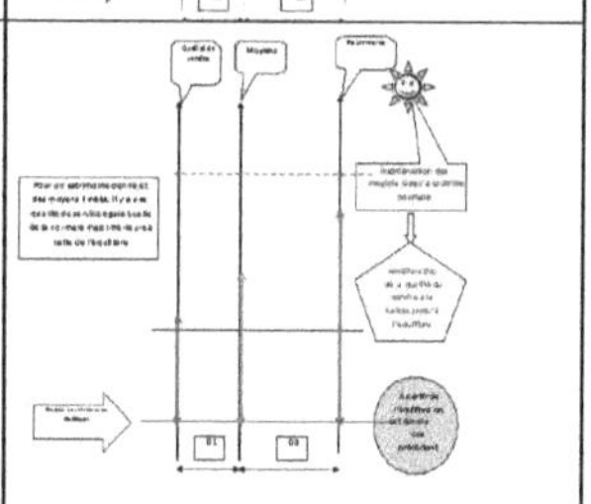
4	Pour un patrimoine donné et des moyens limités, il y a une performance nettement au-dessus de la normale mais inférieure à celle de l'équilibre	Augmentation des moyens Maintien ou amélioration de la performance jusqu'à l'équilibre	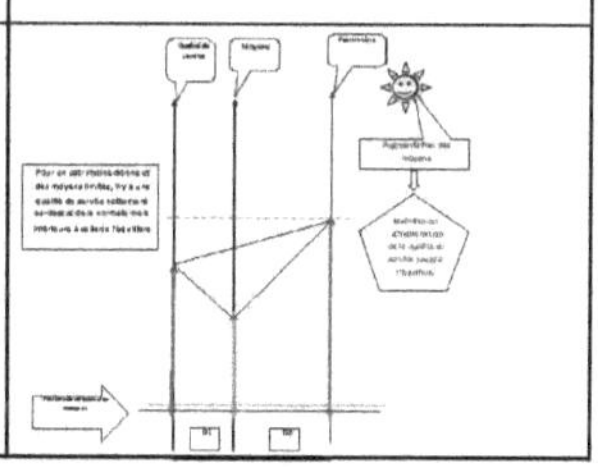

Page 1 sur 4

ANNEXE 1 : Exemples de situation en modélisation graphique

9	Pour un patrimoine donné et un surplus de moyens, il y a une performance en adéquation avec la situation d'équilibre mais nettement en dessous de la normale	Réduction des moyens Maintien de la performance et équilibre garantie Pas de réduction des moyens mais revoir le management pour atteindre la performance requise	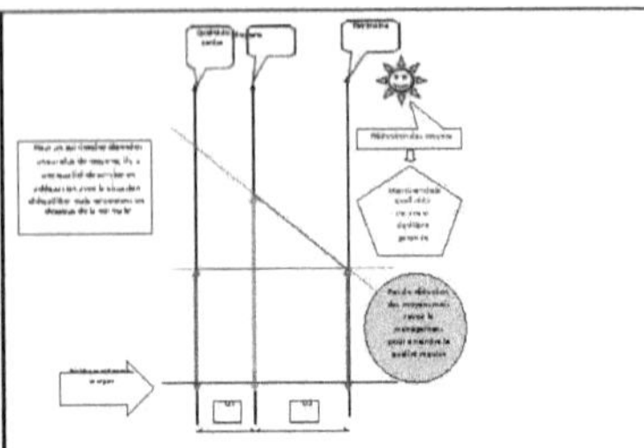
10	Pour un patrimoine donné et un déficit de moyens, la performance est dessus de la normale mais nettement en dessous de celle de l'équilibre	Augmentation des moyens Maintien de la performance ou son augmentation jusqu'à l'équilibre	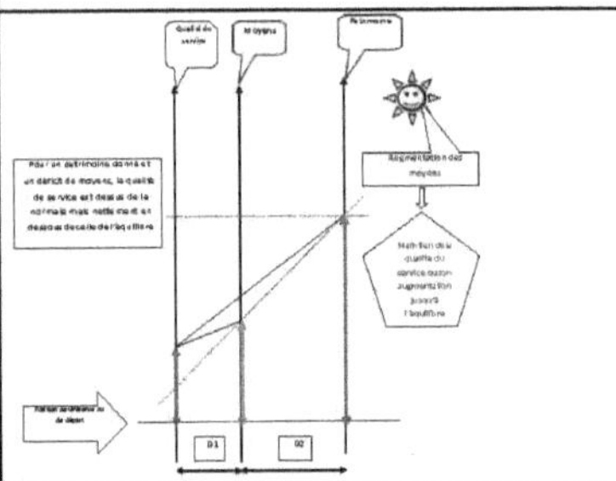
11	Pour un patrimoine donné et un surplus de moyens, il y a une performance au-dessus de la normale et aussi au-dessus de celle de l'équilibre	Augmentation ou Réduction des moyens Maintien ou Révision de la performance à la baisse jusqu'à l'équilibre	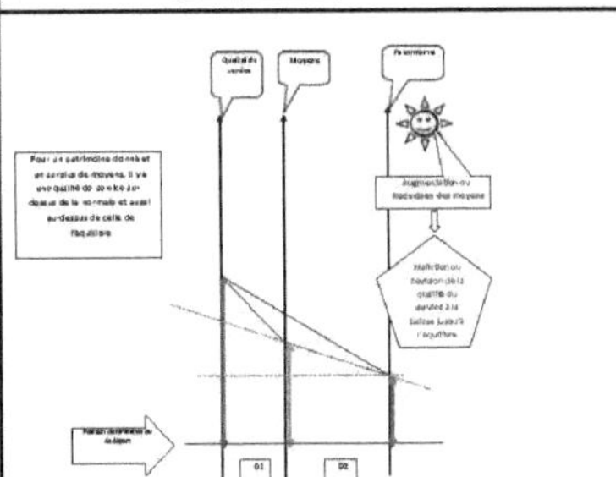
12	Pour un patrimoine donné et des moyens en dessous de la normale, il y a un énorme déficit sur la performance par rapport à la normale et par rapport à celle de l'équilibre	Augmentation ou Maintien des moyens Révision de la performance à la hausse jusqu'à l'équilibre ou à la normale Pas de réduction des moyens mais revoir le management pour atteindre la performance requise	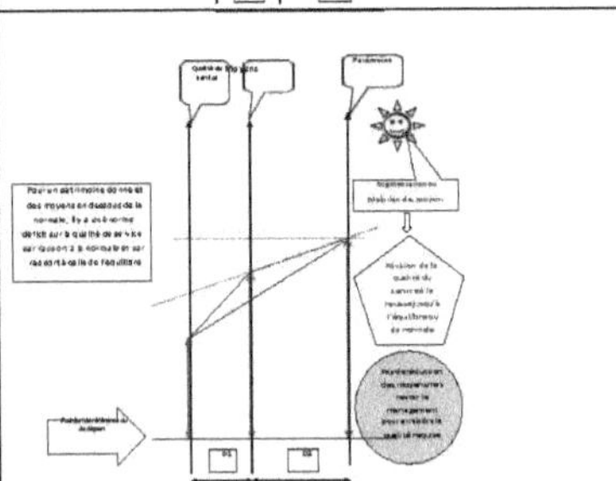

ANNEXE 1 : Exemples de situation en modélisation graphique

5	Pour un patrimoine donné et des moyens limités, il y a une performance nettement au-dessus de la normale et de celle de l'équilibre	Augmentation des moyens Révision de la performance à la baisse jusqu'à l'équilibre ou son maintien	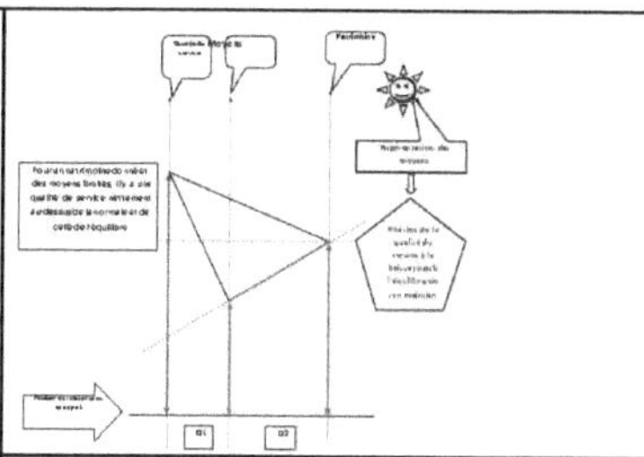
6	Pour un patrimoine donné et des moyens limités, il y a une performance en adéquation avec la situation d'équilibre et nettement au-dessus de la normale	Augmentation des moyens Maintien de la performance et équilibre garantie	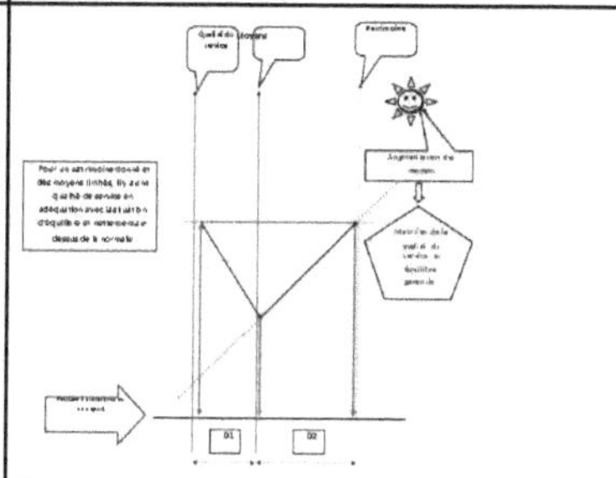
7	Pour un patrimoine donné et un surplus de moyens, il y a une performance inférieure à la normale mais supérieure à celle de l'équilibre	Réduction des moyens Maintien de la performance ou sa révision à la baisse jusqu'à l'équilibre Pas de réduction des moyens mais revoir le management pour atteindre la performance requise	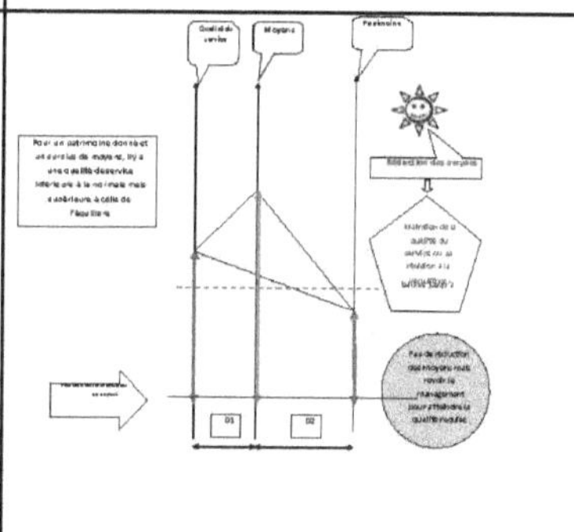
8	Pour un patrimoine donné et un surplus des moyens, il y a un déficit sur la performance par rapport à celle de la normale et aussi à celle de l'équilibre	Réduction des moyens Révision de la performance à la hausse jusqu'à l'équilibre ou son maintien Pas de réduction des moyens mais revoir le management pour atteindre la performance requise	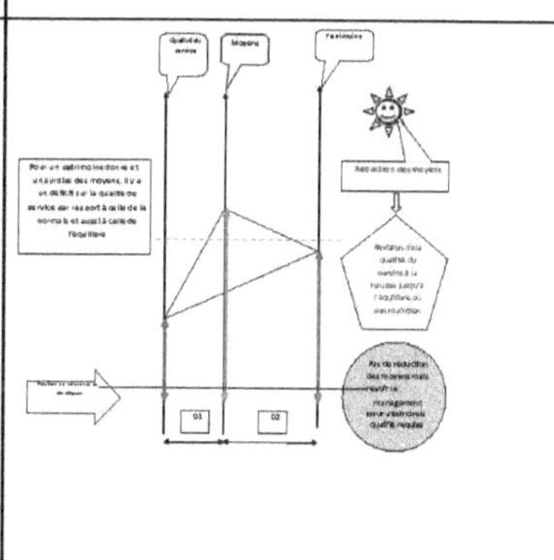

ANNEXE 1 : Exemples de situation en modélisation graphique

13	Pour un patrimoine donné et un surplus de moyens, il y a un déficit sur la performance par rapport à la normale mais au-dessus de celle de l'équilibre	Maintien ou Réduction des moyens Augmentation ou Maintien ou baisse de la performance Pas de réduction des moyens mais revoir le management pour atteindre la performance requise	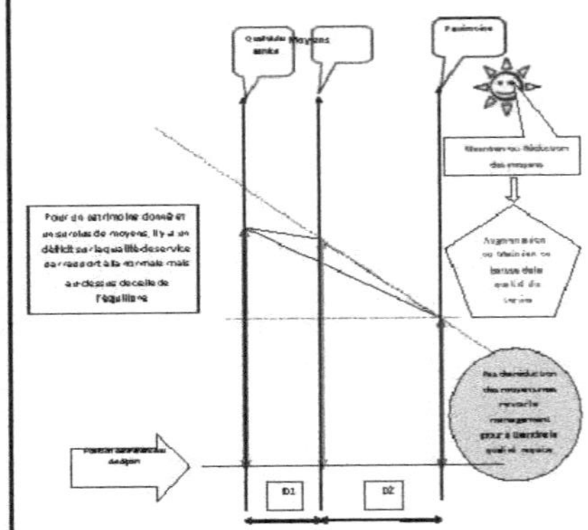

Ce modèle graphique, tel que schématisé pour être un palliatif à la formule mathématique, demanderait un important travail de représentation des différents paramètres. Parmi ces derniers le patrimoine géré par un SEA n'est pas facilement convertible en unité homogène (équivalent linéaire par exemple).

Annexe 2

ANNEXE 2 : Système de calcul du WASREB

Indicateur			Références de secteur au Kenya			Critères d'évaluation			
			Bien	Acceptable	N'acceptable	Limite supérieure		Limite inférieure	
						Performance	Score	Performance	Score
1	Efficience du recouvrement		>90%	85-90%	<85%	≥90%	30	≤50%	0
2	Eaux non-facturée (NRW)		<20%	20-25%	>25%	≤20%	30	≥70%	0
3	Qualité d'eau	Qualité d'eau potable	>95%	90-95%	<90%	≥95%	20	≤80%	0
		Respect des épreuves de chlore résiduel	>95%	90-95%	<90%	≥95%	10	≤50%	0
4	Heures de disponibilité de l'approvisionnement	Population>100,000	21-24	16-20	<16	20-24hrs	20	≤8hrs	0
		Population<100,000	17-24	De-16	<12	16-24hrs	20	≤4hrs	0
5	Coûts d'exploitation et de maintenance		≥150%	100-149%	<100%	≥130%	20	≤70%	0
6	Contribution		100%	95-99%	<95%	100	20	≤50%	0
7	Personnel d'encadrement (par 1000 branchements)	grand et très grand	<5	05-Ut	>8	≤5	20	≥20	0
		Moyennes et petites compagnies (avec plus de 3 villes)	<7	07-Maintenant	>11	≤7	20	≥20	0
		Moyennes et petites compagnies (avec moins de 3 villes)	<9	Sept-14	>14	≤9	20	≥25	0
8	Taux de couverture d'eau		>90%	80–90%	<80%	≥90%	20	≤30%	0
9	Taux de couverture en systémes sanitaires		>90%	80–90%	<80%	≥90%	10	≤20%	0
totale							200		
10	Coût du personnel par rapport aux charges d'exploitation et de maintenance	Grandes et très grandes Compagnies	<20%	20-30%	>30%	N/A	N/A	N/A	N/A
		Moyennes Compagnies	<30%	30-40%	>40%				
		Petites Compagnies	<40%	40-45%	>45%				

ANNEXE 2 : Système de calcul du WASREB

Les définitions des différents paramètres sont données dans le tableau récapitulatif qui suit:

INDICATEURS			
1	**Efficience du recouvrement**		Efficacité de recouvrement de revenu est définie comme le montant total perçu par une société par rapport au montant total facturé sur une période donnée. C'est un indicateur de performance critique pour une société car il donne une indication sur l'efficacité du système de gestion des recettes mis en place et, par conséquent, le montant des ressources disponibles pour la société. Elle reflète également la volonté des clients de payer, qui est étroitement liée à leur satisfaction.
2	**Eaux non-facturée (NRW)**		Eau non-facturée (NRW) est définie comme la différence entre la quantité d'eau produite pour la distribution et la quantité d'eau réellement facturée aux consommateurs. La mesure englobe les pertes physiques (fuite) et pertes commerciales (vol illégal connexions/eau, consommation publique non mesurée, erreurs de comptage, consommation mesurée non facturée et utilisation de l'eau pour lesquels paiement n'est pas collecté).
3	**Water Quality**	**No of Tests- Chlorine**	Qualité de l'eau potable mesure la potabilité de l'eau fournie par les sociétés. C'est un indicateur clé parce qu'il a des répercussions directes sur la santé des consommateurs. L'analyse des performances des sociétés prend en compte le nombre de prélèvements effectués et le pourcentage d'échantillons qui réponde aux normes exigées pour le chlore résiduel et les normes bactériologiques. Un niveau de conformité faible pourrait donc traduire soit un faible nombre d'échantillons prélevés ou une insuffisance de respect des normes de qualité requises.
		Compliance- Residual Chlorine	
		No of Tests Bacteriological	
		Compliance- Bacteriological	
4	**Heures de disponibilité de l'approvision n ement**	**Population >100,000**	Heures d'alimentation mesure le nombre moyen d'heures par jour pour qu'une société soit en mesure de fournir l'eau aux consommateurs. Le point de référence
		Population <100,000	pour cet indicateur dépend de la population dans la zone desservie. La satisfaction du client et la volonté de payer sont directement liés aux heures
5	**Coûts d'exploitation et de maintenance**		Taux de couverture de coûts d'entretien et de maintenance (O + M) mesure le niveau des recettes totales d'exploitation d'une société couvrir les coûts d'exploitation et de maintenance (E + M). C'est le premier levier vers la rentabilité qui permettrait aux sociétés de couvrir les coûts d'investissement de plus du coût total. Il est affecté, entre autres, par le tarif, ventes/consommation d'eau, le coût des intrants et efficacité dans leur application.
6	**Contribution**		Comptage permet une société à facturer aux consommateurs selon ce qu'ils ont effectivement consommés. C'est également un outil essentiel pour le contrôle de NRW (pertes commerciales) et pour la gestion de la consommation d'eau par habitant. Ce taux est défini comme étant le rapport du nombre de connexions avec compteur par rapport au nombre total de connexions.
7	**Personnel d'encadreme nt (par 1000 branchement s)**	**grand et très grand**	Productivité du personnel mesure le nombre de personnel qu'une société utilise pour chaque 1000 connexion. Un faible ratio indique à plus d'efficacité dans l'utilisation du personnel et est donc souhaitable. Productivité du personnel est affectée en partie par les pratiques liées aux compétences (simples ou partagées), externalisation des fonctions d'appui et le nombre de systèmes d'approvisionnement en eau. Il dépend aussi du type de société si elle fournit des services de l'eau et d'assainissement ou pas.
		Moyennes et petites compagnies (avec plus de 3 villes)	
		Moyennes et petites compagnies (avec moins de 3 villes)	
8	**Taux de couverture d'eau**		Couverture en eau est définie comme le pourcentage de personnes servies avec de l'eau par une société par rapport à l'ensemble de la population dans la zone de desservie. Il évalue la performance des sociétés dans la fourniture d'eau potable aux personnes vivant dans leurs zones de desserte.
9	**Taux de couverture en systèmes sanitaires**		Couverture en assainissement est définie comme le pourcentage de personnes ayant accès à des installations sanitaires adéquates par rapport à l'ensemble de la population dans la zone de desserte de la société. Les systèmes améliorés incluent RAS ou à chasse d'eau né des systèmes de fosses septiques, les latrines ventilées et les latrines à fosse traditionnelle.

TABLEAU DES ILLUSTRATIONS

TABLE DES MATIÈRES

Structures éditoriales du groupe L'Harmattan

L'Harmattan Italie
Via degli Artisti, 15
10124 Torino
harmattan.italia@gmail.com

L'Harmattan Hongrie
Kossuth l. u. 14-16.
1053 Budapest
harmattan@harmattan.hu

L'Harmattan Sénégal
10 VDN en face Mermoz
BP 45034 Dakar-Fann
senharmattan@gmail.com

L'Harmattan Cameroun
TSINGA/FECAFOOT
BP 11486 Yaoundé
inkoukam@gmail.com

L'Harmattan Burkina Faso
Achille Somé – tengnule@hotmail.fr

L'Harmattan Guinée
Almamya, rue KA 028 OKB Agency
BP 3470 Conakry
harmattanguinee@yahoo.fr

L'Harmattan RDC
185, avenue Nyangwe
Commune de Lingwala – Kinshasa
matangilamusadila@yahoo.fr

L'Harmattan Congo
67, boulevard Denis-Sassou-N'Guesso
BP 2874 Brazzaville
harmattan.congo@yahoo.fr

L'Harmattan Mali
ACI 2000 - Immeuble Mgr Jean Marie Cisse
Bureau 10
BP 145 Bamako-Mali
mali@harmattan.fr

L'Harmattan Togo
Djidjole – Lomé
Maison Amela
face EPP BATOME
ddamela@aol.com

L'Harmattan Côte d'Ivoire
Résidence Karl – Cité des Arts
Abidjan-Cocody
03 BP 1588 Abidjan
espace_harmattan.ci@hotmail.fr

Nos librairies en France

Librairie internationale
16, rue des Écoles
75005 Paris
librairie.internationale@harmattan.fr
01 40 46 79 11
www.librairieharmattan.com

Librairie des savoirs
21, rue des Écoles
75005 Paris
librairie.sh@harmattan.fr
01 46 34 13 71
www.librairieharmattansh.com

Librairie Le Lucernaire
53, rue Notre-Dame-des-Champs
75006 Paris
librairie@lucernaire.fr
01 42 22 67 13

www.ingramcontent.com/pod-product-compliance
Lightning Source LLC
LaVergne TN
LVHW011445061026
849535LV00004BA/965